复杂裂缝导流能力预测理论

Theory of Complex Fractures Conductivity Prediction

朱海燕　谭慧静　张丰收　著

国家科技重大专项(2017ZX05072-004)、国家自然科学基金项目(51604232、51874253、U20A20265、52192622)及“双一流”学科经费资助出版

科 学 出 版 社

北 京

内 容 简 介

簇式支撑高导流通道压裂技术，因其有效解决常规压裂技术所面临的有效裂缝短、导流能力低、有效期短、成本高等瓶颈问题，在世界多个低渗致密油气田广泛应用。本书介绍了作者多年来在复杂裂缝长效支撑及导流能力预测研究方面的成果，主要内容包括：①剪切作用下支撑裂缝的摩擦性质和渗透率演化；②主裂缝均匀多层铺砂导流能力的数值模拟；③分支裂缝支撑剂不同铺置模式的导流能力；④水力压裂裂缝扩展过程中的支撑剂运移研究；⑤簇式支撑高导流通道的形成机制研究；⑥高导流簇式支撑裂缝的导流能力预测；⑦压后返排过程中支撑柱宏微观变形及稳定机理；⑧簇式支撑裂缝导流能力预测技术的应用。

本书可作为研究复杂裂缝导流能力的参考用书，也可供具备一定学科知识基础、从事非常规油气压裂相关工作的技术人员和相关专业的研究生参考。

图书在版编目(CIP)数据

复杂裂缝导流能力预测理论 = Theory of Complex Fractures Conductivity Prediction / 朱海燕，谭慧静，张丰收著. —北京：科学出版社，2022.3

ISBN 978-7-03-069609-0

Ⅰ. ①复… Ⅱ. ①朱… ②谭… ③张… Ⅲ. ①复杂地层–裂隙油气藏–裂缝导流能力–预测–研究 Ⅳ. ①TE357.1

中国版本图书馆 CIP 数据核字(2021)第 165282 号

责任编辑：刘翠娜 陈姣姣 / 责任校对：王萌萌
责任印制：师艳茹 / 封面设计：无极书装

科 学 出 版 社 出版
北京东黄城根北街 16 号
邮政编码：100717
http://www.sciencep.com
北京九天鸿程印刷有限责任公司 印刷
科学出版社发行 各地新华书店经销
*
2022 年 3 月第 一 版 开本：787×1092 1/16
2022 年 3 月第一次印刷 印张：12 3/4
字数：290 000

定价：198.00 元

(如有印装质量问题，我社负责调换)

作 者 简 介

朱海燕　男，安徽亳州人，博士(后)，教授，博士生导师，四川省页岩气勘探开发工程实验室主任，油气藏地质及开发工程国家重点实验室学术骨干。担任国际石油工程领域 TOP 期刊 *Journal of Petroleum Science and Engineering* 副主编、*Frontiers in Earth Science* 客座编辑、《天然气工业》编委、美国岩石力学学会“ARMA Distinguished Service Award”评选委员会主席等。主要从事石油钻采岩石力学的实验、理论及应用研究。先后主持国家自然科学基金重大项目课题、面上项目、青年基金项目，中国博士后面上项目、特别资助项目等 20 余项。以第一作者或通讯作者在国内外知名期刊发表论文 40 余篇(其中 TOP 期刊 10 篇)，授权发明专利 23 件(国际专利 6 件)，出版专著 2 部、教材 3 部，获软件著作权 5 项。研究成果工业化应用 1169 井次以上(截至 2020 年 12 月)，获省部级科技进步奖一等奖 4 项、二等奖 1 项，以及优秀专利奖 1 项，为四川盆地页岩气、胜利油田致密油与页岩油等非常规油气开发做出了贡献。入选 2018 年“全国高等学校矿业石油安全工程领域优秀青年科技人才”、2019 年四川省“天府万人计划”天府科技菁英项目、2019 年美国岩石力学学会“未来领军者计划”（ARMA“Future Leaders Program”）、2020 年中国石油和化学工业联合会“青年科技突出贡献奖”、2021 年四川省杰出青年科技人才、2021 年第二十四届中国科协求是杰出青年奖成果转化奖提名奖。

序

水力压裂(Hydraulic Fracturing)技术自 1947 年在美国堪萨斯州进行的第一次试验成功以来，至今已有 70 多年的历史。该技术于 1949 年获得专利权，当年哈里伯顿石油固井公司将其投入商业运营。据统计，到目前为止，大约 90%的美国油气井都采用了水力压裂技术，非常规油气在该技术的应用领域还算是“后起之秀”。

水力压裂的主要目标是令油气井增产，原理是利用地面高压泵，将大量化学物质掺杂水、支撑剂颗粒(石英砂或人造陶粒)等制成压裂液，再灌进地层深处并压裂岩石，最终释放出深部储层内的石油或天然气。常规水力压裂技术，采用连续加砂模式，支撑剂随压裂液连续泵入裂缝内，在裂缝内形成均匀铺置的高渗透支撑剂充填层，井下流体自储层流入高渗透裂缝区域，从而提高油气井产量。虽然该技术对世界范围内低渗致密油气藏的高效开发起到了巨大的推动作用，但仍面临有效裂缝短(一般仅为动态缝长的 70%)、支撑剂和压裂液消耗大、有效期短、裂缝导流能力低等不足。随着世界油气开发逐渐由常规转向非常规油气领域，储层渗透率越来越差，油气开发对压裂后裂缝导流能力的要求越来越高，常规连续加砂的水力压裂技术已难以满足需求，严重制约了低渗致密油藏的有效开发。

在该背景下，2010 年美国斯伦贝谢公司首次提出了高导流通道压裂技术，该技术采用添加纤维压裂液或自聚性支撑剂，以及脉冲式加砂实现支撑剂团在裂缝内的不连续分布，裂缝由“面”支撑变为“点”支撑，形成开放的网络通道，显著提高裂缝的导流能力，增加有效缝长，在世界多个低渗致密油气田获得了较好的应用效果，但此前国内在该方向的研究仍处于空白。

成都理工大学朱海燕教授及团队，自 2013 年以来，在国家科技重大专项、国家自然科学基金项目、中石化科技攻关项目等支持下，针对簇式支撑高导流压裂技术的关键科学问题，综合考虑支撑剂颗粒之间、支撑剂颗粒与压裂液之间、纤维与支撑剂颗粒之间的相互耦合作用，探讨了簇式支撑高导流通道的形成机制，提出了裂缝导流能力定量预测的离散元数值模拟方法，率先建立了高导流簇式支撑裂缝的导流能力预测和压后返排过程中支撑剂簇稳定性的流固耦合模型，修正了斯伦贝谢公司的通道压裂适用性评价标准，推荐了胜利油田高导流压裂最优参数，促进了该技术在胜利油田低渗致密油和页岩油藏的工业化应用，在全球石油工程领域顶级期刊 *SPE Journal* 上连续发表了 2 篇论文，为我国低渗致密油气、页岩油气资源高效开发和高导流压裂技术发展开辟了前沿研究方向。

该书通过大量的室内实验、理论分析和数值模拟，对复杂裂缝导流能力预测理论进行了系统、深入的开创性研究，发展了现有通道压裂理论与技术，提出了许多富有科学价值的新理论、新见解、新方法，是朱海燕教授及其学生与合作者集体智慧的结晶，为我国水力压裂学界的一部重要著作，对从事研究、教学和生产的水力压裂工作者无疑具有重要的参考价值。

周守为

中国工程院院士

油气藏地质及开发工程国家重点实验室主任

2021年8月

前 言

我国低渗透油气田产能建设规模占全国油气田产能建设规模总量的 70%以上，高效开采低渗致密油气资源可以有效缓解我国油气供需矛盾。水力压裂是开发低渗致密油藏的关键技术。常规水力压裂采用连续加砂模式，支撑剂随压裂液连续泵入裂缝内，在裂缝内形成均匀铺置的高渗透支撑剂充填层，井下流体自储层流入高渗透裂缝区域，从而提高油气井产量。然而，现有常规压裂技术存在有效裂缝短(一般仅为动态缝长的 70%)、导流能力低、有效期短等难题，严重制约了低渗致密油藏的有效开发。簇式支撑的裂缝能够有效解决以上问题，采用添加纤维压裂液或自聚性支撑剂，以及脉冲式加砂实现支撑剂团在裂缝内的不连续分布，裂缝由“面”支撑变为“点”支撑，形成开放的网络通道，显著提高裂缝的导流能力，增加有效缝长。

自通道压裂技术推出以来，已在世界多个油气田获得了广泛的推广应用。而我国高导流通道压裂技术起步较晚，技术较为落后，支撑剂簇团形成与稳定支撑、高导流能力预测两大核心问题制约了国内高导流压裂技术的发展。国外公司对外宣称：采用储层弹性模量和裂缝闭合压力的比值作为评价通道压裂适应性的标准，认为比值大于 275 时通道压裂可行，并推荐脉冲时间为 15～30s。该标准是否适用于我国低渗致密油储层，仍需要进一步论证(如胜利油田通道压裂采用脉冲时间 60～120s，仅稠油油藏压后单井产量就提高了 20%～60%)。此前，国内外并未见相关文献报道斯伦贝谢通道压裂适应性标准及压裂参数选择的理论依据，严重制约了我国低渗致密油藏的高效开发，迫切需要开展簇式支撑高导流裂缝、支撑剂多层均匀铺置主裂缝、支撑剂单层铺置分支裂缝等复杂裂缝的导流能力预测理论研究。

自 2013 年以来，本书作者在国家科技重大专项、国家自然科学基金项目、中石化科技攻关项目等支持下，针对复杂裂缝导流能力预测的关键科学问题，校企联合攻关，并与美国岩石力学学会前主席 John D. McLennan 教授合作，攻克了支撑剂簇团形成与稳定支撑、复杂裂缝导流能力定量预测等关键技术瓶颈，在全球石油工程领域顶级期刊 *SPE Journal* 连续发表了 2 篇论文，填补了国内高导流通道压裂技术的部分研究空白，实现了我国高导流压裂技术从无到有的理论技术革新。截至 2018 年 12 月，相关成果已在胜利油田应用 255 口井(482 井次)，累计增油 52.27 万 t，累计产气 2419 万 m^3，使我国在致密油藏高导流通道压裂技术方面走在世界前列，为我国致密油气资源开发和高导流压裂技术发展开辟了前沿研究方向。

本书针对复杂裂缝导流能力预测的关键问题，开展了系统的理论、实验及应用研究，初步形成了一套复杂裂缝导流能力的预测理论与技术。首先，探讨了剪切作用下支撑裂缝的摩擦性质和渗透率的演化，研究了法向应力、支撑剂厚度、支撑剂粒径等对支撑裂缝摩擦和运移响应的影响。其次，通过计算流体动力学(CFD)和离散元法(DEM)，建立了传统均匀多层铺砂的主裂缝导流能力数值模型，实现了裂缝导流能力的数值模拟定量预测。同时，开展了页岩分支裂缝的导流能力实验，建立了考虑支撑剂破碎作用的分支裂缝导流能力的渗流-应力耦合模型，揭示了分支裂缝导流能力的变化规律。利用离散元法，对水力裂缝的扩展和支撑剂的运移进行数值模拟。并通过建立综合考虑支撑剂颗粒之间摩擦碰撞、支撑剂与流体互作用的支撑剂簇运移-沉降流固耦合模型，探讨了簇式支撑高导流通道的形成机制。在此基础上，构建通道压裂支撑剂簇团的非线性力学本构模型，综合考虑支撑剂簇团非线性变形、裂缝面非均匀变化和支撑剂颗粒嵌入等多种影响缝宽的因素，建立簇式支撑高导流通道压裂裂缝导流能力的预测模型，揭示了高导流通道压裂裂缝导流能力的变化规律，为支撑剂簇参数及压裂工艺参数优选提供理论依据。随后，考虑压裂液返排和油气生产过程中支撑柱的实际工况，建立储层岩石-支撑柱-岩石的非线性接触DEM-CFD 流固耦合模型，揭示纤维和支撑柱宏微观变形破坏与通道压裂裂缝长效支撑机理，为通道压裂和生产制度设计提供理论基础。最后，以簇式支撑裂缝导流能力和支撑剂簇稳定性为优化目标，给出了胜利油田最优化的通道压裂参数，并介绍了该技术在胜利区块的工业化应用情况。

本书共分为 9 章，主要由成都理工大学的朱海燕教授和谭慧静副研究员、同济大学的张丰收教授合作完成。张丰收教授负责第 2 章和第 3 章的编写工作，唐煊赫讲师参与了第 2 章和第 3 章的编写工作，陶雷讲师负责第 4 章的编写工作，博士研究生黄楚淏参与了第 4 章和第 8 章的研究与编写工作，硕士研究生沈佳栋、汪浩威、张铭海、高庆庆参与了第 5 章、第 6 章和第 7 章的编写与整理工作。全书由朱海燕教授统稿及审定。

本书内容是在国家科技重大专项(2017ZX05072-004)、国家自然科学基金项目(51604232、51874253、U20A20265、52192622)及“双一流”学科经费资助下完成的。

限于作者水平有限，本书难免存在不足之处，敬请广大读者批评指正！

著　者

2022 年 1 月 28 日

目　录

序

前言

第 1 章　绪论 ······ 1

1.1.　研究背景及意义 ······ 3

1.1.1　非常规油气储层压裂的复杂裂缝形态 ······ 3

1.1.2　簇式支撑裂缝导流能力的预测 ······ 3

1.2　复杂裂缝导流能力的研究现状 ······ 6

1.2.1　支撑剂簇运移-沉降行为研究现状 ······ 6

1.2.2　均匀铺砂支撑裂缝导流能力的数值模拟 ······ 7

1.2.3　簇式支撑裂缝导流能力研究现状 ······ 8

1.2.4　压后返排支撑剂簇稳定性研究现状 ······ 11

1.3　本书主要内容 ······ 12

第 2 章　支撑裂缝摩擦性质和渗透率演化实验研究 ······ 15

2.1　支撑裂缝的摩擦性质和渗透率研究现状 ······ 17

2.2　支撑裂缝摩擦性质和渗透率演化实验方法 ······ 18

2.2.1　实验样品准备 ······ 18

2.2.2　实验方案 ······ 19

2.2.3　摩擦系数和渗透率计算模型 ······ 20

2.3　支撑裂缝摩擦性质和渗透率演化实验结果 ······ 21

2.3.1　法向应力的影响 ······ 21

2.3.2　支撑剂厚度的影响 ······ 23

2.3.3　支撑剂粒径的影响 ······ 25

2.3.4　岩石表面纹理的影响 ······ 26

2.4　支撑裂缝摩擦性质和渗透率演化机理 ······ 27

2.5　本章小结 ······ 28

第 3 章　主裂缝均匀多层铺砂导流能力的数值模拟 ······ 29

3.1　裂缝导流能力数值模拟流固耦合基础理论 ······ 31

3.1.1　DEM-CFD 耦合数学模型 ······ 31

3.1.2　裂缝导流能力计算步骤 ······ 33

3.1.3　裂缝导流能力流固耦合模型的建立 ······ 35

3.1.4　模型参数校验 ······ 37

3.2　裂缝导流能力的影响因素 ······ 39

3.2.1　裂缝闭合压力 ······ 39

3.2.2　储层弹性模量 ······ 40

3.2.3　铺砂浓度 ······ 41

3.2.4　支撑剂组合形式 ······ 42

3.2.5 支撑剂嵌入对裂缝导流能力的影响……43
3.3 DEM-CFD 模型与解析模型的对比……48
3.4 本章小结……51
第 4 章 分支裂缝支撑剂不同铺置模式的导流能力……53
4.1 页岩分支裂缝导流能力实验……55
4.1.1 实验装置……55
4.1.2 实验样品……55
4.1.3 实验方案……55
4.1.4 实验结果与分析……56
4.2 页岩分支裂缝考虑支撑剂破碎的渗流-应力耦合模型……58
4.2.1 支撑剂破碎离散元理论模型……58
4.2.2 考虑支撑剂破碎的分支裂缝渗流-应力耦合模型……60
4.2.3 页岩分支裂缝导流能力模型的验证……64
4.3 页岩分支裂缝导流能力的影响因素分析……64
4.3.1 岩石弹性模量……64
4.3.2 分支裂缝表面形态……65
4.3.3 支撑剂组合形式……65
4.4 本章小结……66
第 5 章 水力压裂裂缝扩展过程中的支撑剂运移研究……67
5.1 裂缝扩展过程中支撑剂运移的研究现状……69
5.2 水力裂缝扩展过程中的支撑剂运移数值模型……71
5.3 基准算例与模型验证……72
5.3.1 模型参数……72
5.3.2 基准算例……73
5.3.3 模型验证……75
5.4 水力裂缝宽度及支撑剂运移特征……76
5.5 支撑剂临界尺寸优化……81
5.6 本章小结……84
第 6 章 簇式支撑高导流通道的形成机制研究……87
6.1 基于离散元固液两相模拟……89
6.2 支撑剂簇运移-沉降的 DEM-CFD 耦合数值模型……89
6.2.1 支撑剂颗粒及簇团的离散元模型……89
6.2.2 支撑剂颗粒-流体双向耦合的 LBM 模型……90
6.2.3 支撑剂簇运移-沉降 DEM-CFD 耦合程序求解……94
6.2.4 模型验证……97
6.3 支撑剂簇团运移-沉降规律研究……100
6.3.1 支撑剂密度对支撑剂簇运移-沉降规律的影响……100
6.3.2 压裂液排量对支撑剂簇运移-沉降规律的影响……103
6.3.3 射孔参数对支撑剂簇运移-沉降规律的影响……105
6.3.4 脉冲频率对支撑剂簇运移-沉降规律的影响……107
6.4 本章小结……110

第 7 章 高导流簇式支撑裂缝的导流能力预测 ······ 111
7.1 支撑柱的非线性本构模型 ······ 113
7.1.1 支撑柱模型抽提 ······ 113
7.1.2 通道压裂支撑柱力学参数测试方法 ······ 114
7.1.3 支撑柱的非线性应力-应变本构模型 ······ 117
7.2 通道压裂裂缝导流能力的离散元数值模拟 ······ 120
7.2.1 通道压裂裂缝的等效渗透率模型 ······ 120
7.2.2 通道压裂裂缝导流能力的离散元模型 ······ 123
7.2.3 通道压裂裂缝导流能力的数值模拟分析 ······ 129
7.3 基于支撑剂簇非线性变形的裂缝导流能力解析模型 ······ 135
7.3.1 簇式支撑裂缝导流能力解析模型 ······ 135
7.3.2 通道压裂裂缝导流能力的影响因素分析 ······ 142
7.4 本章小结 ······ 148
第 8 章 压后返排过程中支撑柱宏微观变形及稳定机理 ······ 151
8.1 压裂后返排支撑剂簇稳定性的 DEM-CFD 耦合模型 ······ 153
8.1.1 支撑剂颗粒与纤维的互作用模型 ······ 153
8.1.2 支撑剂簇稳定性的 DEM-CFD 流固耦合模型 ······ 154
8.2 压后支撑剂簇的宏微观变形破坏规律 ······ 156
8.2.1 裂缝闭合过程中支撑剂簇的宏微观变形破坏规律 ······ 156
8.2.2 返排支撑剂簇团稳定性预测及规律研究 ······ 156
8.3 支撑剂簇稳定性的影响因素分析 ······ 158
8.3.1 返排压力梯度 ······ 158
8.3.2 压裂液黏度 ······ 161
8.3.3 支撑柱高度 ······ 164
8.3.4 支撑柱直径与间距之比 ······ 165
8.3.5 纤维黏结强度 ······ 169
8.4 本章小结 ······ 170
第 9 章 簇式支撑裂缝导流能力预测技术的应用 ······ 173
9.1 胜利油田高导流通道压裂参数优化 ······ 175
9.1.1 支撑柱间距优化 ······ 175
9.1.2 脉冲时间优化 ······ 178
9.1.3 胜利油田致密油藏通道压裂适应性评价 ······ 179
9.2 胜利油田通道压裂技术的应用情况 ······ 181
9.3 本章小结 ······ 182
参考文献 ······ 183

第 1 章

绪　论

1.1　研究背景及意义

1.1.1　非常规油气储层压裂的复杂裂缝形态

随着常规油气资源的逐渐减少和枯竭，非常规油气资源(致密砂岩油气、页岩油气等)的高效开发是缓解我国能源供需矛盾、保障能源安全的重大战略需求。国内外非常规油气压裂普遍追求大规模大排量的压裂模式，以期获得导流能力更高的复杂裂缝。在大规模压裂施工过程中，射孔簇的射孔孔眼破裂，多条裂缝同时竞争扩展，形成一条或多条与井筒直接相连且裂缝宽度较大的优势主裂缝，以及在主裂缝的侧向扩张形成分支裂缝，并在分支裂缝上继续分叉形成二级次生裂缝，以此类推。主裂缝和扩张分支裂缝均为张性裂缝，具有一定的缝宽，通过支撑剂支撑形成高导流通道；次生裂缝一般为剪切缝，剪切滑移使裂缝表面形貌凹凸不平，实现次生裂缝的自支撑，裂缝并未张开，常称为自支撑裂缝(图 1-1)。因此，支撑剂有效支撑裂缝壁面，是主裂缝和分支裂缝保持高导流能力的关键。

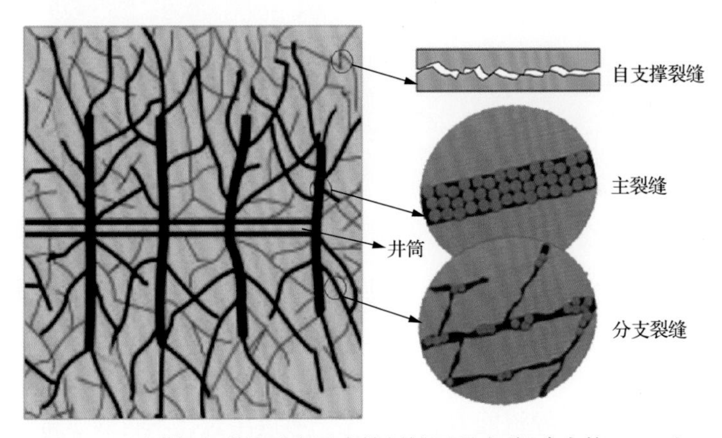

图 1-1　压裂复杂裂缝形态及支撑剂铺置形式(郭建春等，2021)

在该复杂裂缝网络中，主裂缝提供近井带渗流通道，而分支裂缝、自支撑裂缝网络则沟通更远处储层。在裂缝网络延伸过程中，支撑剂随压裂液进入储层，在主裂缝内大量运移并沉降形成多层支撑剂铺置形式，而在主裂缝附近缝宽较小的分支裂缝内倾向于形成单层或少数层铺置形式。压裂施工结束后，油气先后经过自支撑裂缝、分支裂缝，进入多层支撑剂支撑的主裂缝，再由主裂缝进入井筒，被开采出来。自支撑裂缝就类似于“乡村公路”，主裂缝就好比“高速公路”，分支裂缝就是连接“乡村公路”和“高速公路”的路口。可见，如何准确预测这些复杂裂缝的导流能力，实现水力压裂复杂裂缝的多尺度长效支撑，是非常规油气长期高效开发的关键。

1.1.2　簇式支撑裂缝导流能力的预测

高导流通道压裂技术采用添加黏性纤维的压裂液，结合脉冲式加砂工艺，实现支撑剂簇团(简称支撑柱)在裂缝内呈一定间距分布，裂缝由“面”支撑变为“点”支撑，实现开放的网络通道(图 1-2 右侧)(Gillard et al., 2010)。常规均匀铺砂的水力压裂技术是最大限度地在裂缝内充满支撑剂(图 1-2 左侧)；而脉冲加砂的通道压裂技术，要求支撑剂充填层内的支撑剂簇团之间留有通道以便油气流通。这种打破常规思维的技术极大地提高了裂缝导流能力，使其比常规压裂裂缝导流能力高出几个数量级(Gillard et al., 2010)。

图 1-2 常规均匀铺砂的水力压裂(左侧)和脉冲加砂的通道压裂(右侧)技术(Gillard et al., 2010)

传统水力压裂施工要求尽可能地形成长且宽的高导流填砂裂缝，使得油气渗流面积最大化，以此提高油气渗流能力。因此，支撑剂的数量和质量是最关键的因素，近年来，科学家一直致力于提高支撑剂和压裂液的质量，取得了较好的效果，目前基本实现了支撑剂充填层导流能力的最大化。通道压裂技术打破了常规压裂支撑剂充填层连续铺置的思维，采用添加纤维压裂液或自聚性支撑剂，脉冲式加砂实现支撑剂充填层呈现“簇团”状，在裂缝内不连续分布，裂缝闭合时由不连续分布的支撑剂簇团来支撑裂缝，而流体主要在各支撑剂簇团间的开放通道中高速流动，弱化了支撑剂充填层对裂缝导流能力的制约，极大地提高了裂缝的导流能力。由于通道压裂裂缝中支撑剂为不连续铺置，支撑剂用量少，因此成本较小；且其主要流动通道为无阻碍通道流，导流能力比传统支撑剂充填层裂缝高出几个数量级。

近年来，通道压裂技术已在世界多个油气田应用了上千井次，获得了令人满意的增产改造效果。Valenzuela 等(2012)介绍了通道压裂在 Burgos 盆地的砂岩地层中的应用，气井初始产量提高了 32%，6 个月累计产气量提高了 19%。Kayumov 等(2012)介绍了通道压裂在 Talinskoe 油田的低渗成熟油气井砂岩地层中的应用情况，6 口井平均产量提高了 51%。Gawad 等(2013)介绍了通道压裂在埃及西部沙漠的应用，证明了通道压裂可提高初期产量 89%。Valiullin 等(2015)将通道压裂技术用于重复压裂，使西伯利亚 Taylakovskoe 油田油井产量提高了 29%。上千口井的通道压裂现场应用统计结果显示(Ahmed et al., 2011；Medvedev et al., 2013)：由于纤维形成的支撑剂簇网状结构，降低了出砂和砂堵风险；开放通道减少了支撑剂和压裂液用量，提高了水力压裂裂缝的有效缝长，超过 99.9%的施工完成 100%的支撑剂铺置，比邻井常规均匀铺砂的压裂技术平均节约 43%以上的支撑剂量。目前该技术已在我国胜利油田、四川盆地致密气藏、鄂尔多斯盆地致密油气藏等大量应用，取得了良好的效果。例如，中国鄂尔多斯盆地致密油气藏的通道压裂作业，油井产量高达常规压裂的 2.4 倍，气井产量高达常规压裂的 4～5 倍(Li et al., 2015)。可见，通道压裂技术在非常规油气开发领域具有广阔的应用前景。

通道压裂技术在常规压裂液中加入纤维以改变支撑剂的流变特性，溶解在压裂液中的低浓度短纤维受地层温度作用，表现出一定黏稠性并相互黏结，将支撑剂簇固结成连续的网状结构(图 1-3)，使之在有效支撑裂缝的同时，改善了支撑剂回流现象，减少出砂和砂堵风险(Ramones et al., 2014)。通道压裂的主要工艺及技术包括脉冲泵送工艺、射孔工艺、纤维技术等。

图 1-3 纤维和支撑剂团网状结构(Ramones et al., 2014)

通道压裂时，网状结构的支撑剂团和压裂液段塞被交替注入地层，支撑剂簇团被压裂液段塞隔开，在水力裂缝内形成多个支撑剂团(支撑柱)。如图 1-4 所示，通道压裂结束后，水力裂缝在水平最小主应力(闭合应力)作用下逐渐闭合，支撑柱在裂缝面的作用下产生压缩变形，裂缝宽度因支撑柱的“压实和嵌入”而降低，支撑柱间的开放通道因两侧支撑柱的鼓胀变形而减小；同时，裂缝壁面以支撑柱为中心产生漏斗状的变形，使支撑柱之间的开放通道发生不均匀变化，形成宽度分布不均匀的支撑裂缝；若支撑柱的强度较弱或间距较远，则支撑柱之间的开放通道发生闭合，显著降低通道压裂裂缝的导流能力。

由此可知，支撑柱有效支撑裂缝壁面，以保持支撑柱之间的开放通道，是通道压裂形成高裂缝导流能力的关键。这就要求：①支撑柱自身具备足够的强度和合理的大小及间距以支撑裂缝，且开放通道不因支撑柱之间的非线性鼓胀变形而闭合；

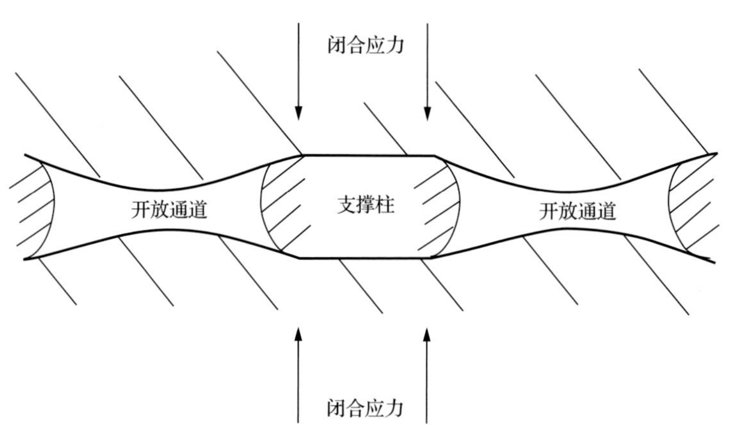

图 1-4　支撑柱有效支撑裂缝形成高导流通道(Kayumov et al., 2012；Zhu et al., 2021)

②纤维具有一定的强度以有效黏结支撑剂颗粒，防止压裂液返排和油气生产过程中支撑剂颗粒随裂缝内流体流动而破坏支撑柱的稳定性，确保支撑柱长效支撑裂缝面；③储层弹性模量和裂缝闭合压力的比值位于合理的范围之内，使裂缝面在开放通道处的变形尽可能小，以维持开放通道。斯伦贝谢公司采用储层弹性模量和裂缝闭合压力的比值作为评价通道压裂适应性的标准，认为比值大于 275 时通道压裂可行，并推荐脉冲时间为 15～30s，以此限制支撑柱的几何参数。然而，我国胜利油田储层弹性模量和裂缝闭合压力的比值普遍大于 500，脉冲时间采用 60～120s 时，仅稠油油藏通道压裂压后产量就提高 20%～60%(杨峰，2017)。因此迫切需要开展簇式支撑高导流通道的形成机制研究，在此基础上，综合考虑支撑柱的非线性变形破坏特征、支撑柱几何参数及分布等，建立通道压裂裂缝导流能力的预测模型，揭示支撑柱几何参数及分布形态、岩石力学参数、闭合压力变化、压裂施工参数等对通道压裂裂缝导流能力的影响机理；另外，考虑压裂液返排和油气生产过程中支撑柱的实际工况，建立储层岩石-支撑柱-岩石的非线性接触 DEM-CFD 流固耦合模型，揭示纤维和支撑柱宏微观变形破坏与通道压裂裂缝长效支撑机理，为通道压裂和生产制度设计提供理论基础。

1.2　复杂裂缝导流能力的研究现状

1.2.1　支撑剂簇运移-沉降行为研究现状

Wen 等(2016)采用大型实验装置研究复杂水力裂缝和常规裂缝的支撑剂沉降分布差异，发现支撑剂进入二次裂缝后会使砂堤高度产生快速变化，且使得导流能力减小，这种现象在近井处比较明显。Tong 和 Mohanty(2016)采用实验装置研究了裂缝交叉处的支撑剂运移行为，并用多相稠密离散相模型模拟了该条件下的支撑剂运移行为。结果表明，较早注入的支撑剂将形成交叉处砂堤的底层，之后注入的支撑剂将随携砂液进入裂缝后部。Zhang 等(2017a)采用 DEM-CFD 耦合模型，系统地研究了垂直井和水平井裂缝中多尺寸支撑剂的输送和沉降情况，并定量分析了多尺寸颗粒相对均匀尺寸颗粒对支撑剂铺置的影响。发现在直井中，裂缝内的支撑剂均匀分布；而在水平井裂缝中，较大的支撑剂通常在近井处形成砂堤，而较小的支撑剂颗粒会被液体携带进入裂缝更深处。Roostaei 等(2018)引入支撑剂运动方程和液体质量守恒方程研究携砂液对支撑剂运移的影响。结果表明，选择合适的携砂液黏度具有重要意义，因为携砂液黏度的微小变化可能对铺砂浓度的分布产生显著影响。此外，在合理范围内，支撑剂粒径和密度的变化对支撑剂浓度分布的影响不大。Zeng 等(2019)采用基于欧拉-拉格朗日方法的模型研究了裂缝扩展过程中支撑剂的运移情况。模型对流体、支撑剂互作用进行了完全耦合计算，扩展裂缝则为模型边界。但其将支撑剂对裂缝扩展的影响做了忽略处理。Wang 等(2019)耦合了水动力学和孔隙弹性模型，研究关井条件下的水力裂缝支撑剂运移状态。在关井过程中，主裂缝的支撑剂将进入二次裂缝，而携砂液将逐渐滤失入基质中，这导致了关井后近井地带具有高铺砂浓度与高压力的特点。Fernández 等(2019)设计了与较厚储层匹配的支撑剂运移平板物理模型，发现在较高的裂缝中射孔后将出现大型涡流，会使支撑剂在水力裂缝中形成较深的砂堤。

目前，尽管通道压裂技术在工程应用上取得了较大成功，但大多数研究主要关注通道压裂的工程使用情况，针对通道压裂技术的理论研究并不完善，尤其是支撑剂簇团在裂缝中受到流体、纤维、岩石等作用的复杂受力状态仍不清楚。支撑剂颗粒在裂缝内的运移-沉降行为一直是水力压裂领域研究的热点和难点，该问题涉及流体、固体颗粒、纤维在裂缝内的多项耦合行为，除了考虑两两之间的互作用，还要考虑颗粒之间以及纤维之间的摩擦、碰撞、翻转等动力学特征，特别是当存在分叉裂缝时，该问题更加复杂。现有的支撑剂运移-沉降数值模拟方法，通常假设支撑剂颗粒为液相，支撑剂的运移-沉降被假设为压裂液与支撑剂的流体-流体耦合，忽略了支撑剂颗粒之间的摩擦与碰撞，难以真实反映支撑剂的动态运移过程。同时，基于支撑剂为液相的假设，该数值模拟方法也难以考虑支撑剂颗粒之间以及纤维-支撑剂颗粒之间的黏结作用，难以模拟簇式支撑通道压裂支撑剂簇的运移-沉降问题。

1.2.2 均匀铺砂支撑裂缝导流能力的数值模拟

传统水力压裂过程中，水力裂缝起裂并延伸，支撑剂随压裂液进入储层，在主裂缝内大量运移并沉降形成多层支撑剂铺置形式(Hubbert and Willis, 1957；朱海燕等，2013；Zhu et al., 2015a；刘奎等，2016)。水力压裂结束后，压裂液返排至地面，支撑剂颗粒受裂缝壁面的挤压而停留在裂缝内(Barree and Conway, 1995；Hammond, 1995；Dayan et al., 2009；Weaver et al., 2009；李海涛等，2016；管保山等，2017；Zhu et al., 2018)。支撑剂支撑水力裂缝，形成一条连接储层和井筒的高渗透通道。支撑裂缝的导流能力即为支撑剂充填层的渗透率乘以裂缝的宽度。

目前，支撑裂缝的导流能力，仅能通过室内裂缝导流能力实验获取。根据压裂支撑剂充填层短期导流能力评价推荐方法，当支撑剂导流能力的变化不超过5%时(通常小于50h)，即为所测支撑剂的导流能力。许多学者开展的裂缝导流能力室内实验，所测的均为支撑剂的短期导流能力，如Kassis和Sondergeld(2010)、董光等(2013)。

随后，国内外一些学者(Wen et al., 2007; Rayson and Weaver, 2012a, 2012b; Aven et al., 2013; Renkes et al., 2017)将支撑剂的导流能力实验时间延长至50h以上发现，支撑剂的导流能力仍在持续下降。Rayson和Weaver(2012b)发现，在任意温度条件下，随着时间的增长，支撑剂充填的砂岩储层渗透率都会降低。Aven等(2013)研究温度和流体的动态流动对俄亥俄州砂岩-支撑剂成岩作用的影响发现，在288℃经过2～6个月的实验，铝基支撑剂充填裂缝渗透率下降40%。室内可以测得1～6个月相对长时间的裂缝导流能力，但高温高压的实验条件对实验设备的要求较高，测试周期长、难度大、成本高。

相对于实验方法，简化的解析模型和数值模拟方法就变得更加经济快捷。Li等(2016)通过引入松散系数，建立了菱面体排列充填砂的缝宽模型，并以毛细管束模型计算裂缝渗透率与导流能力。Gao等(2012)和Li等(2015)给出了单层、多层支撑剂的接触和嵌入模型，能够计算特定闭合压力下的支撑剂接触、嵌入和裂缝缝宽变化情况。Zhang等(2015)用群体平衡概念预测破碎支撑剂的大小分布，在缝宽计算模型中考虑了支撑剂的嵌入与重排列。Neto和Kotousov(2013)基于分布位错法考虑了支撑剂的非线性压缩性，利用一个半解析模型来计算具有支撑剂充填的裂缝缝宽。Guo和Liu(2012)提出了考虑岩石蠕变效应的支撑剂长期嵌入模型，为支撑剂长期嵌入和导流能力的理论计算开辟了新的研究思路。

Deng等(2014)采用颗粒离散元数值模拟方法研究了不同条件下裂缝的缝宽变化规律。随着CFD和DEM的发展，DEM-CFD已被证实为最有效的颗粒与流体两相或多相流耦合模拟的方法(Fries et al., 2011；Zhao and Shan, 2013；Luo et al., 2015；Zhou et al., 2015；Akbarzadeh and Hrymak, 2016；Sun and Xiao, 2016；Zeng et al., 2016)。Zhang等(2017b)针对支撑剂嵌入对裂缝导流能力的影响，提出了一种裂缝导流能力的离散元流固耦合数值模拟方法，首次建立了支撑裂缝的导流能力DEM-CFD耦合模型，开展裂缝闭合压力、储层弹性模量、铺砂浓度和支撑剂组合形式等对裂缝导流能力的影响规律研究，揭示了支撑裂缝导流能力的变化机理。

1.2.3 簇式支撑裂缝导流能力研究现状

1) 物模实验研究

2010年，Gillard等基于压裂支撑剂充填层短期导流能力评价推荐方法，将几个圆柱形小尺寸支撑柱放置在岩板上，首次开展了通道压裂的裂缝导流能力实验，发现支撑剂颗粒之间胶结良好时，通道压裂裂缝有效渗透率比常规压裂提升了1.5～2.5个数量级(Gillard et al., 2010)。2014年，Nguyen等借鉴Gillard等的方法，将支撑柱简化为直径为 12mm、高度为 9mm 的圆柱，实验评价了支撑剂类型、支撑柱个数、支撑柱排列方式在不同裂缝闭合压力条件下的支撑柱高度、直径及裂缝导流能力的变化规律，发现支撑柱存在快速压实阶段，致使其应力-应变曲线呈现非线性变化特征；支撑剂类型对通道压裂裂缝导流能力基本无影响；支撑柱个数与中顶液量存在一个平衡，才能维持通道的稳定；树脂覆膜提高了支撑剂簇团的强度，减少了支撑剂的破碎率，如图 1-5 所示(Nguyen et al., 2014)。同时，该文还对支撑剂簇团的稳定性做了一定评价，指出中顶液应具有合适的黏度，以保证裂缝闭合前支撑剂簇团未大量沉降。2015 年，曲占庆等通过室内裂缝导流能力实验，研究了支撑剂粒径和段塞数、纤维浓度及加入方式对高速通道压裂支撑裂缝导流能力的影响，并采用正交实验和灰色关联分析法评价各参数对支撑裂缝导流能力的影响程度(曲占庆等，2015)。2015 年，许国庆等利用砂岩、页岩进行室内裂缝导流能力测试，分析了纤维质量分数、支撑剂类型、粒径、铺砂浓度以及岩石力学特性等对通道压裂裂缝导流能力的影响，优选出最优纤维质量分数，指出铺砂浓度对通道压裂裂缝导流能力影响程度较大，且岩石力学特性会影响通道压裂裂缝的导流能力(许国庆等，2015)。2016 年，Hou 等通过解析模型和室内实验研究了通道压裂裂缝导流能力，建立了一套考虑支撑剂簇团变形和岩石蠕变的裂缝导流能力计算模型，并通过实验研究了闭合压力、岩石和支撑剂的弹塑性特征对导流能力的影响，结果表明，通道压裂裂缝导流能力直接受裂缝闭合压力、支撑剂黏结强度、岩石弹性模量的影响(Hou et al., 2016)。2016 年，王雷等同样借鉴 Gillard 等的方法，对砂岩岩板进行了不均匀铺砂裂缝导流能力测试，分析了纤维浓度、铺砂方式和支撑剂类型等对通道压裂裂缝导流能力的影响(王雷等，2016)。

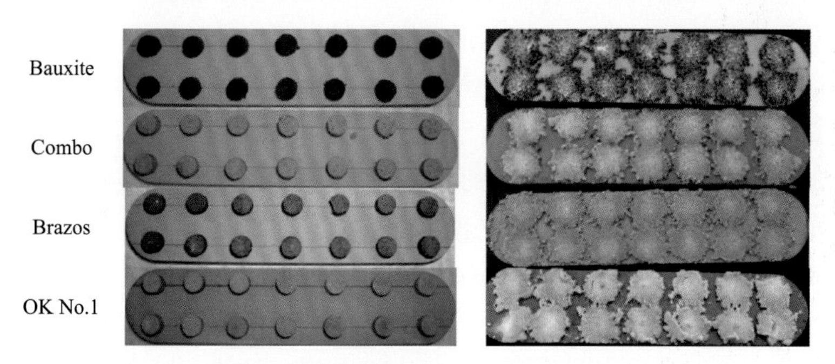

图 1-5 通道压裂裂缝导流能力实验(Nguyen et al., 2014)

室内实验是研究支撑剂簇几何参数与簇间距、裂缝闭合压力、岩石力学特性等对通道压裂裂缝导流能力影响的直接手段。然而限于室内实验的尺度、实验条件、实验周期等的限制，仍难以真实模拟储层实际工况，理论和数值模拟手段将变得尤为重要。

2) 理论模型研究

Zhang(2014)、Zhang 和 Hou(2016)考虑支撑剂嵌入、支撑柱轴向变形及其排列方式的影响，推导了通道压裂裂缝缝宽和导流能力的解析模型。Yan 等(2016)考虑支撑柱的轴向变形，将高速通道压裂裂缝内形成的支撑剂簇团视为渗流区域，基于达西-布林克曼方程建立了高速通道压裂裂缝的高导流能力数学模型(图 1-6)。Zheng 等(2017)通过赫兹接触理论和支撑剂嵌入理论得到了裂缝宽度的表达式，进而得到最终的导流能力计算公式。Hou 等(2016)采用流体立方定律，建立了通道压裂裂缝导流能力的预测模型。Guo 和 Liu(2012)、Guo 等(2017)从单个支撑剂颗粒与岩石的互作用入手，考虑岩石的黏弹性蠕变效应，分别建立了常规压裂裂缝长期导流能力和通道压裂裂缝短期导流能力模型。

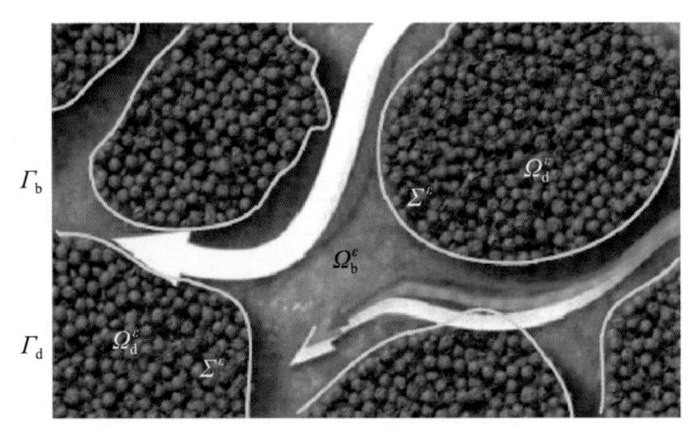

图 1-6　高导流能力数学模型(严侠等, 2015；Yan et al., 2016)

这些裂缝导流能力模型均假设支撑柱是弹性模量为一定值的弹性体，忽略了支撑柱的非线性应力-应变特征和裂缝缝宽在开放通道处的非均匀变化，与储层岩石-支撑柱-岩石的互作用情况并不相符，应同时考虑这两个因素的影响。基于此，Meyer 等(2014)将裂缝壁面的变形视为弹性变形，考虑支撑柱在裂缝内的不同结构形式，基于弹性半空间赫兹接触理论，建立了通道压裂裂缝宽度解析模型，利用达西定律和等效渗流阻力原理推导了裂缝渗透率表达式。Hou 等(2016)借鉴 Meyer 等的方法，建立了通道压裂支撑柱缝宽的变化模型。这两个模型增加了对裂缝壁面弹性变形特征的考虑，但支撑柱仍被视为刚体。而 Zhu 等(2019a)基于弹性半空间理论，研究了支撑柱嵌入和裂缝面的非线性变形对通道裂缝宽度的影响，推导了通道裂缝的非线性裂缝宽度模型；然后，采用 REV-scale 格子玻尔兹曼耦合通道裂缝宽度计算模型，预测通道压裂裂缝的导流能力，揭示了簇式支撑裂缝导流能力的影响机理。

由于 DEM 能够建立实际几何尺寸(0.15～0.83mm)的支撑剂颗粒，真实反映支撑剂颗粒间的互作用行为，近年来被应用于模拟常规压裂支撑剂充填层的压实和裂缝缝宽变化(Zhu and Shen, 2017)。Mollanouri 等(2015)耦合 PFC3D 与离散格子玻尔兹曼模型，建立了三种支撑剂颗粒尺寸级配的支撑剂模型，其结果表明均匀级配的支撑剂拥有较小的孔隙度和较大的渗透率。Zhang 等(2017b)采用纳维-斯托克斯方程描述流体在支撑剂充填层中的流动，首次建立了常规压裂裂缝导流能力的 DEM-CFD 耦合模型，研究了页岩水化、支撑剂类型、储层弹性模量等因素对支撑剂嵌入、导流能力的影响。Bolintineanu 等(2017)随机生成裂缝表面几何形貌，采用离散元法模拟支撑剂充填层的压实过程，采用有限元法求解裂缝内支撑剂颗粒与牛顿流体的耦合作用，研究不同铺置模式支撑剂充填层的载荷响应和裂缝导流能力，但该模型是研究支撑剂簇团形状对裂缝导流能力影响的简化模型，仍未考虑裂缝缝宽在开放通道处的非均匀变化。

裂缝壁面以支撑柱为中心产生不均匀变形，从而形成宽度分布不均匀的支撑裂缝。当支撑柱的强度较弱或间距较远，则支撑柱之间的开放通道可能发生闭合，严重影响通道压裂裂缝的导流能力。此前，通道压裂裂缝导流能力预测的数学模型和离散元模型，均忽略了支撑柱的非线性应力-应变特征和裂缝缝宽在开放通道处的非均匀变化，致使通道压裂参数设计存在较大的盲目性。

1.2.4 压后返排支撑剂簇稳定性研究现状

通道压裂压后返排和生产过程中支撑剂的回流，将破坏支撑柱的力学稳定性，从而失去对裂缝通道的有效支撑，严重损害裂缝的导流能力。支撑柱内纤维-支撑剂的网状结构，使得支撑剂颗粒之间通过纤维作用进行黏结，防止支撑剂颗粒的回流。支撑剂与纤维之间相互作用的力学机理与常规未含纤维的均匀铺砂压裂技术存在较大的区别(Xu et al., 2017)。此前，国内外针对支撑剂颗粒压后返排的研究，主要针对常规均匀铺砂压裂,均未充分考虑支撑剂颗粒之间的摩擦-碰撞-黏结力学行为以及支撑剂簇团的稳定性。

Andrews 和 Kjorholt(1998)结合实验与数值模拟方法研究支撑剂回流的力学机理，发现常规压裂支撑剂回流的三个关键因素是缝宽、水力梯度和闭合压力。van-Batenburg 等(1999)采用实验和数值模拟方法研究了生产过程中影响支撑剂回流的关键因素，但数值模拟并未考虑支撑剂颗粒之间的相互摩擦作用。Smith 等(2001)研究了影响常规压裂支撑剂流动的各种因素，发现闭合压力差异、压裂液滤失、重力、液体黏度、液体流变性和支撑剂浓度对流变性的影响等众多因素都可能极大地影响支撑剂的运动，难以确定主要影响因素。Daneshy(2005)认为回流的主要原因是重力与平行于裂缝的地层来流，支撑剂回流的三个条件是起动、保持运动和沿回流路径的无限导流能力。艾池等(2012)建立了支撑剂回流的临界返排流速计算模型，得到裂缝内存在支撑剂不发生回流的临界位置。Hu 等(2014)建立了压后支撑剂返排临界流速预测模型，提出裂缝闭合前降低返排速度和裂缝闭合后提高返排速度的方法以减少支撑剂回流。Salah 等(2016)认为支撑剂嵌入引起储层产出细粉，支撑剂破碎后的小颗粒，可能堵塞裂缝内的导流通道并堆积于井底。浮历沛等(2016)采用自聚剂改性支撑剂控制支撑剂回流，自聚体的再聚性和自洁性能够防止支撑剂碎屑及储层粉砂运移。Ramones 等(2014)采用受温度激活的黏性纤维包括支撑剂颗粒，制作了纤维-支撑剂颗粒的大直径标准岩心柱，通过单轴压缩实验测试纤维的黏结强度，开展了常规压裂均匀铺砂时的支撑剂回流实验。以上研究均指出水力压力梯度、流体黏度、闭合压力、支撑剂颗粒间互作用力等是常规均匀铺砂压裂引起支撑剂回流的主要因素，这些前期研究均为开展通道压裂支撑剂回流和纤维性能优选提供了重要的基础。

Asgian 等(1995)首次采用 PFC3D 建立了常规压裂支撑剂回流的力学模型，揭示了支撑剂充填层失稳的力学机理，并得到支撑剂回流的临界拖曳力，但该模型并没有耦合裂缝内流体的流动。随着离散元数值模拟技术的发展，DEM-CFD 已被证实为最为有效的模拟颗粒与流体两相或多相流耦合模拟的方法(Zeng et al., 2016；Zhang et al., 2017a)。因此，可采用离散元法模拟压裂液返排过程中支撑柱的稳定性，揭示支撑剂颗粒之间及其与纤维之间的挤压、拖曳和脱离的宏微观机理，为压裂液返排和油气生产制度的设计提供理论基础。

1.3 本书主要内容

(1)剪切作用下支撑裂缝的摩擦性质和渗透率演化。采用在恒速剪切实验中同步测量渗透率的方法，研究了剪切作用下法向应力、支撑剂厚度、支撑剂粒径等对支撑裂缝摩擦系数和渗透率的影响规律，推荐了形成裂缝高导流能力的支撑剂参数。

(2)主裂缝均匀多层铺砂导流能力的数值模拟。通过离散元颗粒流程序生成了真实尺寸的支撑剂颗粒，再现了微小支撑剂颗粒之间、支撑剂与裂缝面之间的高度非线性接触的物理本质。通过计算流体动力学，计算了支撑剂簇空隙流体与支撑剂的流固耦合作用，建立了支撑裂缝的裂缝导流能力的数值模拟模型，开展裂缝闭合压力、储层弹性模量、铺砂浓度和支撑剂组合形式等对裂缝导流能力的影响规律研究，揭示了支撑裂缝导流能力的变化机理，实现了裂缝导流能力的数值模拟定量预测。

(3)分支裂缝支撑剂不同铺置模式的导流能力。采用自主研制的多场耦合岩石力学实验测试系统，提出了页岩分支裂缝导流能力测试新方法，开展了页岩分支裂缝的导流能力实验。结合页岩储层特征，建立了考虑支撑剂破碎作用的页岩分支裂缝导流能力的渗流-应力耦合模型，对影响页岩分支裂缝的铺砂方式、裂缝表面形态、支撑剂组合形式等因素进行研究。

(4)水力压裂裂缝扩展过程中的支撑剂运移研究。利用三维全耦合离散元法，建立了水力压裂裂缝扩展过程中的支撑剂运移模型，研究了支撑剂粒径对多互层储层水力裂缝扩展及支撑剂簇运移-沉降的影响规律，优化了最优支撑剂粒径。

(5)簇式支撑高导流通道的形成机制。基于 DEM-CFD 耦合理论，通过含湍流的格子玻尔兹曼方法求解流场流速分布，采用浸入式动边界耦合计算方法，实现支撑剂颗粒与流体之间的双向耦合计算；考虑支撑剂颗粒之间的摩擦碰撞、支撑剂与压裂液之间的互作用等，建立了脉冲加砂条件下支撑剂簇运移-沉降的 DEM-CFD 耦合模型，探讨了簇式支撑高导流通道的形成机制。

(6)高导流簇式支撑裂缝的导流能力预测。首次综合考虑支撑剂簇团(支撑柱)非线性变形、裂缝面非均匀变化和支撑剂颗粒嵌入等多种影响缝宽的因素，创建了簇式支撑高导流裂缝缝宽预测解析模型；采用达西定律描述流体在支撑剂簇内的流动，采用纳维-斯托克斯方程描述开放通道内流体的流动，建立了簇式支撑高导流裂缝导流能力预测模型，揭示了高导流通道压裂裂缝导流能力的变化规律，为支撑剂簇参数及压裂工艺参数优选提供理论依据。

(7)压裂液返排过程中支撑柱宏微观变形及稳定机理。通过离散元颗粒流方法再现支撑剂簇团在裂缝闭合过程中的受力状态，建立了压裂液返排过程中支撑剂簇团稳定性的 DEM-CFD 耦合数值模型，开展了不同返排制度下支撑剂簇团稳定性及支撑剂的回流数值模拟，揭示了支撑剂颗粒之间及其与纤维之间的挤压、拖曳和脱离的宏微观作用机理，为压裂液返排制度的优化提供理论支撑。

(8)簇式支撑裂缝导流能力预测技术的应用。分析了胜利油田致密油藏的分布及特征，以簇式支撑裂缝导流能力和支撑剂簇稳定性为优化目标，给出了胜利油田最优化的通道压裂参数，并介绍了该技术在胜利区块的工业化应用情况，可为我国其他致密油气储层的高导流压裂提供理论指导和借鉴。

第 2 章

支撑裂缝摩擦性质和渗透率演化实验研究

本章利用三轴实验装置，在剖分的岩心表面铺设不同厚度的支撑剂颗粒，开展试样的渗透率和均匀剪切实验。测试完成后，使用轮廓仪对试样表面进行表征，以观察支撑剂颗粒与裂缝表面之间的剪切摩擦作用；使用激光粒度分析仪确定支撑剂颗粒的粒径分布，以检测支撑剂的剪切损伤或破碎。在实验数据基础上，计算了测试后试样的摩擦系数及渗透率，开展了法向应力、支撑剂厚度、支撑剂粒径等对支撑裂缝摩擦系数及渗透率的影响规律研究，揭示了支撑裂缝在剪切作用下摩擦系数及渗透率的演化机理，推荐了形成裂缝高导流能力的支撑剂参数。

2.1　支撑裂缝的摩擦性质和渗透率研究现状

近十年来，“水平井+大排量+多簇射孔”的水力压裂技术，已成为从超低渗储层中开采非常规油气的主要手段(King, 2010)。传统水力压裂理论认为，在油井压裂增产过程中主要产生对称双翼裂缝(Perkins and Kern, 2013)。但非常规储层的水力压裂与常规储层有很大的不同，非常规储层中存在大量的天然裂缝或弱面，天然裂缝和基质之间的渗透率差异巨大，会显著影响水力裂缝的扩展。页岩、致密砂岩等储层压裂改造现场微地震监测及压后生产数据显示，该类非常规储层在压裂过程中裂缝往往具有较高的复杂性，这是天然裂缝与水力裂缝相互作用的结果(Warpinski, 2009; Maxwell, 2014; Zhu et al., 2016, 2021)。当水力裂缝与天然裂缝相交时，可能出现多种竞争扩展形式，包括水力裂缝直接穿过天然裂缝、水力裂缝发生偏移后穿过天然裂缝、水力裂缝被终止等，当考虑三维裂缝扩展时则会出现更复杂的形式(Blanton, 1982; Thiercelin et al., 1987; Warpinski and Teufel, 1987; Renshaw and Pollard, 1995; Zhang et al., 2007, 2017b; Dahi-Taleghani and Olson, 2011; Fu et al., 2013; 朱海燕等, 2021)。因此，在多级水力压裂过程中，水力裂缝通常会产生分支并形成复杂裂缝网络[图 2-1(a)]，从而对斜向裂缝[图 2-1(b)]的应力状态产生影响。需注意的是，虽然图 2-1 中没有包含近井筒处的复杂弯曲裂缝，但该类裂缝会极大地影响水力裂缝

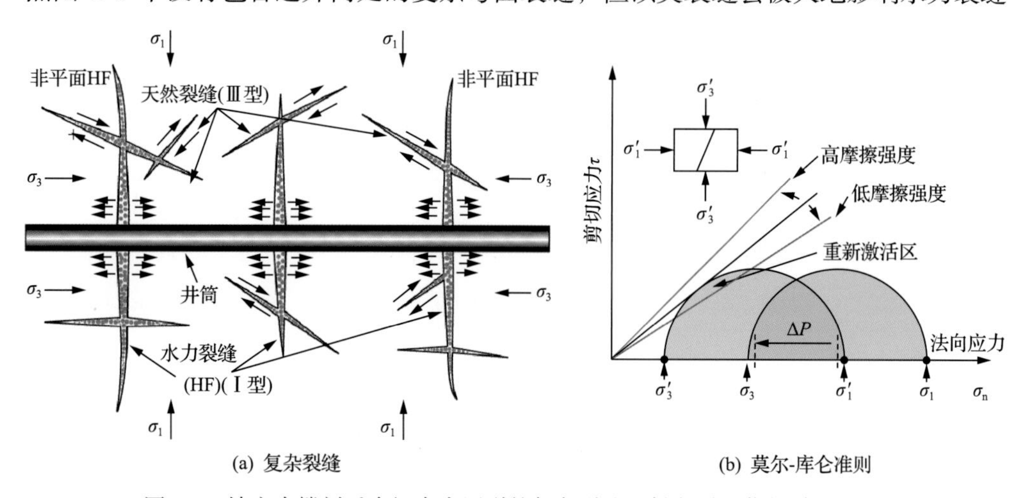

(a) 复杂裂缝　　　　(b) 莫尔-库仑准则

图 2-1　填充支撑剂后多级水力压裂的复杂裂缝和斜向裂缝莫尔-库仑准则

的最终扩展形态，并导致注入压力的增加(Romero et al., 1995; Lecampion et al., 2015)。

无论是常规油气压裂还是非常规油气压裂，其主要目的都是在地层中形成支撑裂缝，以增加地层的渗透率。因此，支撑裂缝渗透率是影响油气井最终产能的关键参数。在生产过程中，裂缝闭合应力逐渐增大，支撑剂易嵌入或破碎，支撑裂缝的渗透率降低(Zhang et al., 2015)。

2.2 支撑裂缝摩擦性质和渗透率演化实验方法

2.2.1 实验样品准备

使用 Green River 页岩露头开展实验，为研究岩石表面层理的影响，实验中还使用 Westerly 花岗岩作为参考。Green River 页岩和 Westerly 花岗岩的矿物组成和力学性质如表 2-1 所示。将直径 25mm、长 50mm 的岩样劈成两半，制作成一个平行岩板模型(图 2-2)。使用研磨粉(#60 Grit 硬质合金)将岩样表面均匀抛光，以保证所有裂缝面具有相同的表面粗糙度。为防止支撑剂颗粒在样品重新组装过程中发生脱落，在裂缝面上放置了一层非常薄的可清洗胶水，以暂时固定支撑剂颗粒。支撑剂颗粒均匀且紧密地分布在裂缝表面，形成单层支撑剂。另外，为评估支撑剂厚度的影响，制备了含有两层和三层支撑剂的岩石样品。将制作的含支撑剂岩样重新组合，装入乳胶膜中，两岩板初始轴向偏移量设为 8mm，以用于施加剪切位移。为减少样品外壁与乳胶膜之间的摩擦，使用聚四氟乙烯胶带包裹样品外壁。

表 2-1 Green River 页岩和 Westerly 花岗岩的矿物组成和力学性质

参数		Green River 页岩	Westerly 花岗岩
矿物组成	碳酸盐/%	51.8	0
	网状硅酸盐/%	45.9	5
	层状硅酸盐/%	2.3	95
	数据来源	Fang 等(2017)	Stesky 等(1974)
力学性质	杨氏模量/GPa	3.2～3.8	76
	泊松比	0.345～0.365	0.27
	数据来源	Yildirim(2014)	Karner 和 Marone(2001)

在本实验中，使用了三种典型尺寸的陶粒支撑剂，分别是 40/80 目(180～425μm)、30/50 目(300～600μm)和 20/40 目(420～840μm)。支撑剂的尺寸与筛网孔眼对应，通常为 8～140 目(105μm～2.38mm)。本实验中支撑剂粒径的准确分布如图 2-3 所示。

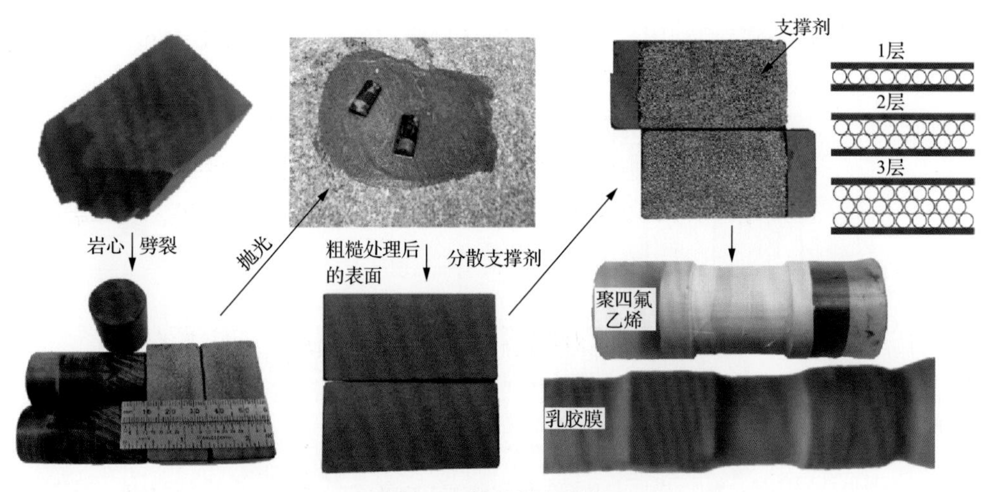

图 2-2 样品制备过程

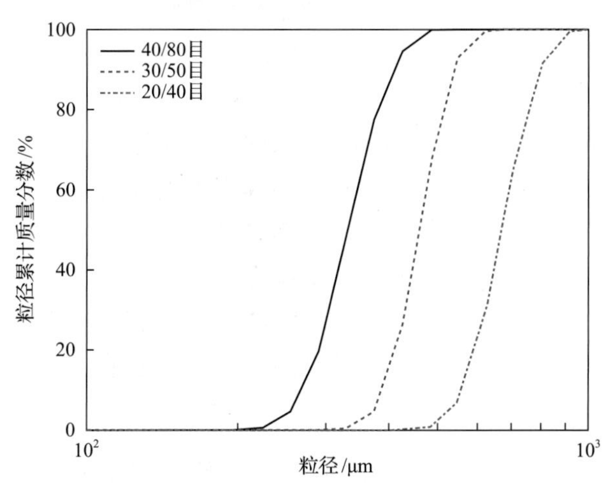

图 2-3 实验中使用的三种支撑剂的粒径分布

2.2.2 实验方案

使用三轴实验装置开展实验，该装置以恒定的速率分别施加围压、孔隙压力和剪切位移[图 2-4(a)]。泵 A 控制施加在岩样裂缝上的围压(法向应力)。泵 B 控制压力，该压力提供施加到裂缝切向的剪切应力。泵 C 以规定的流速或压力注入流体，从而使流体能够沿着裂缝一侧向另一侧流动。在测试开始之前，将制备好的试样装在圆柱形容器中，并逐渐施加围压至预设值；在达到预设的法向应力后，使用去离子水在裂缝内循环 5min 以溶解并清除用来固定支撑剂的胶水。一旦达到稳定的流速，便可开始匀速剪切测试。剪切速度控制在 3μm/s，试样的位移达到 6mm 后停止剪切。剪切位移由安装在位移活塞末端的 LVDT 记录。在实验前和实验后，使用白光光学轮廓测量法表征试样，以观察由于剪切作用，支撑剂颗粒和页岩表面之间可能发生的相互作用。使用具有 10 倍物镜的 Zygo NewView 7300 轮廓曲线仪，对试样表面进行白光轮廓测量，用于表征裂缝表面的粗糙度[图 2-4(b)]。此外，为检测支撑剂的剪切损伤或破碎，在实验前后均利用激光粒度分析仪确定支撑剂颗粒的粒径分布。

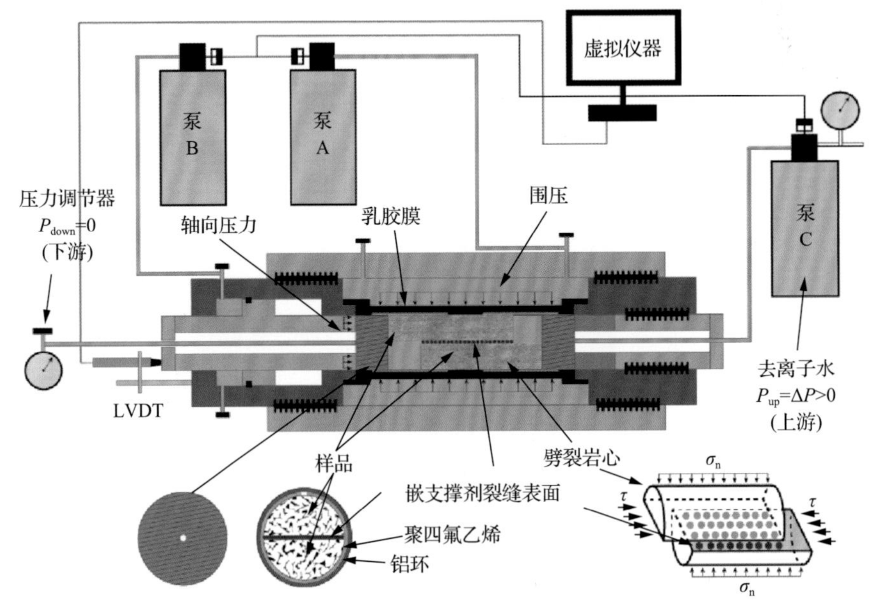

(a) 摩擦系数-渗透率演化实验示意图

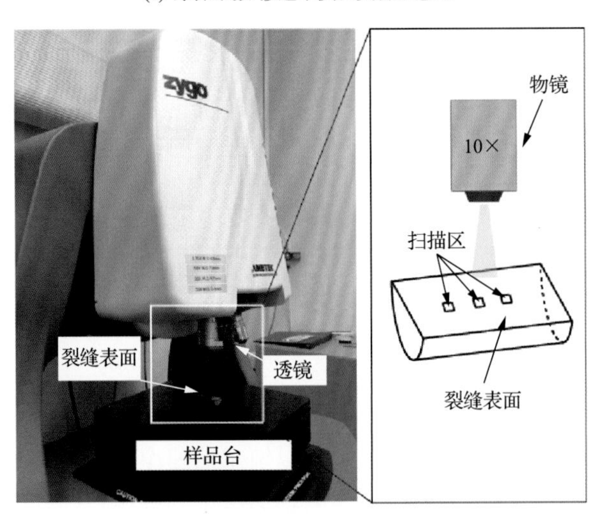

(b) 三维光学表面轮廓仪

图 2-4　支撑裂缝摩擦性质和渗透率演化实验装置

2.2.3　摩擦系数和渗透率计算模型

使用测量得到的剪切应力与施加的法向应力之比来计算摩擦系数μ，并将其作为剪切位移的函数，忽略内聚力，即

$$\mu=\frac{\tau}{\sigma_n} \tag{2-1}$$

式中，μ 为摩擦系数；τ 为剪切应力；σ_n 为法向应力。立方定律的平行板模型通常用于描述裂缝内的流体流动；然而，随着裂缝内支撑剂层数的增加，流体流动模式会从平行板流向多孔介质流过渡(图 2-5)。在剪切实验中，支撑剂颗粒可能发生移位、变形甚至破碎。因此，采用达西定律定义等效渗透率：

$$k_f = \frac{Q(t)\mu_{vis}L(t)}{Wb_e} \tag{2-2}$$

式中，μ_{vis} 为流体的黏度，Pa·s；$L(t)$ 为裂缝表面的接触长度，m；W 为裂缝宽度，m；$Q(t)$ 为测量流量，m^3/s；b_e 为等效裂缝宽度。

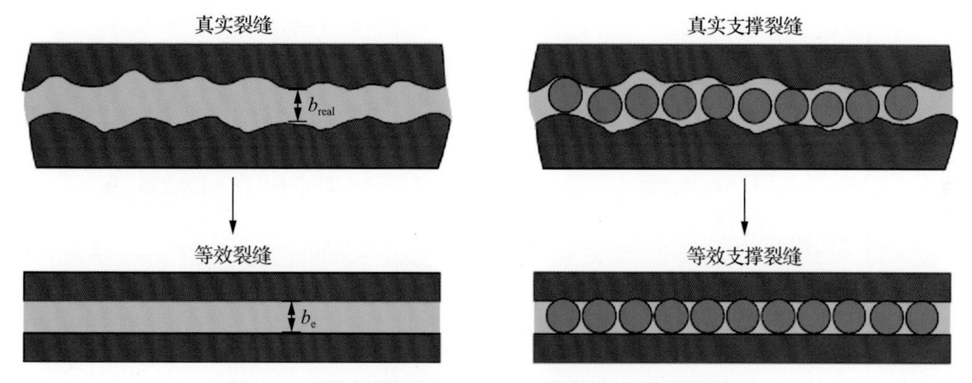

图 2-5　平行板流和多孔介质流的简化支撑裂缝模型

根据 Kozeny-Carman 方程可估算多孔介质的渗透率，公式为

$$k = \frac{1}{180}\frac{\varepsilon^3}{(1-\varepsilon)^2}d_p^2 \tag{2-3}$$

式中，ε 为孔隙率；d_p 为颗粒直径。

式(2-3)说明渗透率与支撑剂充填层的孔隙率和颗粒直径有关。

2.3　支撑裂缝摩擦性质和渗透率演化实验结果

2.3.1　法向应力的影响

图 2-6(a)～(c)分别为 1MPa、3MPa 和 5MPa 的法向应力作用下，支撑裂缝在剪切过程中渗透率、归一化渗透率和摩擦系数的变化。三种法向应力条件下均为单层支撑剂铺置，支撑剂的尺寸为 0.18～0.425mm(40/80 目)。由于孔隙度降低和裂缝闭合的共同影响，剪切前的初始渗透率随着法向应力的增加而降低[图 2-6(a)]。同时，渗透率在剪切过程中均逐渐下降。归一化渗透率的结果表明，在法向应力最大的情况下，渗透率的降低幅度最大。加载结束时，渗透率分别下降到初始值的 70%、40% 和 20%。解释这种现象的合理机制是：法向应力最高的情况下，支撑剂在剪切过程

中破碎得最严重，这导致表观缝宽相对减小量最大。图 2-6(d)为剪切前后颗粒粒度的分布，可以看出，支撑剂颗粒的破碎程度随着法向应力的增加而增加，由此可推断其对渗透率的影响。在法向应力为 1MPa 时，测试前后的支撑剂颗粒粒径分布几乎没有变化，这说明在剪切过程中，支撑剂几乎没发生破碎。

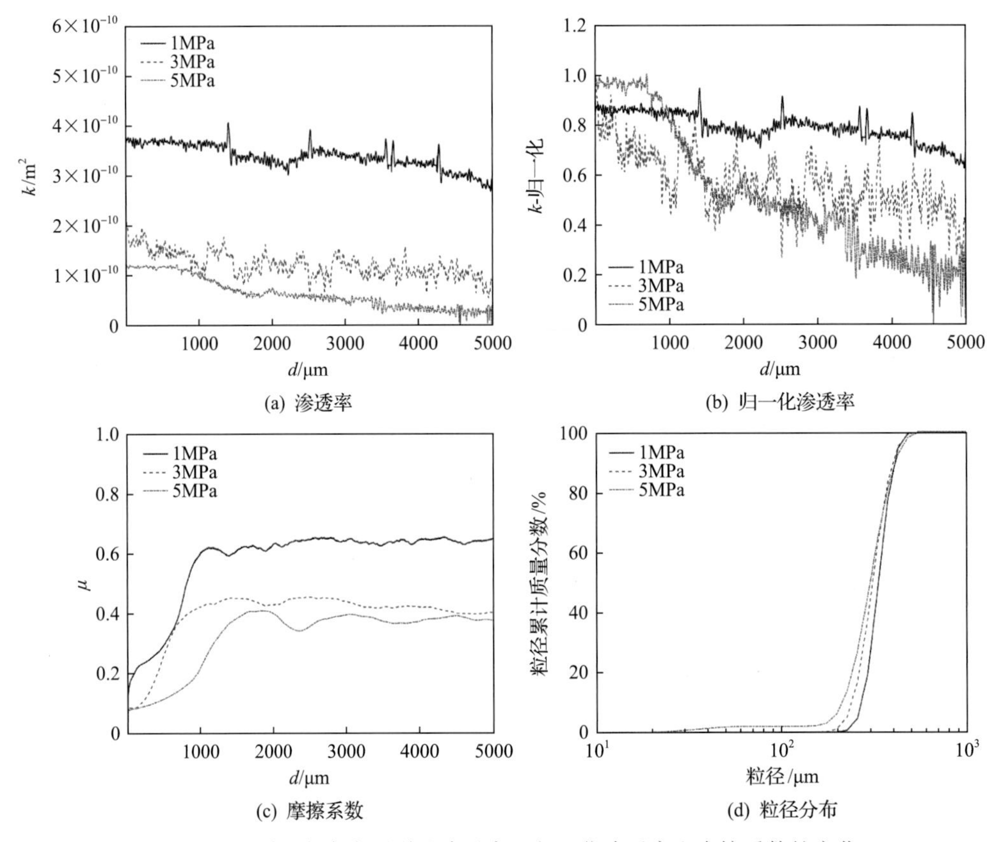

图 2-6 不同法向应力下裂缝渗透率、归一化渗透率和摩擦系数的变化

图 2-6(c)中支撑裂缝的摩擦系数也与法向应力有关。摩擦系数随着法向应力的增大而减小，这与以往使用模拟泥页岩开展实验得到的摩擦系数-法向应力关系一致(Fang et al., 2014)。摩擦系数的降低可归为两个可能的原因。首先，在较高的法向应力下，样品表面与膜之间的归一化膜约束减小。随着正应力的增加，摩擦系数逐渐收敛到表征支撑剂颗粒与裂缝表面接触行为的实际值。其次，较高的正应力会压实支撑剂颗粒，导致支撑剂颗粒的破碎和嵌入，改变支撑剂颗粒与裂缝表面的接触关系。图 2-7 是不同法向应力下剪切前后的裂缝表面形貌对比结果，随着法向应力的增大，裂缝表面上的剪切条纹越来越多。这些条纹是剪切载荷导致支撑剂颗粒嵌入裂缝表面并产生沟槽的结果。为进一步表征条纹，用白光轮廓仪扫描裂缝表面。图 2-8 为 5MPa 法向应力下剪切前后的裂缝轮廓对比。暗通道表示深度约为 100μm 的条纹。随着法向应力的增大，摩擦行为逐渐由颗粒沿裂缝面滑动向沿条纹表面滑动转变。如图 2-6(c)所示，由于条纹表面比初始裂缝表面粗糙度小，当法向应力达

到最大值时，摩擦系数可能会减小。

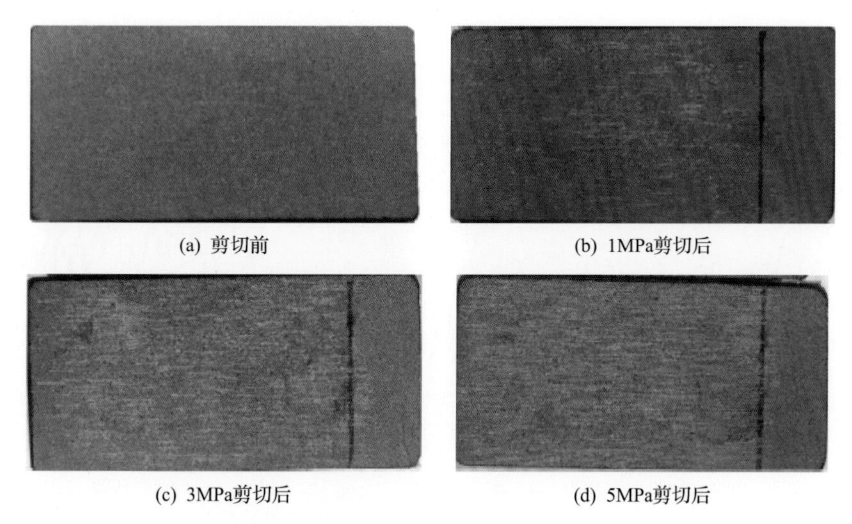

图 2-7　不同法向应力下剪切前后的裂缝表面形貌对比

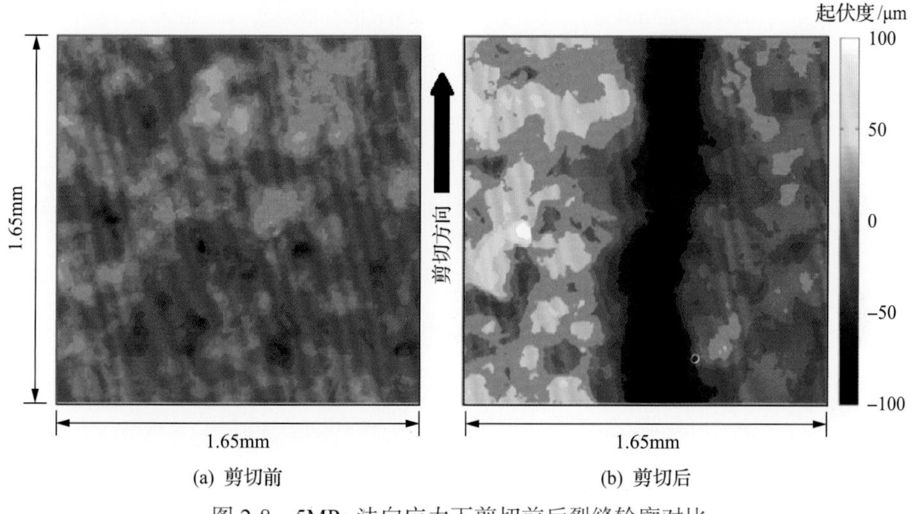

图 2-8　5MPa 法向应力下剪切前后裂缝轮廓对比

2.3.2　支撑剂厚度的影响

图 2-9 为不同支撑剂厚度下支撑裂缝在剪切过程中的渗透率、归一化渗透率和摩擦系数变化。图中显示了无支撑剂、单层支撑剂、双层支撑剂及三层支撑剂共四种情况。法向应力均为 3MPa，支撑剂粒径均为 40/80 目。对于平行板间填充单尺寸颗粒的理想紧密堆积，单层结构的孔隙度最大(0.3954)，随着层数的增加，孔隙度逐渐接近最小值(0.2595)，且支撑剂簇符合面心立方体(FCC)结构(图 2-10)。根据这一原理，采用单层单一粒径支撑剂的渗透率应该是所有情况中最大的。然而，图 2-9(a)显示，单层支撑剂的初始渗透率实际上比双层支撑剂和三层支撑剂的要小。原因可能是支撑剂嵌入导致的渗透率降低，在单层支撑剂条件下，支撑剂直接夹在

两岩板表面之间而不是在其内部进行压实因此位移自由度更小，从而导致更大的嵌入量。

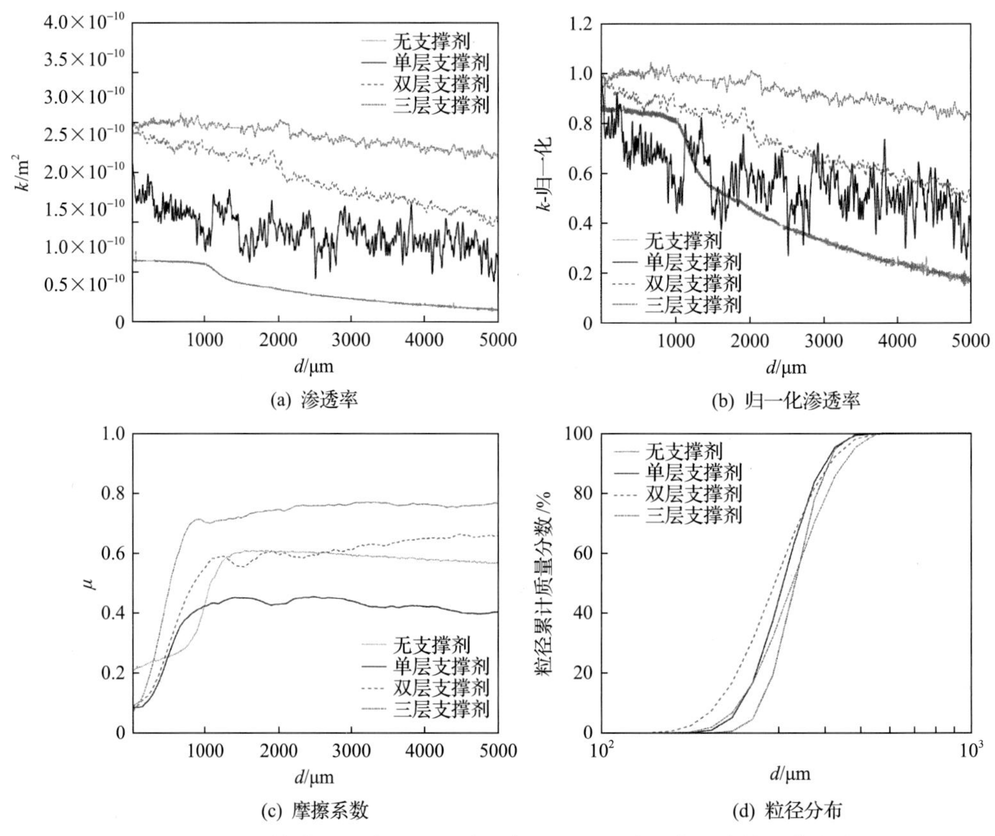

(a) 渗透率
(b) 归一化渗透率
(c) 摩擦系数
(d) 粒径分布

图 2-9　不同支撑剂厚度下裂缝渗透率、归一化渗透率和摩擦系数变化

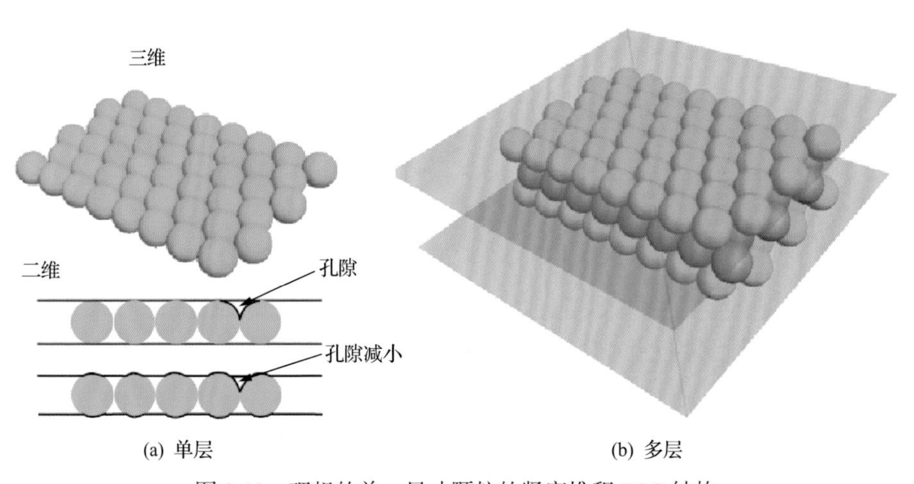

(a) 单层
(b) 多层

图 2-10　理想的单一尺寸颗粒的紧密堆积 FCC 结构

四种情况下渗透率均在剪切过程中逐渐降低。然而，有无支撑剂填充的情况下，渗透率的降低机理是不同的。对于无支撑剂填充的裂缝，裂缝面因产生磨损部分脱

落而导致渗透率降低(Fang et al., 2017)；而对于有支撑剂填充的裂缝，由于剪切过程中支撑剂的破碎、嵌入和堵塞，渗透率降低。归一化渗透率表明，随着支撑剂厚度的减小，渗透率的相对下降幅度也随之增大。在没有支撑剂的情况下，渗透率下降超过 80%，而三层支撑剂的渗透率下降幅度小于 20%。实验前后支撑剂粒径分布[图 2-9(d)]表明，采用双层支撑剂的情况下，支撑剂的破碎程度最大。在有支撑剂填充的这三种情况下，支撑裂缝与支撑剂之间的摩擦表现出一个明显的趋势，即支撑剂层数越多，摩擦系数越高。这可能是由于剪切过程中，多个支撑剂层之间存在互锁力，并且颗粒与颗粒之间阻塞作用越大。

2.3.3　支撑剂粒径的影响

图 2-11 为不同支撑剂粒径下，支撑裂缝在剪切过程中渗透率、归一化渗透率和摩擦系数的变化。法向应力为 3MPa，单层支撑剂填充。由于支撑剂粒径较小，初始表观孔喉尺寸越小，初始渗透率会随着支撑剂尺寸的减小而减小。

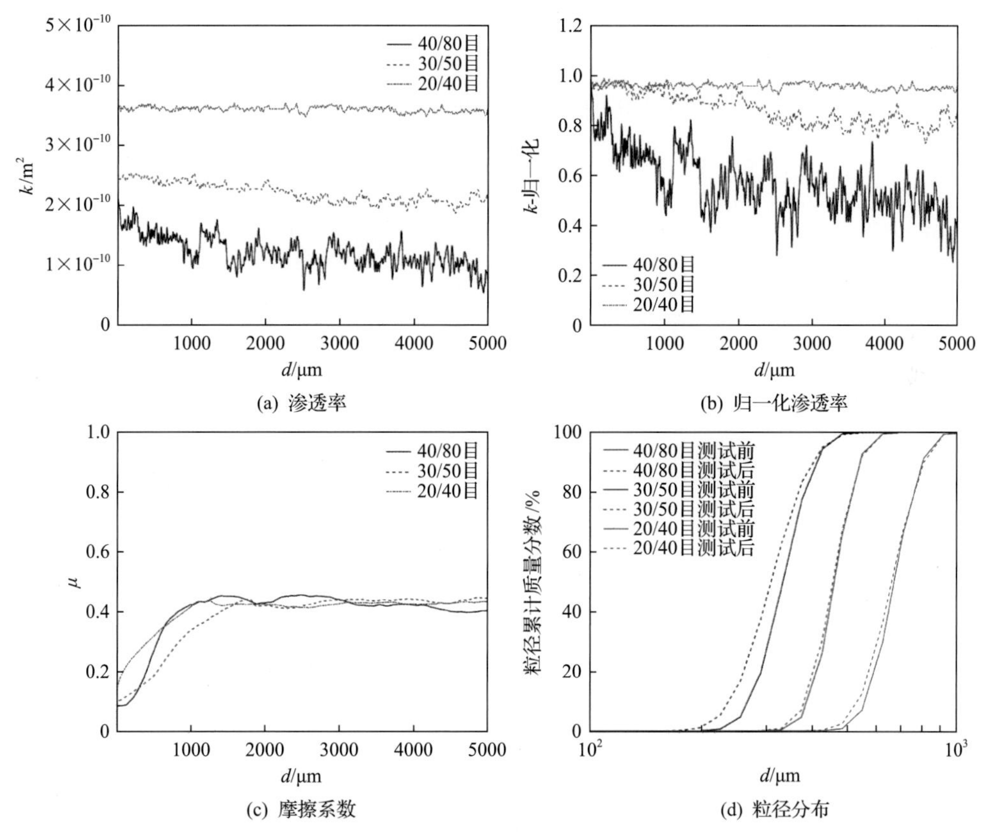

图 2-11　不同支撑剂粒径下支撑裂缝渗透率、归一化渗透率和摩擦系数的变化

在剪切过程中，使用 20/40 目支撑剂填充时的归一化渗透率几乎保持不变，而 30/50 目支撑剂填充时的归一化渗透率下降约 20%，40/80 目支撑剂填充时的归一化渗透率下降约 50%。从实验前后支撑剂粒径分布[图 2-11(d)]结果来看，40/80 目的

支撑剂颗粒破碎明显，30/50 目和 20/40 目的支撑剂颗粒破碎不明显。因此，利用支撑剂颗粒的分布情况，仅能解释使用 40/80 目支撑剂填充时，裂缝在剪切过程中渗透率的下降。除颗粒破碎外，剪切过程中支撑剂颗粒的潜在重组以及堵塞可能是导致渗透率下降的另一个原因。尽管受测量所限未在实验中得到验证，但初始颗粒堆积相对松散很可能发生堵塞。这三种情况下支撑裂缝的摩擦系数几乎是相同的，这说明在给定的法向应力下，尽管支撑剂的粒径不同，但是支撑剂和裂缝表面之间的接触状态是相同的。支撑剂的摩擦系数主要受应力状态及支撑剂颗粒嵌入破裂面的影响。

2.3.4 岩石表面纹理的影响

为了研究裂缝表面纹理的影响，排除实验中形成条纹产生的影响，使用 Westerly 花岗岩在法向应力 3MPa、40/80 目单层支撑剂条件下进行重复实验。图 2-12 为两种不同岩石表面纹理下，支撑裂缝在剪切过程中渗透率、归一化渗透率和摩擦系数的变化。花岗岩的初始渗透率略大于页岩，但在剪切过程中两者均有不同程度的下降。花岗岩比页岩更坚硬，强度更高，因此，在相同的法向应力条件下，支撑剂颗粒的嵌入量比页岩小。这可以解释花岗岩在剪切前具有较高的初始渗透率。花岗岩和页

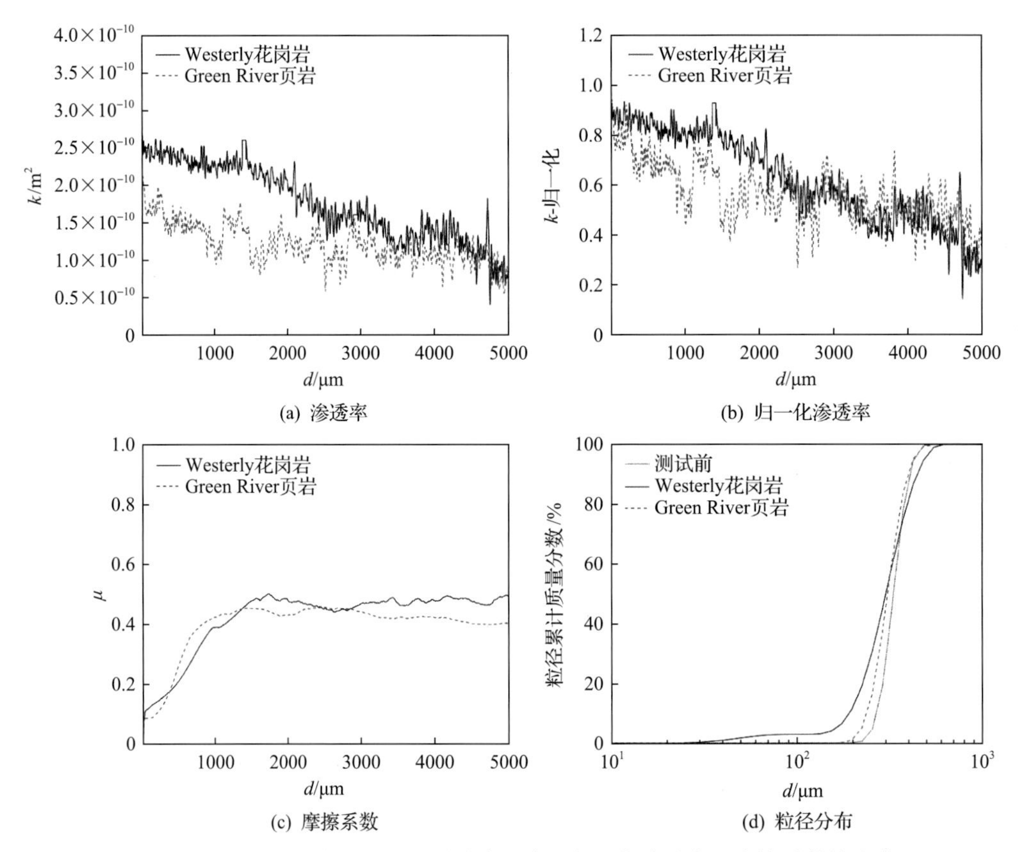

图 2-12　不同岩石表面纹理下裂缝渗透率、归一化渗透率和摩擦系数的变化

岩裂缝的渗透率在剪切结束时都下降到相同的量级。归一化渗透率表明，花岗岩的渗透率下降幅度略大于页岩，原因是实验中花岗岩有更多的支撑剂颗粒破碎，这可以从实验后的支撑剂粒径分布[图 2-12(d)]中得到证实。此外，花岗岩支撑裂缝的摩擦系数略大于页岩支撑裂缝，这可能是与矿物-颗粒的接触状态以及花岗岩破碎产生更多的小颗粒有关。

2.4 支撑裂缝摩擦性质和渗透率演化机理

以上实验结果表明，影响支撑裂缝摩擦行为的主要因素是法向应力和支撑剂厚度。法向应力越大，支撑剂颗粒破碎越严重，支撑剂的平均粒径越小[图 2-6(d)]。但这种支撑剂粒径的变化对支撑裂缝的摩擦响应影响有限[图 2-11(c)]。在高法向应力下，样品表面与乳胶膜之间的归一化约束减小，摩擦阻力减小，使强度更接近于组件的实际强度。该强度比在低法向应力时更小，这是由于没有乳胶膜产生的剪切约束。在剪切过程中，高法向应力条件下，裂缝表面会产生条纹，这使得支撑剂颗粒与裂缝表面的接触更加平滑。因此，随法向应力的增加，总摩擦减小。支撑剂厚度在决定支撑裂缝的摩擦力方面也起着重要作用。在单层情况下，支撑剂颗粒之间不会发生颗粒互锁和卡阻。然而，随着支撑剂层数从单层增加到三层，颗粒间的互锁力使得支撑裂缝的摩擦力大幅度增加。

支撑剂粒径和岩石表面纹理对支撑裂缝摩擦力的影响是次要的。就支撑剂在裂缝中的响应而言，没有支撑剂的裂缝摩擦力与有支撑剂的裂缝摩擦力有显著差异[图 2-9(c)]。对于单层支撑裂缝，摩擦力的减小意味着在支撑裂缝储层中进行重复压裂时，水力压裂可能会受支撑裂缝阻碍。需要注意的是，本章内容中忽略了裂缝粗糙度对支撑裂缝摩擦力的影响。本章中的模拟裂缝包含两个平面，该平面具有均匀但最小粗糙度(由研磨粉的粒径分布控制)，而实际中产生的裂缝表面的粗糙度可能分布差异较大。支撑裂缝的渗透率主要受法向应力、支撑剂厚度和支撑剂粒径的影响。法向应力控制着支撑剂的嵌入量和破碎率，从而控制着剪切过程中缝宽的变化。高法向应力不仅使裂缝和支撑剂层压实，还会导致支撑剂颗粒破碎，加速裂缝的闭合。与多层支撑剂填充的试样相比，由于支撑剂的嵌入，单层支撑剂填充的试样的初始渗透率最小。尽管较大的支撑剂粒径有利于提高支撑裂缝的初始渗透率，但滑溜水压裂过程中，大直径支撑剂在裂缝内运移比较困难，支撑剂粒度的选择还有待探讨。

除了 20/40 目单层支撑剂外，支撑裂缝的渗透率在剪切过程中都会降低。对于较光滑的裂缝面，在剪切过程中，支撑剂破碎引起的渗透率下降要大于剪切滑移引起的渗透率增加。然而，也不排除当裂缝表面很粗糙时，剪切滑移导致的渗透率增加会大于支撑剂破碎导致的渗透率下降作用。此外，支撑剂通常被设计成能够承受高达 70MPa 的法向应力。但在本章实验中，即使法向应力只有 5MPa，剪切过程中也会发生明显的支撑剂破碎。这表明当剪切载荷与法向应力共同作用时，支撑剂的强度会明显下降。

2.5 本章小结

本章利用三轴实验装置，在剖分的岩心表面铺设不同厚度的支撑剂颗粒，开展试样的渗透率和均匀剪切实验，揭示了不同法向应力、支撑剂厚度、支撑剂粒径、岩石表面纹理下支撑裂缝的摩擦系数和渗透率演化规律，实验结果表明：①影响支撑裂缝摩擦行为的主要因素是法向应力和支撑剂厚度。高法向应力会导致支撑剂颗粒破碎或嵌入，在裂缝表面观察到的剪切条纹表明，支撑剂嵌入的大小由施加的法向应力控制。此外，在高法向应力条件下，摩擦力的减小意味着深部储层中支撑裂缝更容易发生剪切滑移。当支撑剂层数从单层增加到三层时，由于支撑剂颗粒的互锁和卡阻作用，支撑裂缝的摩擦力将显著增加，表明在压裂液注入过程中，高支撑剂密度有利于稳定裂缝。②影响支撑裂缝渗透率的主要因素是法向应力、支撑剂厚度和支撑剂粒径。支撑裂缝的渗透率在剪切过程中降低主要是支撑剂颗粒破碎和相关堵塞引起的。与多层支撑剂填充的试样相比，由于支撑剂的嵌入，位移自由度较小的单层支撑剂填充试样的初始渗透率最小。如果剪切载荷与法向载荷同时作用，支撑剂更易破碎。综上所述，在油田中使用高浓度支撑剂，可以为油气生产提供较高的裂缝导流能力。

第 3 章

主裂缝均匀多层铺砂导流能力的数值模拟

本章提出了一种支撑剂嵌入和裂缝导流能力定量预测的数值模拟法，采用颗粒流离散元法，建立实际几何尺寸的微小支撑剂颗粒，岩石离散为直径 0.15mm 的颗粒。首先，通过岩石 DEM 模型的岩石力学数值实验，与储层岩石实际的岩石力学进行校验，得到反映真实储层的岩石颗粒的接触、黏结参数(Cundall, 1971；Cundall and Strack, 1979；Deng et al., 2014)，建立流体流经多孔介质时颗粒介质的受力模型。以达西公式与欧根方程分别确定层流与湍流下模型中的压力梯度项；对于高孔隙率情况，用 Wen-Yu 方程描述模型的压力梯度变化(Wen and Yu, 1966)。其次，建立深层高应力储层 DEM-CFD 耦合的裂缝导流能力离散元数值模拟模型，开展裂缝闭合压力、储层弹性模量、铺砂浓度、支撑剂组合形式等对裂缝导流能力的影响规律研究。最后，将 DEM-CFD 模型与解析模型进行对比(Zhang et al., 2017a；Zhu and Shen, 2017；朱海燕等, 2018, 2019a)，为常规均匀铺砂压裂的支撑剂参数优选提供理论指导。

3.1 裂缝导流能力数值模拟流固耦合基础理论

3.1.1 DEM-CFD 耦合数学模型

储层流体从裂缝内的支撑剂充填层向井眼方向流动，某一支撑剂颗粒沿井眼方向受到的驱动力 f_{d_i} 为

$$f_{d_i} = -\left(\frac{f_{\text{int}}}{1-\phi} + \nabla p\right)\frac{\pi}{6}d_{\text{p}i}^3 \tag{3-1}$$

式中，f_{d_i} 为颗粒 i 受到的驱动力，N；f_{int} 为每单元体积内颗粒与流体之间的作用力，Pa/m；$d_{\text{p}i}$ 为颗粒 $i(i=1,2,\cdots,n_{\text{p}})$ 的直径(n_{p} 为颗粒数量)，m；ϕ 为颗粒的孔隙率，无量纲；∇p 为流体压力梯度，Pa/m。

对于密度不变的不可压缩液体，其固液两相流模型的连续性方程与纳维-斯托克斯方程分别由式(3-2)、式(3-3)确定(Fries et al., 2011；Akbarzadeh and Hrymak, 2016)：

$$\frac{\partial \rho_{\text{f}}}{\partial t} = -\left(\nabla \cdot \rho u\right) \tag{3-2}$$

$$\frac{\partial\left(\rho_{\text{f}} u\right)}{\partial t} = -\nabla p + \nabla \cdot \tau + \rho_{\text{f}} g + f_{\text{int}} \tag{3-3}$$

式中，t 为流动时间，s；u 为流体速度矢量，m/s；τ 为黏性应力张量，Pa/m；g 为重力加速度矢量，m/s^2；ρ_{f} 为流体密度，kg/m^3。

在 j 方向上，式(3-3)可表示为

$$\rho_{\mathrm{f}}\frac{\mathrm{d}u_j}{\mathrm{d}t}=-\frac{\partial}{\partial x_j}p+\frac{\partial}{\partial x_k}\tau_{jk}+\rho_{\mathrm{f}}g_j+f_{\mathrm{int}_j} \tag{3-4}$$

式中，u_j为流体在j(j=x，y，z)方向上的速度，m/s；x_j为j方向上的长度，m；x_k为k方向上的长度，m；τ_{jk}为黏性应力张量的分量，Pa/m；f_{int_j}为j方向上每单元体积内颗粒与流体之间的作用力，Pa/m；g_j为j方向上的重力加速度分量，m/s^2；p为流体压力，Pa。

对于动力黏度为常数的不可压缩流体，有

$$\tau_{jk}=\mu_{\mathrm{f}}\left(\frac{\partial u_j}{\partial x_k}+\frac{\partial u_k}{\partial x_j}-\frac{2}{3}\frac{\partial u_l}{\partial x_l}\delta_{jk}\right)\approx\mu_{\mathrm{f}}\left(\frac{\partial u_j}{\partial x_k}+\frac{\partial u_k}{\partial x_j}\right) \tag{3-5}$$

式中，δ_{jk}为黏性应力张量的单位分量，Pa/m；μ_{f}为流体动力黏度，Pa·s；u_k为流体在k(k=x，y，z)方向上的速度，m/s；u_l为流体在l(l=x，y，z)方向上的速度，m/s；x_l为l方向上的长度，m。

因此式(3-4)可改写为

$$\rho_{\mathrm{f}}\frac{\mathrm{d}u_j}{\mathrm{d}t}=-\frac{\partial}{\partial x_j}p+\frac{\partial}{\partial x_k}\left(\frac{\partial u_j}{\partial x_k}\right)+\rho_{\mathrm{f}}g_j+f_{\mathrm{int}_j} \tag{3-6}$$

对于低孔隙率情况($\phi\leqslant0.8$)，压力梯度由欧根方程得到：

$$\nabla p_j=\left[150\frac{(1-\phi)^2}{\bar{d}_{\mathrm{p}}^2\phi^2}\mu_{\mathrm{f}}+1.75\frac{1-\phi}{\bar{d}_{\mathrm{p}}\phi}\rho_{\mathrm{f}}\left|\bar{v}_j-u_j\right|\right]\left(\bar{v}_j-u_j\right) \tag{3-7}$$

式中，∇p_j为流体在j方向上的压力梯度，Pa/m；$\bar{v}_j$为颗粒在j方向上的平均速度，m/s；$\bar{d}_{\mathrm{p}}$为颗粒平均直径，m。

对于高孔隙率情况($\phi\geqslant0.8$)，压力梯度由 Wen-Yu 方程得到(Wen and Yu, 1966)：

$$\nabla p_j=\frac{3}{4}\rho_{\mathrm{f}}C_{\mathrm{D}}\frac{(1-\phi)\phi^{-2.7}}{\bar{d}_{\mathrm{p}}}\left|\bar{v}_j-u_j\right|\left(\bar{v}_j-u_j\right) \tag{3-8}$$

式中，C_{D}为拖曳系数，无量纲。

其中，拖曳系数C_{D}为

$$\begin{cases}C_{\mathrm{D}}=\dfrac{24}{Re}\left(1+0.15Re^{0.687}\right) & Re\leqslant1000\\ C_{\mathrm{D}}=0.44 & Re>1000\end{cases} \tag{3-9}$$

式中，Re为雷诺数，无量纲。

其中，

$$Re=\frac{\phi\left|\overline{v}_j-u_j\right|\overline{d}_{\mathrm{p}}}{\mu_{\mathrm{f}}} \tag{3-10}$$

单位体积内流体与支撑剂颗粒的相互作用力为

$$f_{\mathrm{int}_j}=\beta_{\mathrm{int}_j}\left(\overline{v}_j-u_j\right) \tag{3-11}$$

式中，β_{int_j} 为流固摩擦系数，Pa·s/m²；

流固摩擦系数 β_{int_j} 在欧根方程中表示为

$$\beta_{\mathrm{int}_j}=150\frac{(1-\phi)^2}{\overline{d}_{\mathrm{p}}^2\phi}\mu_{\mathrm{f}}+1.75\frac{(1-\phi)}{\overline{d}_{\mathrm{p}}}\rho_{\mathrm{f}}\left|\overline{v}_j-u_j\right| \quad \phi\leqslant 0.8 \tag{3-12}$$

在 Wen-Yu 方程中表示为

$$\beta_{\mathrm{int}_j}=\frac{3}{4}\rho_{\mathrm{f}}C_{\mathrm{D}}\frac{(1-\phi)\phi^{-1.7}}{\overline{d}_{\mathrm{p}}}\left|\overline{v}_j-u_j\right| \quad \phi\geqslant 0.8 \tag{3-13}$$

3.1.2　裂缝导流能力计算步骤

对于流体与支撑剂颗粒在流场中的相互作用行为可用上述建立的颗粒受力模型来描述，但支撑剂颗粒受力后颗粒之间的相互作用行为，以及由此带来的对流体压力梯度的影响，无法用此模型计算，还需要动量方程与力-位移关系求解。迭代步骤如下(图 3-1)：

(1)设置 DEM 模型长度、宽度、高度及裂缝初始宽度，建立上下岩板的岩石颗粒和支撑剂颗粒几何模型；

(2)设置裂缝闭合压力并施加于上下岩板，支撑剂充填层被压实在裂缝内，记录并输出缝宽数据；

(3)将支撑剂颗粒导入 CFD 模型中，限制所有支撑剂颗粒的位移，设置 x、y、z 三个方向的流场网格数量、流体密度、黏度和流场进、出口的压力；

(4)由连续性方程[式(3-2)]和纳维-斯托克斯方程[式(3-3)]记录流场流速、流量和压力梯度，更新流场压力；

(5)由式(3-1)计算颗粒驱动力，再以相同方式求得流场流速分布，比较两次流场，直到满足精度要求；

(6)根据满足要求的压力梯度计算驱动力，将驱动力返回到 DEM 模型中，由牛顿第二定律建立力与位移的关系，求得支撑剂颗粒的重新分布；

(7)支撑剂颗粒的位移引起颗粒之间的相互作用，采用动量定理更新支撑剂颗粒的应力场；

(8)若此时累计计算时长等于或大于下一时步步长，则返回式(3-5)进入下一时步的 CFD 模型计算；否则继续由牛顿第二定律与动量定理计算支撑剂颗粒的位移变化及应力场，直至时步数达到预定步数；

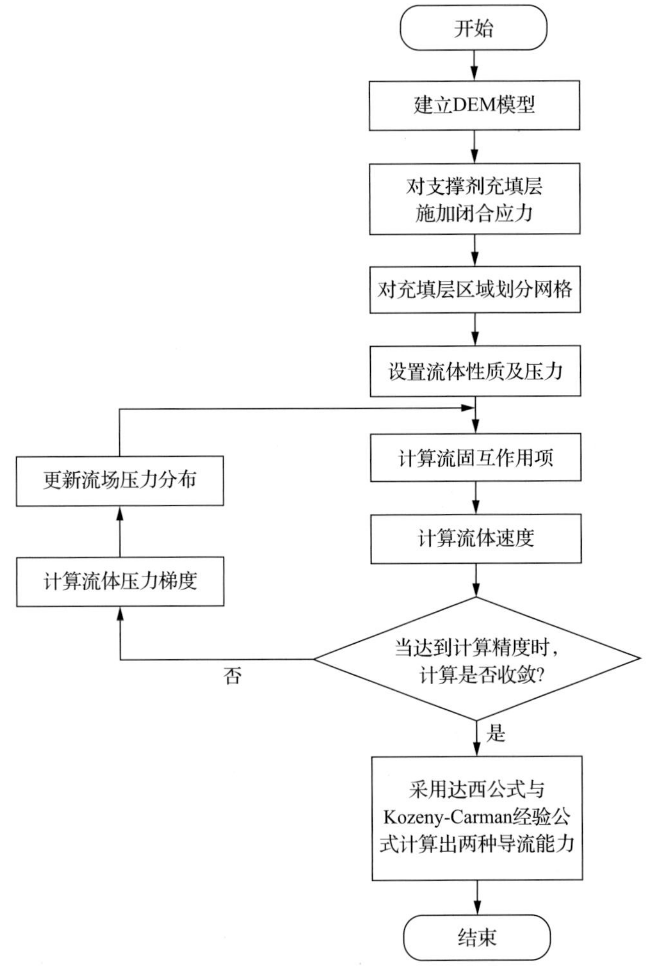

图 3-1　基于 DEM-CFD 模型的裂缝导流能力计算流程图

(9)采用达西公式计算模拟渗透率，采用 Kozeny-Carman 经验公式计算 Kozeny-Carman 渗透率(Bear, 1972)，再用式(3-14)分别计算模拟导流能力与 Kozeny-Carman 导流能力。

$$K = kw_{\mathrm{f}} \tag{3-14}$$

式中，K 为导流能力，μm²·cm；w_{f} 为即时缝宽，mm；k 为渗透率，mm²。

DEM 数值模拟计算量较大，这决定了其通常采用显式迭代方式来保证运算速度(Lisjak and Grasselli, 2014)。本章 DEM-CFD 模拟过程同样采用显式迭代方法。数值模拟的临界时间步长采用式(3-15)确定(McDaniel et al., 2009)：

$$\Delta t_{\mathrm{crit}} = \sqrt{m_{\mathrm{tot}} / K_{\mathrm{tot}}} \tag{3-15}$$

式中，Δt_{crit}为临界时间步长，s；m_{tot}为颗粒质量之和，kg；K_{tot}为颗粒刚度之和，N/m。

每一时步的步长应不超过临界时间步长Δt_{crit}，通常取安全系数0.8，即临界时间步长的0.8倍作为模拟的时步长。

在划分网格时，应使每个网格内至少包含10个颗粒，并根据整个模型的大小合理设置网格数量，从而保证计算该网格流速的准确性。

本章采用达西公式[式(3-16)]计算模拟渗透率，采用Kozeny-Carman经验公式[式(3-17)]计算Kozeny-Carman渗透率，再采用式(3-14)分别计算模拟导流能力与Kozeny-Carman导流能力：

$$k=\frac{q\mu_{f}}{A\Delta p} \tag{3-16}$$

$$k=\frac{\overline{d}_{p}^{2}\phi^{3}}{180(1-\phi)^{2}} \tag{3-17}$$

式中，q为流量，mm^3/s；A为渗流截面积，mm^2；Δp为压降，Pa/mm。

达西公式主要适用于层流，即雷诺数小于10的流动(Bear, 1972)。本章模拟了流体在支撑剂孔隙间的流动，满足层流条件。而Kozeny-Carman公式是基于达西公式的一个半经验公式，将介质的孔隙度与渗透率联系起来(Bear, 1972)，因此Kozeny-Carman公式同样适用于本章的导流能力计算。

3.1.3 裂缝导流能力流固耦合模型的建立

根据DEM-CFD耦合模型计算流程(图3-1)，建立了裂缝导流能力预测的流固耦合模型(图3-2)。如图3-2(a)所示，均匀铺设的蓝色颗粒组成岩板模型，其间充满的黄色颗粒是支撑剂。模型长宽均为12mm，上下岩板均为2.85mm。在一些压裂设计中缝宽设计值为2.54～11.68mm(McDaniel et al., 2009)，取胜利油田X23井通道压裂设计的裂缝宽度为6mm。为模拟在地应力的作用下压裂裂缝逐渐闭合、支撑剂被挤压于岩层间的过程，模型水平方向的4个面已加上墙体以避免颗粒逃逸，此时模型外侧颗粒施加了位移为0的边界条件。当岩层模型的上下两岩板被施加等大的地应力时，上下岩层彼此趋近并挤压支撑剂，被压实的支撑剂充填层支撑裂缝[图3-2(b)]。如图3-2(c)和(d)所示，为了达到更高的计算效率，在建立裂缝导流能力预测模型的过程中，删去了岩石层颗粒，并将支撑剂颗粒固定(Cundall and Strack, 1979)。此时支撑剂颗粒的边界条件是位移为0的边界条件。在整个支撑剂颗粒簇上，沿水平方向的两个方向各为10个流体单元长度，竖直方向上，支撑剂充填层设置2个流体单元长度。覆盖支撑剂颗粒簇的流体单元数为200，模型中的流体单元总数为576。由于支撑剂颗粒被固定而无法运动，流动模型可被认为是流体流经多孔介质。

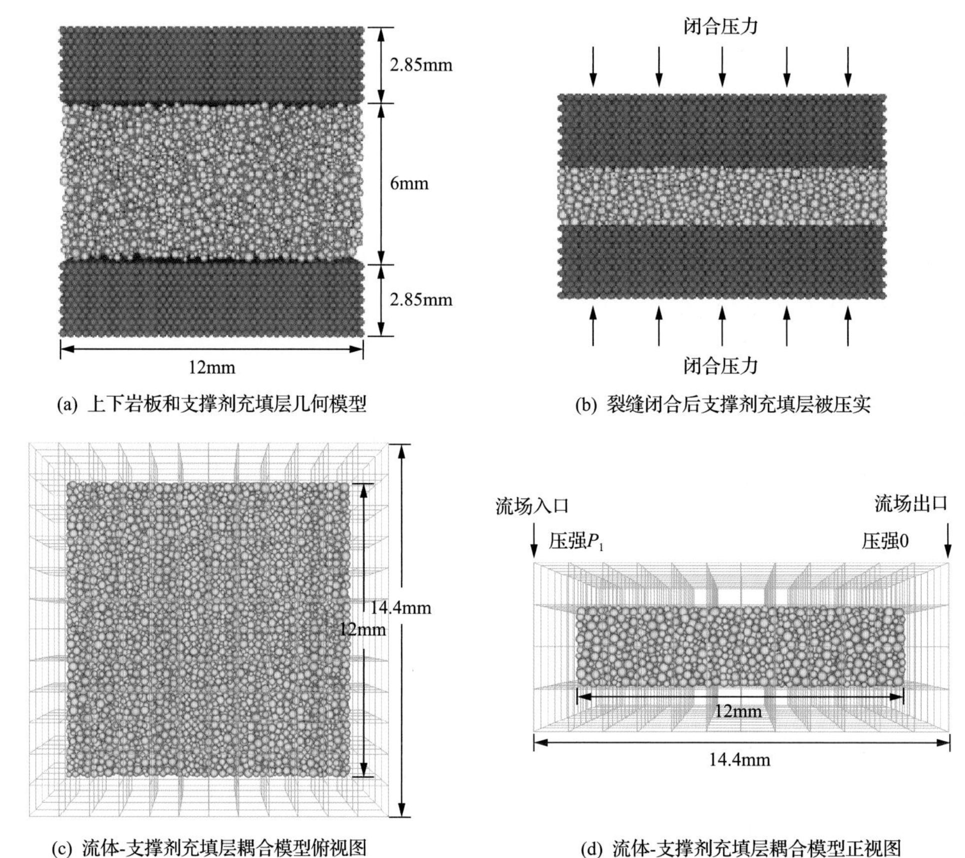

(a) 上下岩板和支撑剂充填层几何模型　(b) 裂缝闭合后支撑剂充填层被压实

(c) 流体-支撑剂充填层耦合模型俯视图　(d) 流体-支撑剂充填层耦合模型正视图

图 3-2　裂缝导流能力预测的流固耦合模型

蓝色颗粒代表储层岩石，黄色颗粒代表支撑剂，绿色网格代表 CFD 流体单元

对垂直水平方向的四个侧面设置滑动边界条件，将左侧边界的流体压强设置为P_1(即左侧为流动入口)，将右侧边界的流体压强设置为 0(即右侧为流动出口)。详细的流体性质与流场参数设置见表 3-1。通过设置流动的计算时间，可将模型出口处的流量维持在某一稳定值。此时根据达西定律与 Kozeny-Carman 方程分别计算渗透率，进而根据 DEM 模拟所得的闭合缝宽分别计算模拟的导流能力与 Kozeny-Carman 导流能力。Kozeny-Carman 导流能力及实验测得的导流能力均被用于校验支撑剂微观参数的可靠性。

表 3-1　流体性质及流场参数

参数	数值
密度/(kg/m^3)	1000
动力黏度/(Pa·s)	0.001
入口压强/Pa	100
出口压强/Pa	0
流场压力梯度/(Pa/m)	8333

3.1.4　模型参数校验

1. 模型岩板宏微观岩石力学参数校验

取自胜利油田 X23 井垂深 3253.8m 的井下岩心，加工成直径为 25mm、高度为 50mm 的小岩心柱 9 个。采用美国 GCTS 公司的 RTR-1000 岩石三轴力学测试系统，开展围压为 30MPa 的三轴岩石力学实验，得到岩石弹性模量为 28.6～40.9GPa，泊松比为 0.25～0.28，抗压强度为 200.7～230.2MPa。

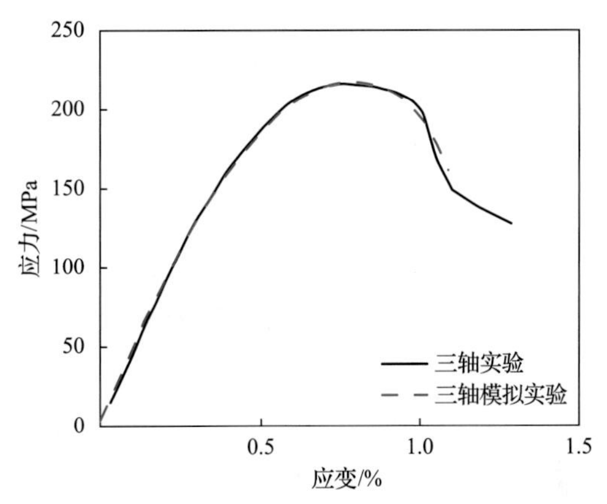

图 3-3　岩样室内三轴实验与 DEM 三轴模拟实验的应力-应变关系

为确保模型岩板具有与储层岩石相同的宏观力学性质，需要通过三轴模拟实验来选取合适的模型微观参数。采用 DEM 建立一直径为 25mm、高度为 50mm 的圆柱体，模拟数值实验标准岩样。在圆柱外表面施加 30MPa 围压，上下两底面施加垂向压力，开展模拟岩样的三轴模拟实验。选取不同类型的微观参数，反复进行数值实验，以使得模拟实验得到的应力-应变曲线与室内三轴实验结果基本相同(图 3-3)，以校验岩样的微观参数(表 3-2)。

表 3-2　校验后的 X23 井岩样 DEM 模型微观参数

参数			数值		
宏观参数		弹性模量/GPa	30.0	35.0	40.0
		泊松比	0.28	0.28	0.28
		抗压强度/MPa	204.6	206.6	207.1
微观参数	颗粒接触	表观模量/GPa	5.2	6.0	6.9
		刚度比		2.65	
		法向刚度/(10^6N/m)	8.2	9.5	10.9
		切向刚度/(10^6N/m)	3.1	3.6	4.1
		摩擦系数		0.5	
		密度/(kg/m^3)		2650	
	平行黏结	表观模量/GPa	5.2	6.0	6.9
		刚度比		2.65	
		法向刚度/(10^{13}N/m)	4.5	5.3	6.1
		切向刚度/(10^{13}N/m)	1.7	2	2.3
		法向黏结强度/MPa		38	
		切向黏结强度/MPa		38	
		半径系数		1	

图 3-4 对比了页岩三轴实验破坏结果与 DEM 数值模拟破坏结果。图 3-4(a) 中试样下半部分出现 45°裂缝，并沿此裂缝破坏。图 3-4(b) 中黑色圆盘表示法向黏结键的断裂，红色圆盘表示切向黏结键的断裂，黏结键的断裂可视为微裂缝的出现(Ma and Huang, 2018)。在三轴数值模拟中，DEM 模型出现类似的破坏方式，模型下半部分呈现 45°的黏结键断裂区，表明岩石模型在该区域破坏。

(a) 岩心三轴力学实验破坏形貌

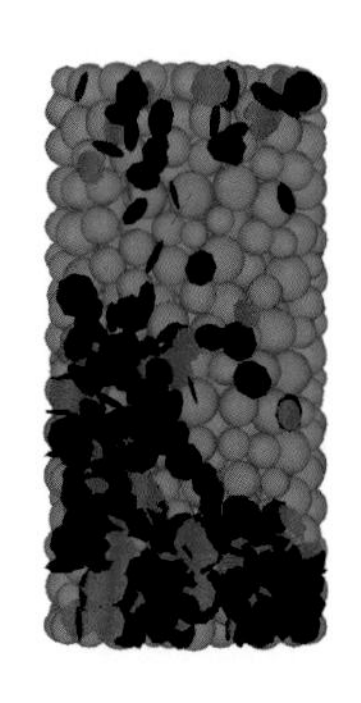

(b) DEM模型三轴数值模拟破坏形貌

图 3-4　页岩三轴力学破坏实验结果与 DEM 模拟破坏结果对比

2. 支撑剂充填层微观参数选择

采用 X23 井垂深 3253.5m 处的 100mm 全直径岩心，加工出 3 块长 178mm，宽 38mm，两端倒圆弧直径 38mm 的岩板。采用 40/70 目陶粒(86MPa)，铺砂浓度为 $3kg/m^2$。根据压裂支撑剂充填层短期导流能力评价推荐方法，FCES-100 导流能力评估装置被用于测定支撑剂充填层的短期导流能力。实验重复 3 次，裂缝平均导流能力-闭合压力的曲线见图 3-5。

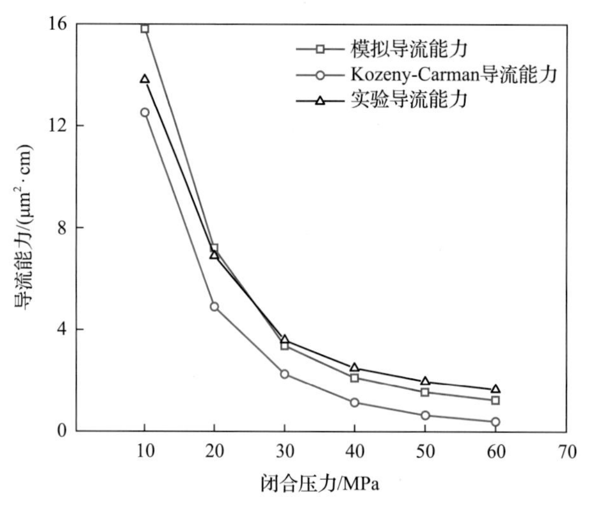

图 3-5　X23 井岩样导流能力-闭合压力曲线

40/70 目陶粒，铺砂浓度为 $3kg/m^2$，弹性模量为 30GPa

将校验得到的岩石微观参数代入模型，流体压差设为 100Pa，试算模型导流能力，并将其与 Kozeny-Carman 导流能力和室内物理模型实验的导流能力值对比(图 3-5)，从而确定 40/70 目支撑剂充填层的微观参数。随着裂缝闭合压力的增加，裂缝导流能力逐渐降低。由 Kozeny-Carman 经验公式计算得到的裂缝导流能力最小，采用校验模型模拟得到的导流能力-闭合压力曲线与实验的导流能力-闭合压力曲线则较为接近。

根据式(3-18)，表观模量相同时，颗粒的接触刚度与颗粒尺寸成正比。因此，尺寸较大的支撑剂的法向、切向刚度也较大；在模拟中，对 20/40 目和 30/50 目支撑剂设定了不同的法向与切向刚度以切合物理实际(表 3-3)。

$$k_n = 4RE_c,\ k_s = \frac{k_n}{k_n / k_s} \tag{3-18}$$

式中，k_n 为法向刚度，N/m；k_s 为切向刚度，N/m；E_c 为表观模量，Pa；R 为颗粒直径，m。

表 3-3 数值模型中三种不同尺寸支撑剂的微观参数

参数	数值		
支撑剂类型/目	40/70	30/50	20/40
支撑剂直径/mm	0.21～0.42	0.3～0.6	0.42～0.84
表观模量/MPa	9.84	9.84	9.84
刚度比	1	1	1
法向刚度/(10^3N/m)	6.2	8.9	12.4
切向刚度/(10^3N/m)	6.2	8.9	12.4
摩擦系数	0.5	0.5	0.5
密度/(kg/m^3)	2650	2650	2650

3.2 裂缝导流能力的影响因素

3.2.1 裂缝闭合压力

采用 $3kg/m^2$ 的 20/40 目支撑剂，岩石弹性模量为 40GPa 时，裂缝导流能力与缝宽随闭合压力的变化规律如图 3-6 所示。

裂缝导流能力 K 等于裂缝宽度 w_f 和支撑剂充填层渗透率 k_f 的乘积。而裂缝宽度 w_f 可以表示为

$$w_f = w_0 - w_p - w_e \tag{3-19}$$

式中，w_0 为裂缝未闭合时的宽度，mm；w_p 为支撑剂充填层被压缩的厚度，mm；

w_e为支撑剂嵌入岩石的深度，mm。

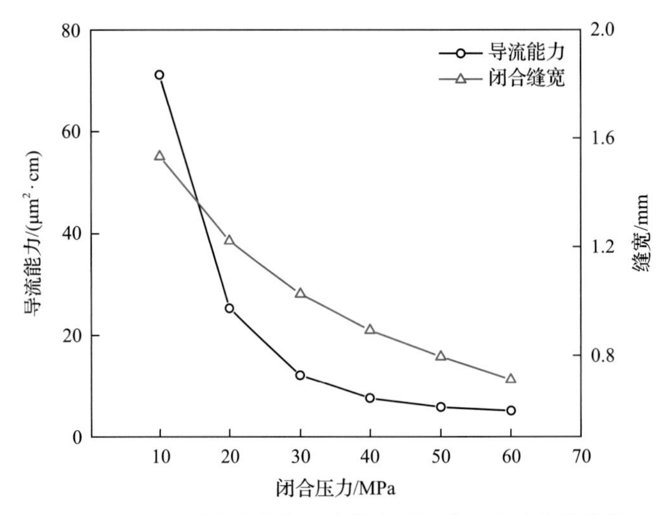

图 3-6　裂缝缝宽与导流能力随闭合压力的变化曲线

20/40 目支撑剂，铺砂浓度为 $3kg/m^2$，弹性模量为 40GPa

加载初期模型内支撑剂颗粒受力较小，支撑剂充填层孔隙空间较大，颗粒在受力时易发生相对位移而被压缩，缝宽快速下降；随着闭合压力的逐渐增大，模型的孔隙率越来越小，支撑剂颗粒接触紧密，已不易发生位移，裂缝缝宽减少量也相应逐渐变少。由于支撑剂充填层被迅速压实，其孔隙率和渗透率快速降低，裂缝导流能力在较小的闭合压力下显著下降。随闭合压力的增大，支撑剂充填层逐渐被压实，裂缝导流能力降低的趋势逐渐变缓。

3.2.2　储层弹性模量

采用 $3kg/m^2$ 的 20/40 目支撑剂，岩石弹性模量分别为 30GPa、35GPa、40GPa 时，裂缝导流能力和支撑剂嵌入深度的变化规律见图 3-7。随着闭合压力的增大，裂缝导流能力与岩石弹性模量成正比。由式(3-19)可知，裂缝闭合压力、支撑剂铺砂浓度、支撑剂颗粒微观力学参数一定时，裂缝宽度主要由支撑剂的嵌入深度 w_e决定。支撑剂嵌入岩石颗粒的问题，实际上就是一个圆球(支撑剂颗粒)与多个圆球(岩石)之间的赫兹接触问题。当支撑剂的强度参数略小于或等于岩石的强度参数时，支撑剂颗粒就难以嵌入岩石内部，从而降低支撑剂颗粒的嵌入程度。Deng 等(2014)指出，支撑剂颗粒的弹性模量为 34.48GPa，泊松比为 0.21。因此，当岩石弹性模量越大时，支撑剂的嵌入深度越小，裂缝缝宽越大，裂缝导流能力越大。图 3-7 中支撑剂嵌入的数值模拟结果证实了这一结论。但当岩石弹性模量较高，支撑剂弹性模量较小，它们的弹性模量数值差异较大时，支撑剂相当于夹持在钢板内，容易发生支撑剂颗粒的破碎。

由不同岩石模量下、$3kg/m^2$ 的 20/40 目支撑剂时，闭合缝宽与支撑剂嵌入量的变化(图 3-8)可知，较大的岩石模量使得支撑剂不易嵌入岩层，嵌入量也较小，进而保证较大的闭合缝宽并提高了导流能力；相反，在岩石模量较小或者在页岩水化使得岩石模量降低的情况下，由于支撑剂易嵌入裂缝面，其支撑作用表现较差，便不利于保持有效的导流能力。

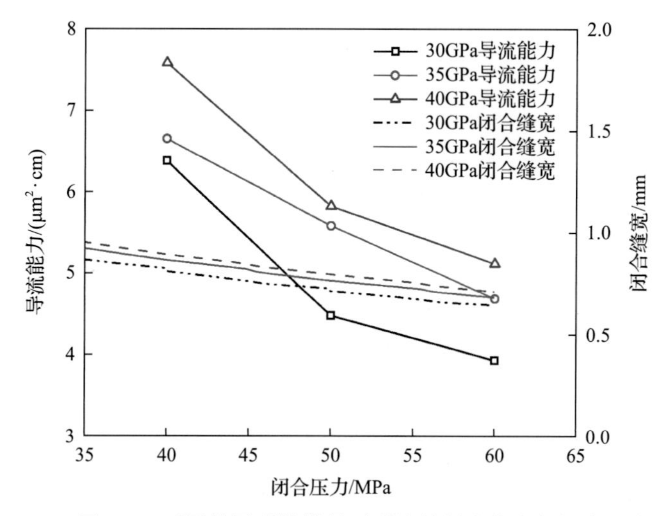

图 3-7　不同储层弹性模量时裂缝的导流能力与闭合缝宽

20/40 目支撑剂，铺砂浓度为 3kg/m^2

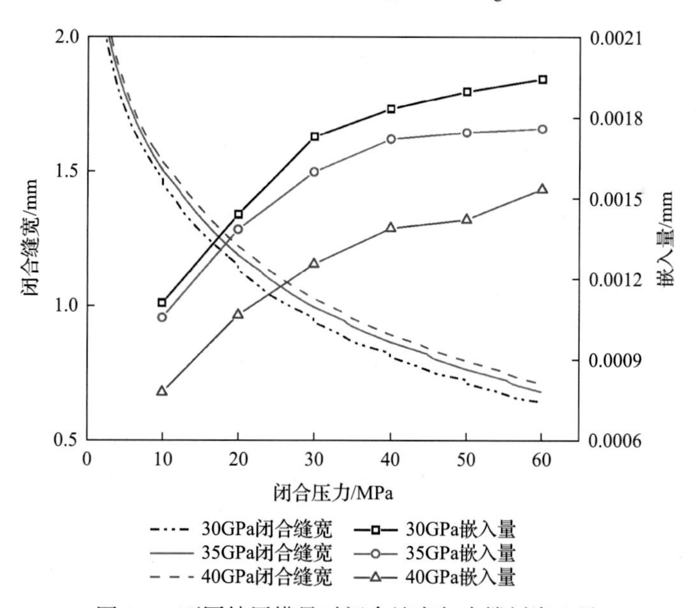

图 3-8　不同储层模量时闭合缝宽与支撑剂嵌入量

3.2.3　铺砂浓度

采用 40/70 目支撑剂、岩石弹性模量为 30GPa 时，裂缝导流能力和闭合宽度的变化规律如图 3-9 所示。相同的裂缝闭合压力下，9kg/m^2 铺砂浓度的裂缝导流能力最大，6kg/m^2 铺砂浓度的裂缝导流能力次之，3kg/m^2 铺砂浓度的裂缝导流能力最小。

裂缝闭合压力小于 30MPa 时，3 种铺砂浓度的裂缝导流能力的差异较大。当闭合压力高于 50MPa 时，3 种铺砂浓度时裂缝导流能力的差异趋于稳定，3kg/m^2 和 6kg/m^2 铺砂浓度的裂缝导流能力相差不大，9kg/m^2 铺砂浓度的裂缝导流能力略大。由此可见，较大的支撑剂浓度在水力压裂中有更明显的支撑裂缝的作用，能带来更高的裂缝导流能力。X23 井现场压裂时，可考虑选择 6kg/m^2 以上铺砂浓度。

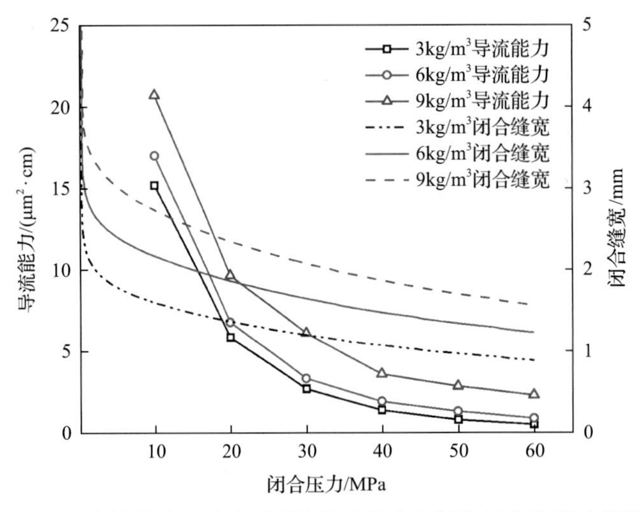

图 3-9　支撑剂铺砂浓度对裂缝导流能力和闭合缝宽的影响规律

3.2.4　支撑剂组合形式

岩石弹性模量为 30GPa、支撑剂铺砂浓度为 3kg/m^2 时，支撑剂组合形式对裂缝导流能力和闭合缝宽变化规律的影响如图 3-10 所示。大粒径支撑剂孔隙相对比较大，流体较易通过，因此导流能力相应地比粒径小的支撑剂高。3 种不同粒径支撑剂在闭合压力较低时，导流能力差别很大。随着闭合压力增加，支撑剂充填层被压实，

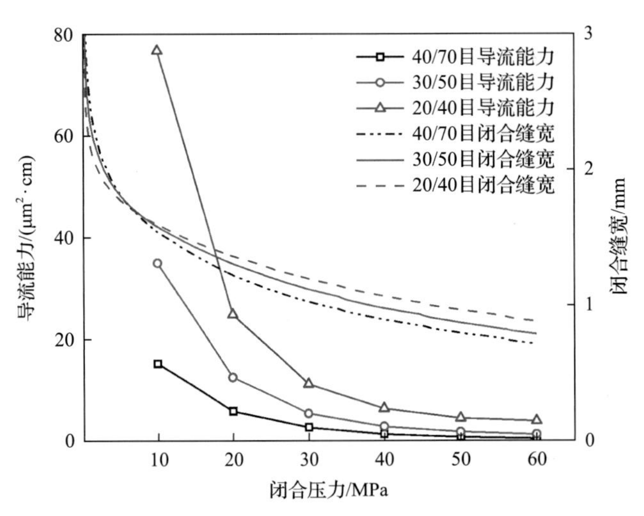

图 3-10　支撑剂组合形式对裂缝导流能力和闭合缝宽的影响规律

各种支撑剂导流能力的差距也逐渐减小。当闭合压力增加到40MPa时，3种组合形式的支撑剂导流能力差距趋于稳定。当闭合压力增加到50MPa以后，三者之间的导流能力逐渐趋于稳定，30/50目和40/70目支撑剂组合形式的裂缝导流能力相差不大，20/40目支撑剂的导流能力略大。20/40目支撑剂组合是该储层保持裂缝高导流能力的最优化组合。

图3-11为岩石弹性模量为30GPa、支撑剂铺砂浓度为3kg/m^{2}时，不同组合形式的支撑剂对闭合缝宽和支撑剂嵌入量的影响。粒径较大的支撑剂保留了更大的缝宽，但由于其与裂缝面的接触面积小于小粒径颗粒的接触面积，因此产生了较大的嵌入量。可见得益于颗粒尺寸的优势，20/40目支撑剂在出现较大嵌入量的同时保证了裂缝的有效宽度，使得闭合缝宽仍大于30/50目及40/70目。因此，不论从孔隙差异还是从颗粒在裂缝面的嵌入来看，大粒径组合形式的支撑剂都有利于保持有效的裂缝导流特性。

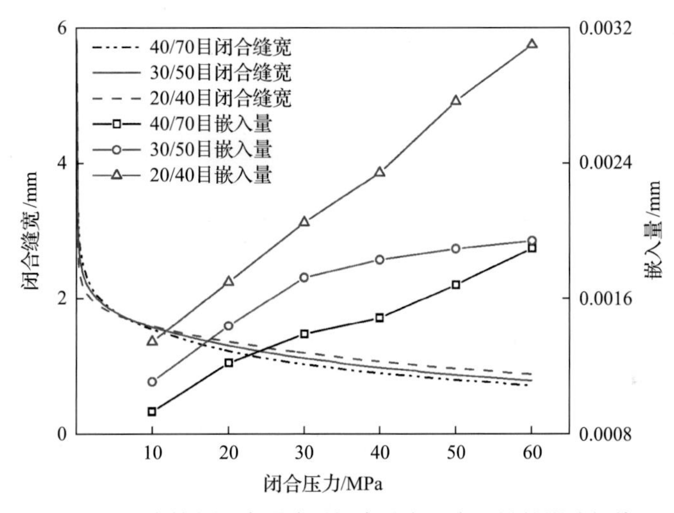

图3-11　支撑剂组合形式对闭合缝宽和嵌入量的影响规律

3.2.5　支撑剂嵌入对裂缝导流能力的影响

实验结果显示了由于页岩水化效应而产生的一定程度的支撑剂嵌入，单一支撑剂颗粒的嵌入深度为20μm至超过100μm不等。在模型建立时，页岩水化效应未被考虑，所以支撑剂的嵌入深度比在实验中观察到的嵌入深度小至少一个数量级。由于测量数据的缺乏，页岩的水化程度难以精确描述；此处以定量减小页岩层强度和模量的方式来模拟页岩水化的效应。表3-4概括了三种不同水化状态下，页岩层的微观性质。无水化情况指第一组模拟中支撑剂浓度为1kg/m^{2}的模型；第二、三个模型通过减小颗粒接触的表观模量，胶结的表观模量、法向黏结强度和切向黏结强度，来设置紧贴裂缝表面的较薄的弱化页岩层。第二个模型中页岩薄层的强度与模量都降至初始值的20%，第三个模型中页岩薄层的强度与模量则降至初始值的4%。需注意的是，此研究中采用的强度与模量的减少量都被用以表现页岩水化的效应，不一定与测量值严格吻合。

表 3-4 三种不同水化条件下页岩层的微观性质

水化条件	表观模量/MPa	表观模量/GPa	法向黏结强度/MPa	切向黏结强度/MPa
无水化	9.84	10	50	50
水化情况 I	1.968	2	10	10
水化情况 II	0.394	0.4	2	2

图 3-12 为在三种不同水化条件和两种不同的裂缝闭合压力(2MPa 和 30MPa)下，铺砂浓度为 1kg/m^2 的 40/70 目支撑剂的压缩状态侧视图。青色颗粒代表水化的页岩层。根据图 3-12 难以辨别这三种水化条件下裂缝宽度的差异；只有在第三种情况下，肉眼可察觉因强度与模量的大幅下降，裂缝边缘的一些页岩颗粒产生了较大的位移。

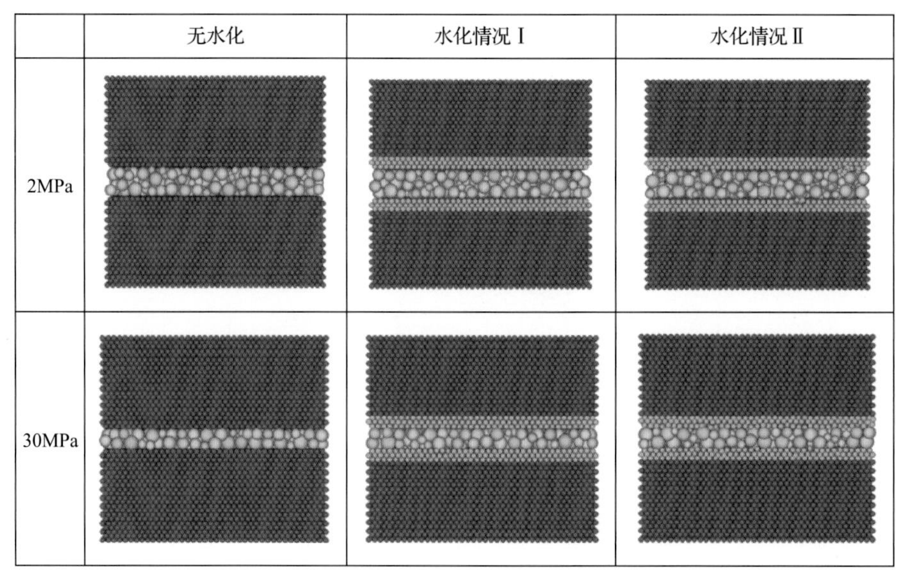

图 3-12 三种不同水化条件和两种不同的裂缝闭合压力下压缩状态侧视图

40/70 目支撑剂，铺砂浓度为 1kg/m^2

图 3-13 显示了裂缝宽度与裂缝闭合压力之间的关系，其中无水化和水化情况 I 状态的裂缝变化情况基本相同，水化情况 II 状态下的裂缝稍小，可见随水化程度的加剧，裂缝宽度基本呈减小趋势。此结果暗含了裂缝宽度开始受页岩水化影响的临界水化条件。

图 3-14、图 3-15 为裂缝闭合后，水化情况 I 、II 状态下的微裂纹分布图，即平行黏结的断裂。需要指出的是，无水化条件不会产生微裂纹。蓝色与红色圆盘分别代表微裂纹以拉伸和剪切的形式出现。对于水化情况 I ，微裂纹只产生于两裂缝表面附近，而水化情况 II 中微裂纹在整个水化岩层均有分布。图 3-16 为不同

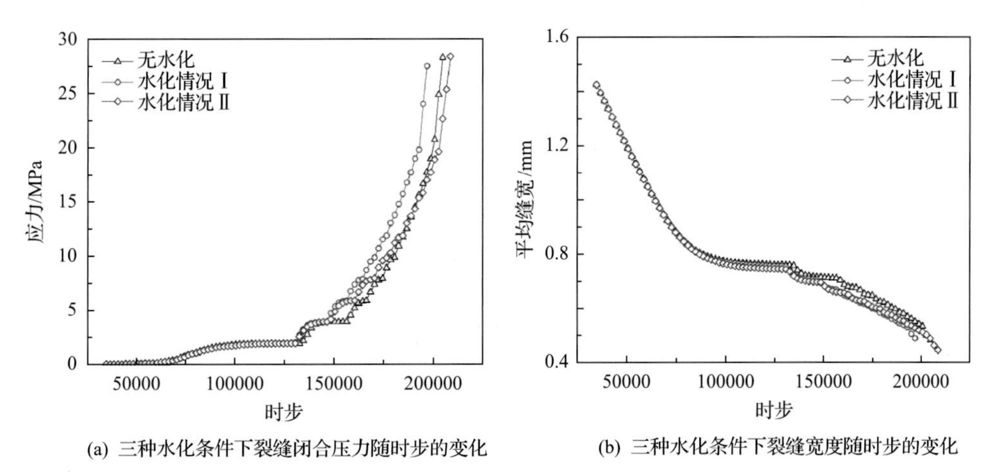

(a) 三种水化条件下裂缝闭合压力随时步的变化　　(b) 三种水化条件下裂缝宽度随时步的变化

图 3-13　三种不同水化条件下，裂缝宽度与裂缝闭合压力之间关系的模拟结果

40/70 目支撑剂，铺砂浓度为 $1kg/m^2$，弹性模量为 32GPa

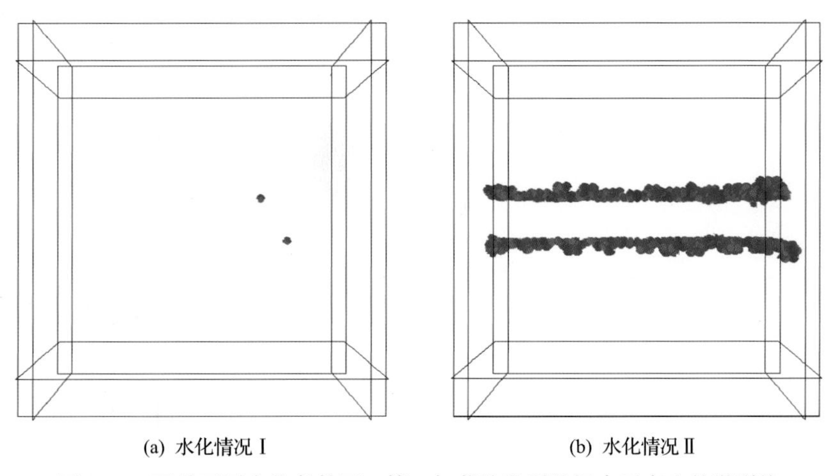
(a) 水化情况Ⅰ　　(b) 水化情况Ⅱ

图 3-14　两种不同水化条件下，第一加载阶段裂缝闭合后产生的微裂纹

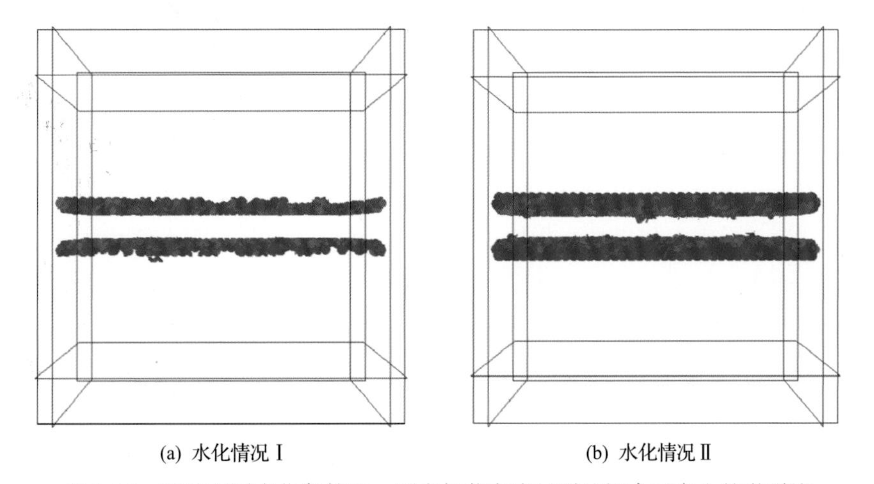
(a) 水化情况Ⅰ　　(b) 水化情况Ⅱ

图 3-15　两种不同水化条件下，所有加载完成后裂缝闭合后产生的微裂纹

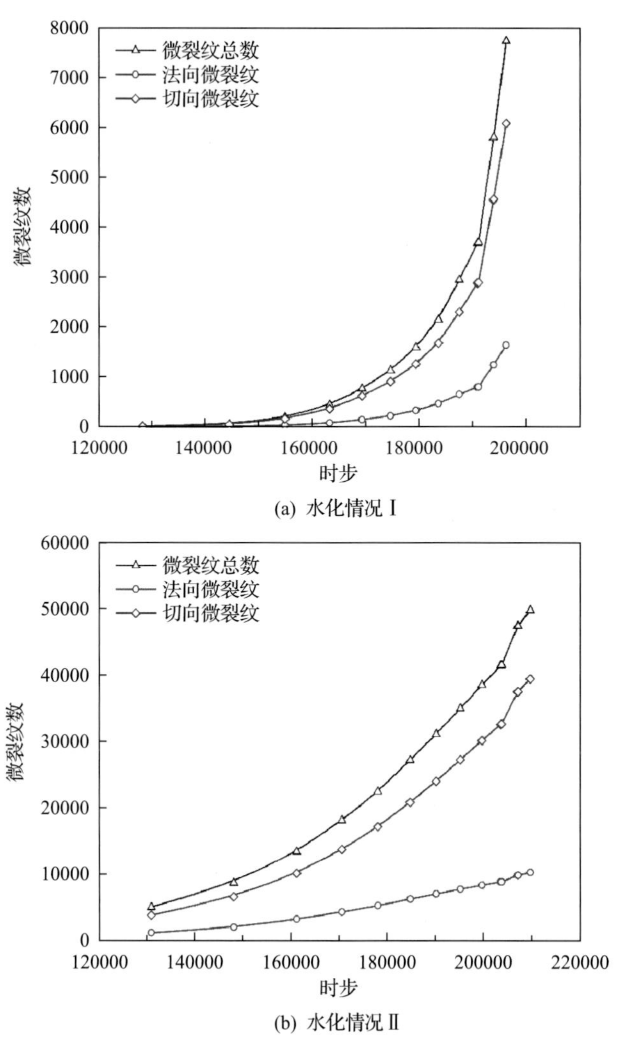

(a) 水化情况 I

(b) 水化情况 II

图 3-16　水化情况 I 和 II 下微裂纹数量

闭合压力下，两种水化条件产生的微裂纹数量。在两种情况下，剪切破坏都是主要的破坏形式，而水化情况 II 的微裂纹总数是水化情况 I 的微裂纹数量的十多倍。在这两种情况下，微裂纹数量与闭合压力的关系曲线也是不同的。在加载初期，水化情况 I 的微裂纹数量增加相当缓慢，而随着载荷的上升，微裂纹数量迅速增加。水化情况 II 的微裂纹总数则有相反的变化趋势，由于材料强度较弱，平行黏结破坏在初期大范围出现，而当水化岩层的大多数平行黏结破坏后，曲线呈现近似水平的状态。

图 3-17 为根据监视颗粒的坐标描绘的三种不同水化条件下裂缝上表面的轮廓图。由图中模型在 z 坐标方向的高度起伏可知，随着水化效应的加剧，监视颗粒的高度普遍增大。这三种情况下最高颗粒与最低颗粒的高度差分别是 1.5μm、8.1μm、85.3μm。结果表明，若需要得到与实验测量相同的支撑剂嵌入深度(20μm 至超过 100μm)，模型需要考虑页岩的水化效应包括强度和模量的折减量。

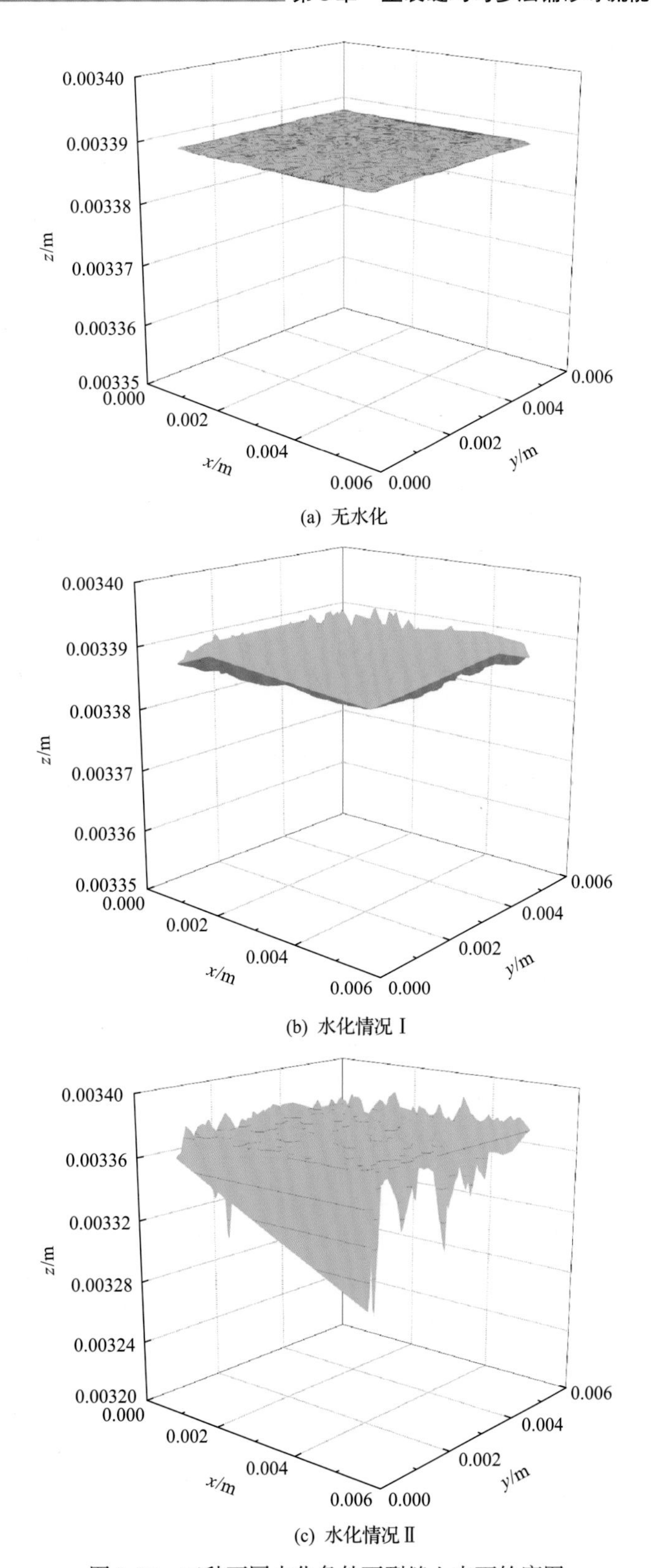

(a) 无水化

(b) 水化情况 I

(c) 水化情况 II

图 3-17 三种不同水化条件下裂缝上表面轮廓图

3.3 DEM-CFD 模型与解析模型的对比

为了验证 DEM-CFD 导流能力模型的准确性，将 Gao 等(2012)、Li 等(2016)的裂缝导流能力解析模型与该模型进行对比。

Gao 等采用式(3-20)计算裂缝导流能力，其中 K 为导流能力，w_0 为初始缝宽，α 为缝宽变化量，ϕ 为孔隙度，r 为孔喉半径，τ 为迂曲度，可由式(3-21)～式(3-24)确定。参数 C_1、C_2、β 分别由式(3-25)～式(3-27)确定。在式(3-20)～式(3-27)中，各基本参数取值保持与本章 DEM-CFD 模型参数相同，即初始缝宽 w_0 为 6mm，闭合压力 p 为 0～60MPa，支撑剂直径 D_1 为 0.315mm(40/70 目支撑剂的中值粒径)，岩板厚度 D_2 为 2.85mm，支撑剂弹性模量 E_1 为 9.84MPa，支撑剂泊松比 ν_1 为 0.2，岩石弹性模量 E_2 为 35GPa，岩石泊松比 ν_2 为 0.28。

$$K=\left(w_0-\alpha\right)\frac{\phi r^2}{8\tau^2} \tag{3-20}$$

$$\alpha=0.122w_0 p^{\frac{2}{3}}\left\{C_1^{\frac{2}{3}}+\frac{D_1}{w_0}\left[\left(C_1+C_2\right)^{\frac{2}{3}}-C_1^{\frac{2}{3}}\right]\right\}+D_2\frac{p}{E_2} \tag{3-21}$$

$$\phi=\frac{0.26w_0-2\beta}{w_0-2\beta} \tag{3-22}$$

$$r=\frac{\left(w_0-2\beta\right)\left(2\sqrt{3}-3\right)}{6w_0}D_1 \tag{3-23}$$

$$\tau=\left[0.5\left(\frac{w_0-2\beta}{w_0}\right)^2+1\right]^{\frac{1}{2}} \tag{3-24}$$

$$C_1=\frac{1-\nu_1^2}{E_1} \tag{3-25}$$

$$C_2=\frac{1-\nu_2^2}{E_2} \tag{3-26}$$

$$\beta=0.122w_0\left(p\frac{1-\nu_1^2}{E_1}\right)^{\frac{2}{3}} \tag{3-27}$$

式中，α 为缝宽变化量，mm；r 为孔喉半径，μm；τ 为迂曲度，无量纲；p 为闭合压力，MPa；D_1 为支撑剂直径，mm；D_2 为岩板厚度，mm；C_1 为过渡参数，MPa^{-1}；

C_2为过渡参数，MPa^{-1}；β为支撑剂变形量，mm；E_1为支撑剂弹性模量，MPa；ν_1为支撑剂泊松比，无量纲；E_2为岩石弹性模量，MPa；ν_2为岩石泊松比，无量纲。

Li等采用式(3-28)计算裂缝导流能力，其中η为支撑剂破碎率，ϕ为孔隙度，r为孔喉半径，τ为迂曲度。缝宽w_f与孔喉半径r可由式(3-29)和式(3-30)计算。其中，参数δ_1、δ_2、δ_3由(3-31)～式(3-33)给定。在式(3-28)～式(3-33)中，各基本参数与本章DEM-CFD模型参数相同：破碎率η为0，孔隙度采用本章数值模拟测得的孔隙度，迂曲度τ为1.33(原文给定值)，支撑剂半径R为0.1575mm，铺砂浓度为$6kg/m^2$(颗粒层数n为21)，闭合压力p为0～60MPa，支撑剂弹性模量E_1为9.84MPa，支撑剂泊松比ν_1为0.2，岩石弹性模量E_2为35GPa，岩石泊松比ν_2为0.28。

$$K=(1-\eta)w_f\frac{\phi r^2}{8\tau^2} \tag{3-28}$$

$$w_f=w_0-(n-1)\delta_2-\delta_3 \tag{3-29}$$

$$r=\frac{\sqrt{3}}{3}(2R-\delta_1)-R \tag{3-30}$$

$$\delta_1=2.08\left[R^3p^2\left(\frac{1-\nu_1^2}{E_1}\right)^2\right]^{\frac{1}{3}} \tag{3-31}$$

$$\delta_2=3.78\left[R^3p^2\left(\frac{1-\nu_1^2}{E_1}\right)^2\right]^{\frac{1}{3}} \tag{3-32}$$

$$\delta_3=1.89\left[R^3p^2\left(\frac{1-\nu_1^2}{E_1}+\frac{1-\nu_2^2}{E_2}\right)^2\right]^{\frac{1}{3}} \tag{3-33}$$

式中，η为破碎率，无量纲；R为支撑剂半径，mm；n为颗粒层数，无量纲；δ_1为过渡参数，mm；δ_2为单层支撑剂变形量，mm；δ_3为裂缝面变形量，mm。

图3-18为Gao等模型、Li等模型和本章DEM-CFD模型的裂缝导流能力结果对比分析图。本章数值模拟结果与实验结果吻合较好。在裂缝闭合压力小于30MPa时，解析模型结果与实验结果差距较大。Gao等的解析模型在裂缝闭合压力大于30MPa后准确度较高，Li等的计算结果在裂缝闭合压力大于50MPa后有较高的准确度。

在裂缝闭合压力较小时，解析模型的计算结果与实验结果差距较大；而在闭合压力较大时，解析模型计算结果与实验结果较接近。这是因为解析模型以赫兹接触理论为基础，只能考虑颗粒接触的正压力作用，没有考虑颗粒滚动引起的摩擦效应。在裂缝闭合压力较小时，支撑剂充填层被快速压实，空间位置和受力状态不停变化，颗粒间的滚动摩擦效应起主导作用，而解析模型恰恰无法考虑这一效应。随着裂缝闭合压力增加，支撑剂颗粒的空间位置基本稳定，摩擦效应减弱，颗粒的正压力接触作用占主导，因此此时解析模型结果与实验结果比较接近。所建立的 DEM-CFD 数值模型综合考虑了颗粒的摩擦系数、切向刚度、法向刚度等参数，既能描述支撑剂在闭合压力较小时的摩擦效应，也能描述在较大闭合压力作用下的接触作用，始终与实验结果保持一致。因此，DEM-CFD 导流能力预测模型可以用于不同储层地应力的裂缝导流能力计算，而解析模型则更适用于地应力较大时的裂缝导流能力预测。

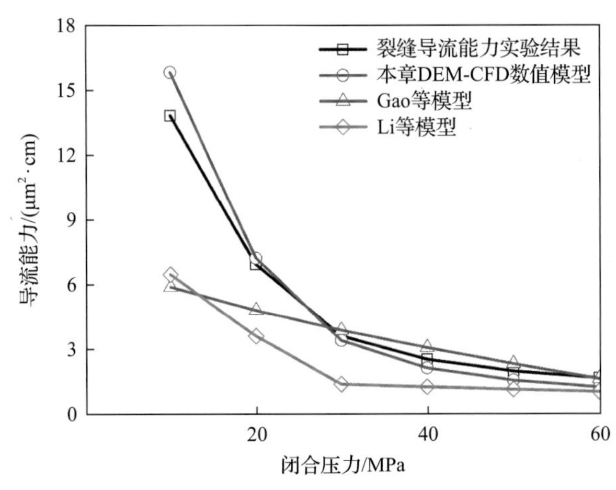

图 3-18　裂缝导流能力经典解析模型与本章 DEM-CFD 数值模型的对比分析

支撑剂在裂缝内受到储层的挤压、地层流体压力以及支撑剂颗粒之间的相互作用，受力状态较为复杂，很难使用简单的理论模型来精确描述。储层岩石的塑性、流体-岩石的流固耦合作用、支撑剂颗粒之间的互作用和支撑剂与岩石颗粒之间的接触等，均是计算裂缝导流能力所必须考虑的因素。离散元数值模拟方法，能够描述小尺寸支撑剂颗粒的几何状态和力学行为，通过建立地层岩石和支撑剂以及支撑剂和支撑剂之间的接触模型，将 CFD 和支撑剂充填层的力学行为耦合起来，求解裂缝导流能力。本章所建立起来的裂缝导流能力数值模拟方法，可定量化地快速优选支撑剂参数。

所建立的模型并未考虑支撑剂颗粒的破碎，以及储层岩石的流变作用，然而这些正是页岩气储层裂缝长期导流能力预测所必需的。重庆涪陵页岩气储层埋深普遍超过 3000m，部分已达到 5000m，裂缝闭合压力高达 80MPa，支撑剂在长期高应力状态下极易嵌入页岩或被压碎(舒逸等，2017)。支撑剂的嵌入和破碎会降低裂缝内支撑剂充填层的渗透率和有效支撑裂缝宽度，进而显著降低裂缝导流能力，致使页岩气产量持续快速下降。

同时，对中国涪陵(舒逸等，2017)、美国 Eagle Ford、Barnett 等典型页岩气田的生产历史研究发现，页岩气井的产量和储层压力在生产 1～2 年后迅速下降，致使裂缝闭合压力显著增大，进一步加剧了支撑剂的嵌入或破碎。若压裂设计时仍以裂缝的短期导流能力为依据，则会导致优选出的支撑剂只适用于储层压力变化不大的生产初期，并不能满足页岩气井长期稳产的需求。因此，需要引入支撑剂的破碎和岩石的流变性等因素预测裂缝的长期导流能力。通过导流能力实验获取支撑剂的破碎率，进而修正模型的闭合缝宽，并对岩石颗粒设置蠕变模型以模拟岩石流变性，采用这种方式可将此两方面因素考虑到预测模型中。

3.4 本章小结

本章以欧根方程确定层流中的压力梯度项，建立了井下流体流经支撑剂充填层时的动力学模型；通过岩石颗粒-支撑剂充填层-岩石颗粒的离散元接触数值模拟，得到闭合压力条件下裂缝的缝宽，结合达西公式，实现对支撑裂缝导流能力的数值模拟定量求解。

针对胜利油田 X23 井区，开展了支撑裂缝导流能力的数值模拟研究。随着裂缝闭合压力的增大，缝宽和裂缝导流能力先急剧减小，随后趋于稳定。储层岩石的弹性模量大于支撑剂的弹性模量时，支撑剂难以嵌入岩石，裂缝导流能力与岩石弹性模量成正比。9kg/m^2 铺砂浓度的裂缝导流能力最大，6kg/m^2 次之，3kg/m^2 最小。20/40 目支撑剂的导流能力最大，30/50 目次之，40/70 目最小。

当裂缝闭合压力大于 50MPa 时，3 种铺砂浓度和 3 种支撑剂组合形式的裂缝导流能力均趋于稳定。现场压裂时，如果从裂缝导流能力的角度考虑，胜利油田 X23 井区应考虑选择 20/40 目支撑剂组合和 6kg/m^2 以上的铺砂浓度。

裂缝表面水化越严重，裂缝表面发生的剪切和拉伸失效越严重，支撑剂的嵌入深度越深，缝宽越小，需要的计算时步越多。裂缝表面的水化显著降低了裂缝的有效宽度，裂缝表面水化达到 96%时，支撑剂将近有一半嵌入页岩，微裂纹总数是水化 80%的 5 倍，嵌入量是水化 80%的 120 倍。

第4章

分支裂缝支撑剂不同铺置模式的导流能力

本章采用自主研制的多场耦合岩石力学实验测试系统，提出了页岩分支裂缝导流能力测试新方法，开展了页岩分支裂缝的导流能力实验。结合页岩储层特征，建立了考虑支撑剂破碎作用的页岩分支裂缝导流能力的渗流-应力耦合模型，克服现有室内实验和理论模型的不足，对影响页岩分支裂缝的铺砂方式、裂缝表面形态、支撑剂组合形式等因素进行研究，为页岩分支裂缝导流能力的定量评价提供理论指导。

4.1 页岩分支裂缝导流能力实验

4.1.1 实验装置

裂缝导流能力测试采用项目组自主研制的多场耦合岩石力学实验测试系统所改进的导流室(图 4-1)进行测试。该实验装置具有径向传感器，能够灵敏检测到支撑裂缝的缝宽和流体流量的动态变化等，比常规裂缝导流能力测试仪的测量精度更高。

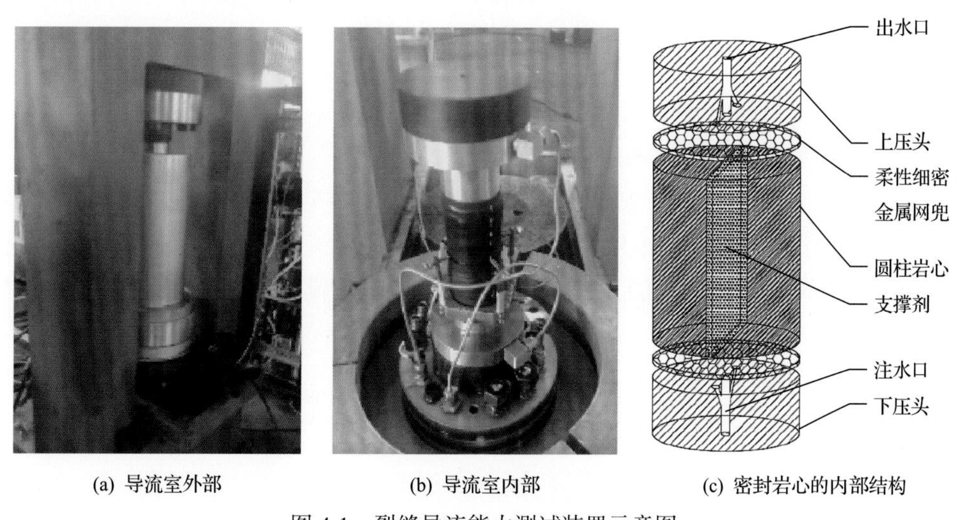

(a) 导流室外部　(b) 导流室内部　(c) 密封岩心的内部结构

图 4-1　裂缝导流能力测试装置示意图

4.1.2 实验样品

实验采用龙马溪组页岩，将其加工为直径 50mm、高度 80mm 的岩心。支撑剂选为广汉陶粒支撑剂(20/40 目、30/50 目、40/70 目)。实验流体为蒸馏水，水的密度为 0.978g/mL，黏度为 1.3mPa·s。

4.1.3 实验方案

考虑分支裂缝试样在不同支撑剂粒径、铺砂浓度和不同非均匀铺置形式等条件，在闭合压力逐步增大时测试得到支撑裂缝的缝宽和流体流量的动态变化。

具体实验步骤：①采用巴西劈裂法形式将样品从轴向劈裂成两半，形成缝宽小而弯曲且缝面上下契合度好的分支缝(图 4-2)；②铺置支撑剂，密封岩心，将岩心装载进三轴室内。采用“小围压密，大围压疏”的阶梯式提高围压，测得流体流过裂缝的流量，直到完成所有设计的围压值下测试；③为建立考虑实际粗糙裂缝面的离散元模型，实验前后均使用 Reeyee-Pro 型多功能手持三维扫描仪对岩心裂缝面进行扫描，并生成三维几何模型，通过计算其平均缝宽，结合流过裂缝的流量，计算得到裂缝的导流能力。

(a) 岩样径向固定硬质金属丝造缝

(b) 劈裂形成径向裂缝

图 4-2　页岩分支裂缝的制作过程示意图

4.1.4　实验结果与分析

1) 支撑剂粒径对页岩分支裂缝导流能力的影响

在分支裂缝中分别进行 20/40 目、30/50 目、40/70 目支撑剂在 0.7kg/m^2 铺砂浓度条件下的导流能力测试。结果见图 4-3，裂缝宽度、导流能力与支撑剂粒径呈比例。在闭合压力低时，裂缝导流能力较大，随着闭合压力变高，导流能力降低速度变快，最后趋于稳定。

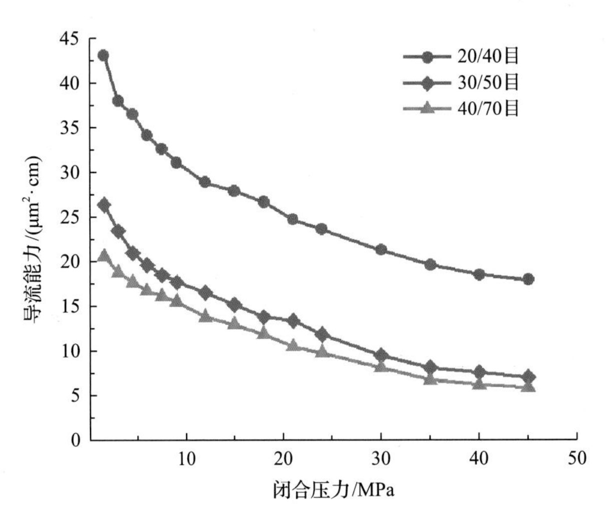

图 4-3　支撑剂的粒径对导流能力的影响

2) 铺砂浓度对页岩分支裂缝导流能力的影响

分别铺置 0.4kg/m^2、0.7kg/m^2、1.0kg/m^2 浓度的 20/40 目陶粒测试页岩分支裂缝的导流能力。从图 4-4 中可以看出，铺砂浓度达到 0.7kg/m^2 时，相比铺砂浓度为

0.4kg/m² 和 1.0kg/m²，为该单层铺砂条件下支撑裂缝宽度与支撑剂间隙较优的组合。此时所测得的导流能力最大。

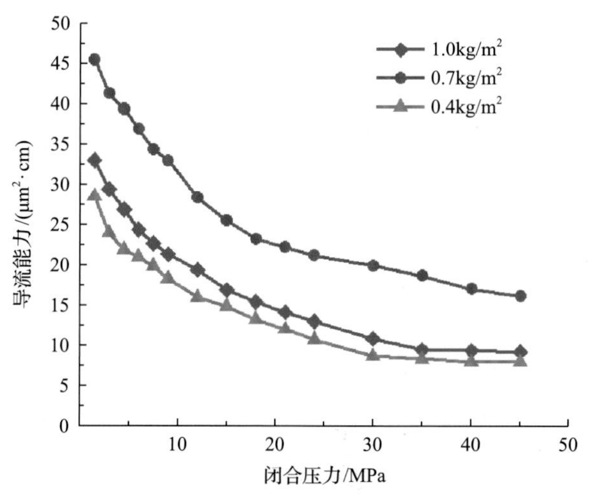

图 4-4 铺砂浓度对导流能力的影响

3) 铺砂方式对页岩裂缝导流能力的影响

测定铺满支撑剂的岩心缝面。采用 20/40 目陶粒，当铺砂浓度为 1.0kg/m² 时，岩心面为单层完全覆盖的状态。因此，以 1.0kg/m² 铺砂浓度为界限，对单层条件下 0.7kg/m²、1.0kg/m² 铺砂和多层条件下 1.4kg/m² 铺砂进行对比实验。如图 4-5 所示，部分单层的导流能力与多层时相近。在单层铺砂条件下，流体的流动通道主要是裂缝内支撑剂之间的空隙。实验初期，整个裂缝面只有少数部分存在支撑剂，在一定的闭合压力下，支撑剂强度不足以保证一定的裂缝宽度，所以其导流能力较低。随着铺置砂量的增加，裂缝宽度逐渐稳定，在一定浓度下，单层铺砂时可以达到最大导流能力，之后再增加支撑剂浓度会发生堵塞现有孔隙的现象，从而降低导流能力。

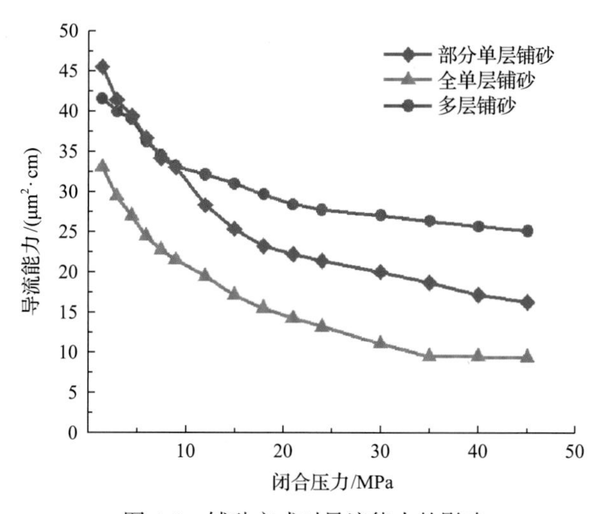

图 4-5 铺砂方式对导流能力的影响

在多层铺砂的情况下，裂缝宽度与支撑剂浓度呈正相关，导流能力随之增大。

4.2 页岩分支裂缝考虑支撑剂破碎的渗流-应力耦合模型

4.2.1 支撑剂破碎离散元理论模型

1. 接触模型

颗粒流用离散元法模拟球形颗粒的运动和相互作用，假设支撑剂颗粒在受力情况下颗粒本身不发生变形(Zhang et al., 2017a)。相互接触颗粒之间没有法向和切向抗拉强度，允许颗粒在其抗剪强度范围内发生滑动。其本构行为可以描述为

$$F_{\max}^{\mathrm{s}} = \mu |F_i^{\mathrm{n}}| \tag{4-1}$$

式中，μ 为颗粒间的静摩擦系数，如果 $|F_i^{\mathrm{n}}| > F_{\max}^{\mathrm{s}}$，则颗粒产生相对滑动。

根据梁理论可得平行黏结承受的最大拉应力和最大剪应力(图 4-6)为

$$\sigma_{\max} = \frac{-\bar{F}^{\mathrm{n}}}{A} + \frac{|\bar{M}^{\mathrm{s}}|\bar{R}}{I} \tag{4-2}$$

$$\tau_{\max} = \frac{\bar{F}^{\mathrm{s}}}{A} + \frac{|\bar{M}^{\mathrm{n}}|\bar{R}}{J} \tag{4-3}$$

式中，$\bar{F}^{\mathrm{n}}$、$\bar{F}^{\mathrm{s}}$ 分别为法向力和切向力；$\bar{M}^{\mathrm{n}}$、$\bar{M}^{\mathrm{s}}$ 分别为法向力矩和切向力矩；$\bar{R}$ 为黏结半径；A、I、J 分别为平行黏结截面的面积惯性矩、极性惯性矩和平行横截面的惯性矩。当平行黏结处承受的最大拉应力超过了黏结的抗拉强度($\sigma_{\max} \geqslant \bar{\sigma}_{\mathrm{c}}$)或最大剪应力超过黏结的抗剪强度($\tau_{\max} \geqslant \bar{\tau}_{\mathrm{c}}$)时，则平行黏结破坏，此时模型上所有的力、力矩和刚度都为零。颗粒接触减弱，只存在颗粒间的摩擦作用。

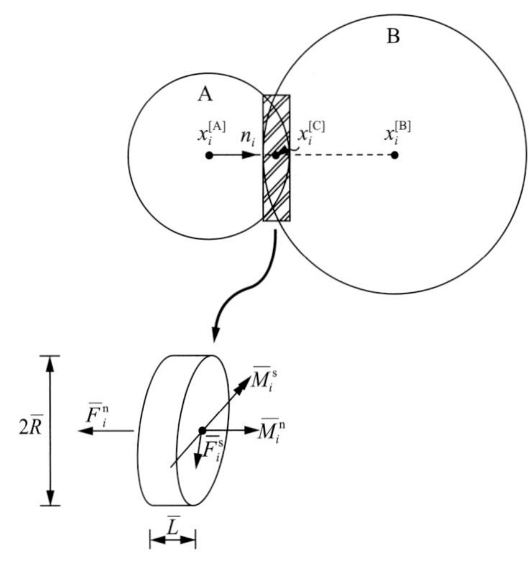

图 4-6 平行黏结示意图

$x_i^{[A]}$ 和 $x_i^{[B]}$ 分别为 A 和 B 的中心位置向量，$x_i^{[C]}$ 为接触点位置

2. 颗粒破碎准则

当颗粒在受到相当于三个相互正交的方向上的直径点载荷时，在静水应力为零时，颗粒不会断裂。离散元法中，一个颗粒的应力张量 σ_{ij} 可定义为

$$\sigma_{ij}=\frac{1}{V}\sum_{n_c} f_j^c d_i^c \tag{4-4}$$

式中，V 为颗粒的体积；n_c 为该颗粒接触的总数；f_j^c 为接触力；d_i^c 为接触中心的分向量；σ_{11}、σ_{22}、σ_{33} 分别为第一、二、三主应力。

当其中两个主应力为零时，八面体剪应力 q 约为 $0.9F/d^2$，模拟过程中计算得到的颗粒的八面体剪应力大于设定的容许八面体剪应力 q_{crit} 时，则判定颗粒发生破碎(de Bono and Mcdowell, 2014)：

$$q_{crit}=0.9\sigma_f \tag{4-5}$$

式中，σ_f 为颗粒的破碎强度，可由 Jaeger (1967)提出的单颗粒径向压缩强度计算公式得到，即

$$\sigma_f=\frac{F_f}{d^2} \tag{4-6}$$

式中，F_f 为单颗粒径向压缩实验中颗粒的峰值破碎力，N；d 为颗粒的粒径，mm。

天然脆性颗粒材料的破碎强度呈现出韦布尔分布特性。此外，脆性材料的破碎强度还呈现出明显的尺寸效应。本书研究中考虑脆性颗粒材料破碎强度的尺寸效应和韦布尔分布特性。根据韦布尔分布理论，每个颗粒的破碎强度 σ_f 有

$$\sigma_f=\left[\ln\left(1/P_s(d)\right)\right]^{1/m}\left(\frac{d}{d_0}\right)^{-(3/m)}\sigma_0 \tag{4-7}$$

式中，$P_s(d)$、m、σ_0 和 d_0 分别为颗粒存活概率、颗粒破碎强度的韦布尔模数、颗粒特征破碎强度和颗粒特征破碎强度对应的颗粒粒径，Weibull (1939, 1951)研究发现脆性颗粒材料的破碎强度统计分布服从如下分布模型：

$$P_s(d)=\exp\left[-\left(\frac{d}{d_0}\right)^3\left(\frac{\sigma}{\sigma_0}\right)^m\right] \tag{4-8}$$

本书研究中采用的 σ_0 和 m 等参数借鉴了 Li 等(2014)的参数。特征粒径 d_0 为 1.5mm，对应的特征破碎强度 σ_0 为 28MPa，韦布尔模数 m 为 10。

3. 颗粒替换模式

颗粒替换模式本书采用含 14 个球体的阿波罗填充法(Sarnak, 2011)，即在一个

球形区域内形成重叠并外切的球体布局。在膨胀阶段，快速线性膨胀子颗粒的体积至满足破碎前、后的质量和体积守恒(张科芬等, 2017)。

DEM-CFD 模型及裂缝导流能力流固耦合模拟的计算方法，前面已介绍，在此不再赘述。

4.2.2 考虑支撑剂破碎的分支裂缝渗流-应力耦合模型

1. 考虑支撑剂颗粒破碎的离散元微观参数

1) 支撑剂颗粒微观参数

选取 20/40 目、30/50 目、40/70 目的支撑剂进行离散元破碎模拟实验，支撑剂破碎模型的离散元微观参数为表观模量为 9.84MPa，摩擦系数为 0.5，刚度比为 1，密度为 2.65g/cm^3；40/70 目、30/50 目、20/40 目支撑剂直径分别为 0.21～0.42mm、0.30～0.60mm、0.42～0.84mm。采用颗粒流软件建立高度为 15mm、直径为 60mm 的圆柱体，用球体模拟陶粒支撑剂颗粒。Hertz-Mindlin 接触模型的颗粒泊松比 ν 为 0.2、剪切模量 G 为 24GPa。将圆柱体底部固定，顶部作为加载壁面。为防止支撑剂横向移动，所建立的离散元圆柱体侧面位移边界设置为 0，如图 4-7 所示。该模型首先使用松散的支撑剂充填，初始应力为 0MPa。加载开始，每次加载的应力增量为 10MPa，直到最终闭合应力为 50MPa，观察试样的破碎情况。图 4-8 为支撑剂颗粒破碎后的形态。

按照《水力压裂和砾石充填作业用支撑剂性能测试方法》(SY/T 5108—2014)进行支撑剂颗粒破碎率的测试实验。对 3 种不同粒径组合的支撑剂在 30MPa、50MPa

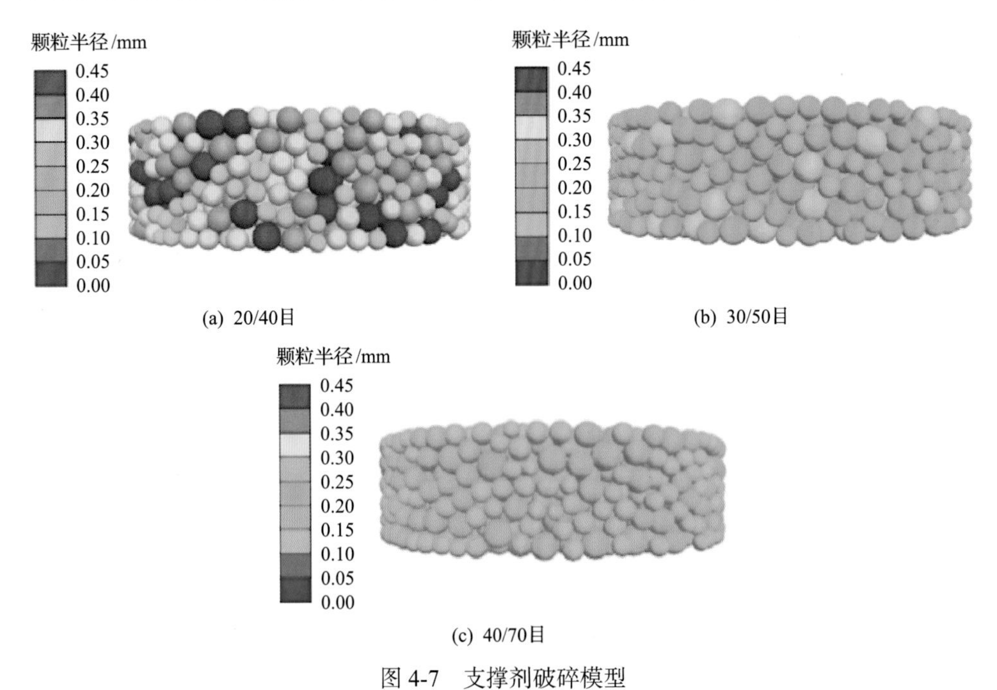

图 4-7 支撑剂破碎模型

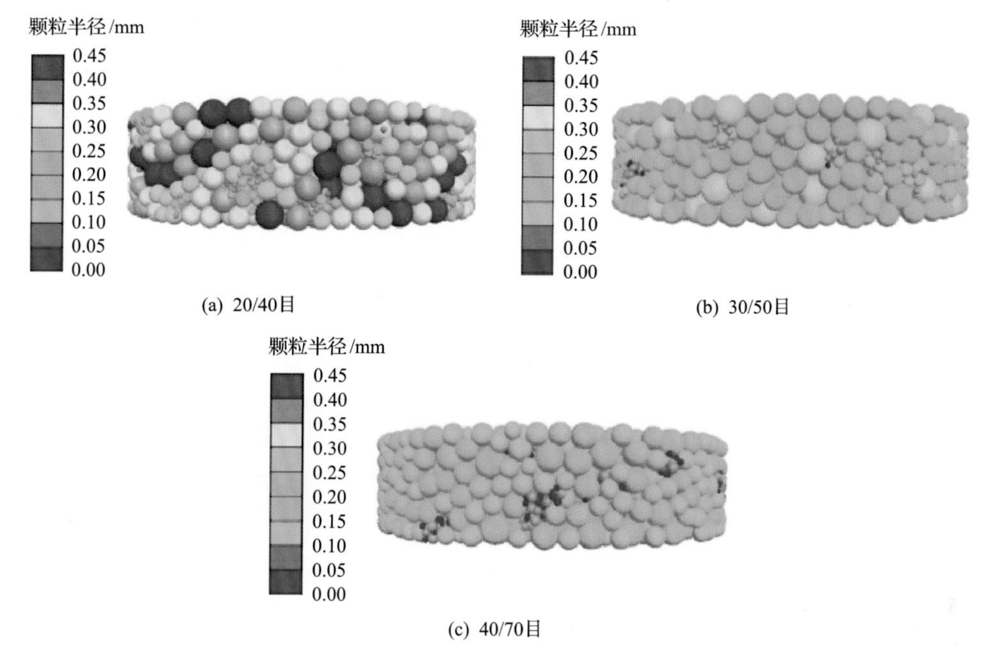

(a) 20/40目

(b) 30/50目

(c) 40/70目

图 4-8　支撑剂颗粒破碎后的形态

压力下分别进行压力加载，测试其破碎率。如表 4-1 所示，这 3 种不同粒径组合形式支撑剂的破碎率都处于较低水平，数值模拟与实验的相对误差平均值仅为 8.79%，说明本书所建模型能够较好地再现支撑剂颗粒的破碎过程。

表 4-1　模拟与实验的支撑剂破碎率对比

不同粒径		10MPa	20MPa	30MPa	40MPa	50MPa
20/40 目	模拟	0.6%	1.2%	3%	3.59%	4.37%
	实验			2.7%		3.81%
30/50 目	模拟	0.4%	0.6%	1%	1.6%	1.97%
	实验			1%		1.86%
40/70 目	模拟	0.15%	0.24%	0.7%	0.8%	1.2%
	实验			0.6%		1.15%

2) 页岩的微观参数

首先采用岩石三轴力学测试系统，开展围压为 30MPa 的三轴岩石力学实验。岩心取自深度为 3200m 的龙马溪组页岩，岩样高度为 50mm、直径为 25mm。实验测得岩石弹性模量为 29～41.7GPa，泊松比为 0.21～0.24，抗压强度为 202.4～220.9MPa；其次采用离散元法进行岩样的三轴模拟实验，设置不同类型的微观参数，反复进行数值实验，使得模拟实验得到的应力-应变曲线与室内三轴实验结果逼近(图 4-9)；最后校验得到岩样的微观参数，如表 4-2 所示。

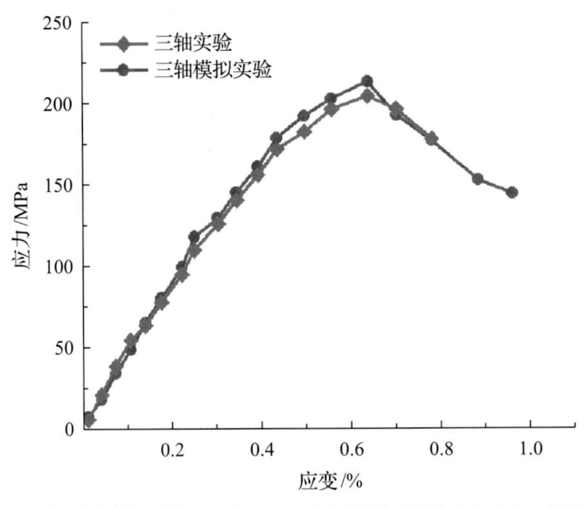

图 4-9　岩石力学三轴实验与 DEM 数值模拟实验的应力-应变曲线

表 4-2　校验后的页岩岩样离散元模型细观参数

组号	宏观			接触颗粒				平行黏结				
	杨氏模量/GPa	泊松比	抗压强度/MPa	表观模量/GPa	刚度比	摩擦系数	密度/(g/cm^3)	表观模量/GPa	刚度比	法向黏结强度/MPa	切向黏结强度/MPa	半径系数
1	30	0.219	215.6	5.6				5.6				
2	35	0.228	216	6.6	2.5	0.5	2.65	6.6	1	38	38	1
3	40	0.228	217.1	7.6				7.6				

2. 页岩分支裂缝导流能力预测的离散元-渗流耦合模型

针对页岩分支裂缝导流能力实验前后的裂缝表面，利用三维扫描仪生成其表面的三维网格实体模型(图 4-10)。结合离散元数值模拟方法的建模特点，首先确定下裂缝面的各点 z 轴坐标(图 4-11、图 4-12)。将上裂缝面及其以上的岩石颗粒和顶部墙体整体向上平移，在上下裂缝面之间形成缝宽分布均匀的铺砂通道。

图 4-10　页岩分支裂缝面的三维实体模型

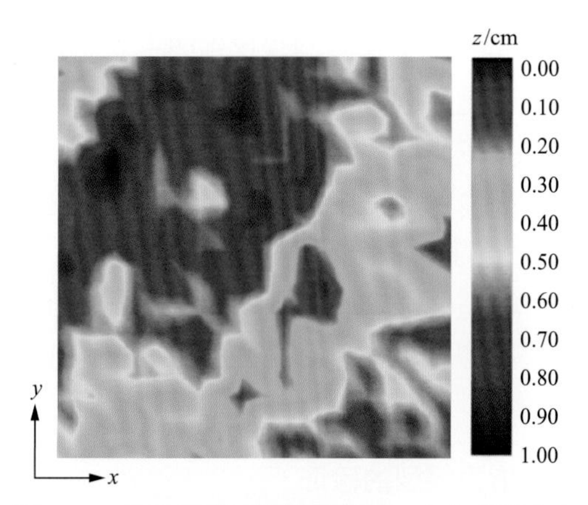

图 4-11　离散元模型粗糙裂缝面 z 方向高度分布

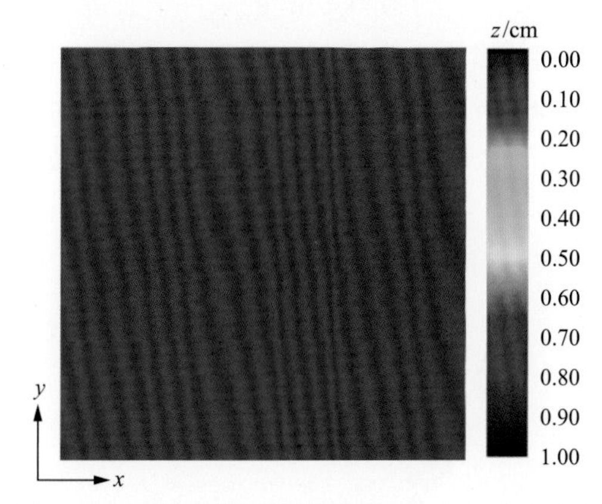

图 4-12　离散元模型光滑裂缝面 z 方向高度分布

根据 DEM-CFD 耦合模型计算流程，建立了页岩分支裂缝导流能力预测的离散元-渗流耦合模型(图 4-13)。如图所示，均匀铺设的蓝色颗粒组成岩板模型，其间充满的黄色颗粒是支撑剂。模型长宽均为 12mm，上下岩板均为 3mm，裂缝原始宽度

图 4-13　裂缝面下的支撑剂及填充模型

为 2mm。为模拟在地应力的作用下压裂裂缝逐渐闭合、支撑剂被挤压于岩层间的过程，模型水平方向的四个面已加上墙体以避免颗粒逃逸，当岩层模型的上下两岩板被施加等大的地应力时，上下岩层彼此趋近并挤压支撑剂，被压实的支撑剂充填层支撑裂缝。为模拟在地应力的作用下压裂裂缝逐渐闭合、支撑剂被挤压于岩层间的过程，模型水平方向的 4 个面已加上墙体以避免颗粒逃逸，此时模型外侧颗粒施加了位移为 0 的边界条件，将左侧边界的流体入口压强设置为 50MPa，右侧边界的流体压强为出口压强，数值设置为 0。流场压力梯度为 8.33Pa/m；流体密度为 1000kg/m^3、动力黏度为 0.001Pa·s。

4.2.3 页岩分支裂缝导流能力模型的验证

以 20/40 目陶粒，铺砂浓度为 0.7kg/m^2 的条件下裂缝导流能力实验结果为例验证(图 4-14)。将校验得到的岩样、支撑剂的微观参数代入页岩分支裂缝导流能力模型，流体压差设置为 50Pa，开展离散元数值模拟计算，并将其与室内实验的导流能力值对比分析如图 4-14 所示，可见考虑支撑剂颗粒破碎的数值模拟结果与实验结果吻合较好。

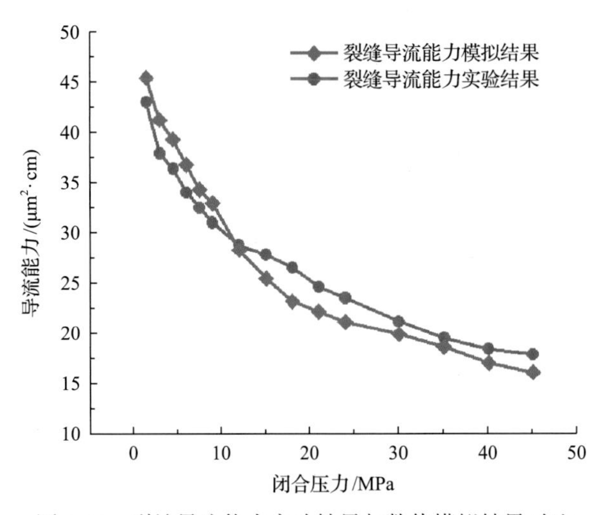

图 4-14 裂缝导流能力实验结果与数值模拟结果对比

4.3 页岩分支裂缝导流能力的影响因素分析

4.3.1 岩石弹性模量

如图 4-15 所示，在铺砂浓度为 0.7kg/m^2 的 20/40 目支撑剂条件下，不同弹性模量的页岩模拟分支裂缝的导流能力表明，岩石储层弹性模量越大，裂缝缝宽越大，导流能力越大。因为页岩储层弹性模量越高，在闭合压力的作用下，支撑剂嵌入量越小，缝宽变化量越小，因此当裂缝宽度较大时，导流能力也较强。

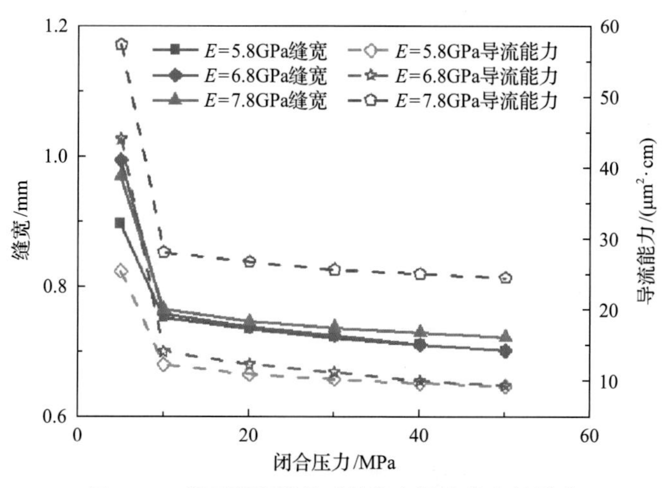

图 4-15　岩石弹性模量对缝宽和导流能力的影响

4.3.2　分支裂缝表面形态

通过三维扫描仪生成其表面的三维网格实体模型(图 4-10)，利用三维软件计算裂缝表面面积。裂缝表面真实面积与投影面积的比值为裂缝粗糙度，对粗糙裂缝进行离散元数值模拟时，图 4-11 为人工劈裂粗糙裂缝面的 z 轴坐标；图 4-12 为对照组光滑裂缝面的 z 轴坐标。如图 4-16 所示，在分支裂缝中，铺砂浓度为 0.7kg/m^2 的 20/40 目支撑剂情况下，粗糙裂缝比光滑裂缝能够产生更大的导流能力。这是由于粗糙缝面具有自支撑作用，能够形成具有导流能力的渗流通道。且裂缝粗糙度越高，自支撑作用越明显，裂缝导流能力越强。

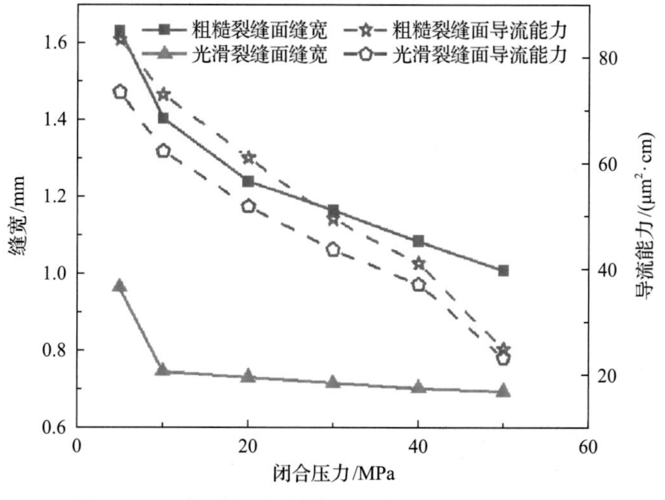

图 4-16　裂缝表面粗糙度对缝宽和导流能力的影响

4.3.3　支撑剂组合形式

由图 4-17 可见，当闭合压力较低时，铺砂浓度为 0.7kg/m^2 条件下，粒径为 20/40

目支撑剂的导流能力大概是 30/50 目支撑剂的 4 倍。但当闭合压力加载到一定数值后，导流能力降低的速率增加，并且粒径越大，降低幅度越大。这是因为支撑剂颗粒的直径越大，支撑剂间的点接触越少，因此需要承受更大的应力，从而增加了支撑剂的嵌入程度。当闭合压力较低时，大颗粒支撑剂的嵌入程度可能会更大，但由于有效的支撑缝宽与支撑剂之间的孔隙通道补救了嵌入问题，所以大粒径支撑剂具有更高的导流能力。但是，当闭合压力较高时，大颗粒支撑剂嵌入程度将会加剧。支撑剂在超过其强度的压力下会发生破损，碎裂的支撑剂颗粒会堵塞流动通道，故导流能力会下降，与小颗粒之间的差距减小。小粒径支撑剂由于受力面积较大，在闭合压力的作用下，其裂缝导流能力的变化不明显。

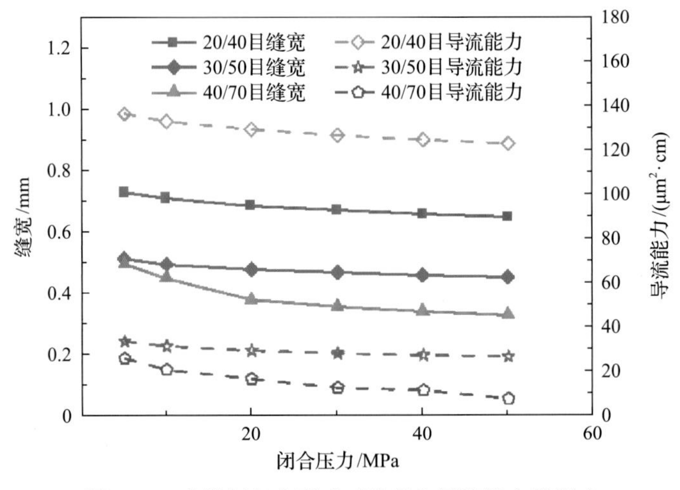

图 4-17　支撑剂组合形式对缝宽和导流能力的影响

4.4 本 章 小 结

本章围绕页岩分支裂缝缝宽和导流能力，开展页岩人工裂缝岩心的导流能力实验及离散元流固耦合数值模拟研究。

当闭合压力低时，不同组合形式支撑剂的粒径越大，导流能力越强。当闭合压力加载到一定数值后，导流能力急速下降，粒径越大下降越明显。在一定浓度下，页岩分支裂缝中部分单层铺砂时可以达到最大导流能力，之后再增加支撑剂浓度会发生堵塞现有孔隙现象，反而降低导流能力。该实验与模拟方法能够比较准确地预测不同条件下的页岩裂缝导流能力，为页岩分支裂缝导流能力的研究提供了一种新的方法。

第 5 章

水力压裂裂缝扩展过程中的支撑剂运移研究

本章利用离散元法，对含应力降地层中水力裂缝的扩展和支撑剂的运移进行数值模拟。建立了水力裂缝扩展过程中的支撑剂运移数值模型，并采用基于隐式水平集算法的裂缝扩展数值解验证所建模型，揭示了含应力降地层中水力裂缝缝宽的非均匀展布和支撑剂的运移规律。为了确定临界支撑剂粒径，本章建立了黏度控制裂缝的缝宽和应力之间的表达式，以估算任意给定垂向应力差、支撑剂粒径及注入参数下的缝宽和支撑剂运移特征，为控制裂缝纵向高度增长、优化裂缝横向扩展程度、选择最佳支撑剂粒径提供理论指导。

5.1 裂缝扩展过程中支撑剂运移的研究现状

水力压裂作为一种增产技术，已被广泛应用于各种岩层的油气开发中(Economides and Nolte, 2000)。自 20 世纪 50 年代以来，水力压裂的理论和数值模型得到了迅猛的发展。早期的理论工作主要考虑了简单的几何结构，如平面应变和径向裂缝(Barenblatt, 1962; Howard and Fast, 1957; Hubbert and Willis, 1957; Nordgren, 1972; Geertsma and Haafkens, 1979; Perkins and Kern, 2013)，而数值模型也是从线弹性断裂力学原理发展而来的(Clifton and Abou-Sayed, 1981; Advani et al., 1987, 1990; Carter et al., 2000; Siebrits and Peirce, 2002; Adachi et al., 2007)。这些模型极大地促进了水力压裂的广泛应用。

在过去的十年里，水力压裂和水平钻井技术共同使特低渗储层页岩气的开采成为可能，尤其是促进了世界范围内页岩气的商业化开发(King, 2010)。而非常规水力压裂，也就是在页岩等裂隙岩体中进行水力压裂，已成为广泛关注的热点问题。与常规水力压裂假定裂缝几何形状为双翼型不同的是，非常规压裂中水力裂缝与页岩中原有天然裂缝交互竞争扩展，形成复杂裂缝(Blanton, 1982; Warpinski and Teufel, 1987; Renshaw and Pollard, 1995; Zhou et al., 2008; Zhang et al., 2007, 2017b; Gu et al., 2012)。

无论是常规压裂还是非常规压裂，在水力压裂过程中都要向储层注入含有支撑剂颗粒的高压压裂液。理想状态下流体驱动裂缝仅在储层中发展，以便在储层岩石内形成的接触面最大化。然而，岩层的物理性质和应力条件通常表现出很大的变化。储层的地应力状态取决于各种构造断裂条件下岩石的长期本构行为。应力的形成是一个非常复杂的过程，水平应力沿垂直方向可能存在很强的非均质性(Martin and Chandler, 1993; Wileveau et al., 2007)。地应力状态是控制水力裂缝高度增长的关键因素(Desroches et al., 1994; Detournay, 2016)。如果储层上方存在高应力层，那么裂缝的延伸会受到遏制。相反，如果储层上方存在低应力区，那么水力裂缝会迅速向上扩展，从而引起缝高的显著增长和压裂液漏失。虽然，高应力盖层中水力裂缝的扩展已有广泛的研究(Simonson et al., 1978; Teufel and Clark, 1984; van-Eekelen, 1982; Fisher and Warpinski, 2012; Khanna and Kotousov, 2016)，但裂缝高度向低应力区扩展的研究较少，相关机制尚未完全理清。特别是由于压裂液中含有支撑剂颗粒，支撑剂在应力变化情况下的运移特性是压裂工艺合理设计的基本要求。

除了垂直方向上应力的非均质性外，油气衰减也会引起水平方向上应力的强烈变化，从而显著影响水力裂缝的扩展。其中，加密井就是一个例子（Safari et al., 2017; Guo et al., 2018; Zhu et al., 2021; 朱海燕等, 2021）。近年来，为了提高油田的预期采收率，在已有多个水平生产井的油田进行加密钻井越来越普遍。新增加的加密井会减少平均井间距并改变地层流体的流动路线，增加对存在较大油气饱和度未动用区域的波及。由于孔隙-弹性效应（Detournay and Cheng, 1993），老井枯竭导致孔隙压力和应力降低，加密井水力裂缝在水平方向进入低应力区，其性质类似于水力裂缝高度向低应力区扩展。

3DEC（3 Dimension Distinct Element Code）中支撑剂的运移遵循Adachi等（2007）总结的方法，其中将支撑剂和流体的混合物简化为压裂液。该方法假设支撑剂和流体都是不可压缩的，支撑剂颗粒比裂缝宽度小，且支撑剂和携砂流体之间互作用仅由重力沉降引起。支撑剂的体积守恒可以表示为

$$\frac{\partial(ca)}{\partial t}+\nabla\cdot(cav_{\mathrm{p}})=0 \tag{5-1}$$

式中，c 为体积分数；a 为缝宽；v_{p} 为支撑剂速度矢量。其中支撑剂的速度 v_{p} 与压裂液速度 v 和滑移速度 v_{s}，可以通过式（5-2）联系起来：

$$v_{\mathrm{p}}=v+(1-c)v_{\mathrm{s}} \tag{5-2}$$

滑移速度 v_{s} 的大小，可采用包含支撑剂浓度 Richardson 和 Zaki 校正系数（Richardson and Zaki, 1997）的斯托克斯方程来计算。

$$\begin{aligned}
&v_{\mathrm{s}}=f(c)v_{\mathrm{Stokes}}\\
&v_{\mathrm{Stokes}}=(\rho_{\mathrm{p}}-\rho_{\mathrm{f}})\frac{d_{\mathrm{p}}^{0}}{18\mu_{0}}g\\
&f(c)=(1-c)^{4.65}
\end{aligned} \tag{5-3}$$

式中，ρ_{p} 和 ρ_{f} 分别为支撑剂和携砂液的密度；d_{p}^{0} 为支撑剂直径；μ_0 为流体的黏度。根据式（3-4），压裂液黏度随支撑剂浓度的增加而增加（Batchelor, 1967）：

$$\mu=\mu_{0}\left(1-c/c_{\mathrm{limit}}\right)^{-2.5} \tag{5-4}$$

式中，μ_0 为无支撑剂的压裂液黏度；c_{limit} 为支撑剂的最大饱和浓度，在本章中设定为 0.7。同时，为避免压裂液黏度无限大，将 c_{limit} 的最大值设置为 0.9。

当支撑剂体积分数达到 0.7 的饱和浓度时，压裂液表现为多孔固体，支撑剂颗粒符合“充填层”。只有流体才能以给定的支撑剂充填层渗透率 k_{p}，通过该支撑剂充填层。支撑剂充填层承受的裂缝闭合应力由式（5-5）给出：

$$\Delta\sigma=\frac{\Delta a}{h_{\mathrm{p}}}M \tag{5-5}$$

式中，h_{p} 为支撑剂充填层的高度；Δa 为缝宽的变化值；M 为模量。如果裂缝缝宽小于 3 倍的粒径，支撑剂就会架桥。将局部固有渗透率乘以折减系数 β，得到“阻塞”渗透率。本章中支撑剂渗透率 k_{p}、折减系数 β 和支撑剂充填层模量 M 分别被设定为 $1.67\times10^{-15}\mathrm{m}^2$、0.01 和 100MPa。值得一提的是，如文献(Vahab and Khalili, 2018)所述，在计算颗粒沉降时的拖曳力和壁面效应时，上述支撑剂处理方法未考虑湍流的影响。本章中，典型雷诺数相对较小，纳维-斯托克斯方程近似是有效的。

5.2　水力裂缝扩展过程中的支撑剂运移数值模型

本章采用 3DEC 法(Cundall, 1988; Hart et al., 1988)，建立裂缝扩展过程中的支撑剂运移数值模型。在 3DEC 方法中，研究材料被建模为一种不连续的介质，由两种单元组成，块体和非连续单元。单个块体可为刚体或变形体，后者可采用线性或非线性应力-应变本构进行建模，并采用有限差分法对块体进行离散。非连续面和节理通过块体边界之间的相互作用来模拟。通过对接触块体的节点行为进行描述，来模拟离散裂隙网络的岩体。利用流固耦合模拟裂缝中的流体流动，缝宽和导流能力取决于块体的力学变形，块体的力学变形又反过来受压裂液压力的影响。

如图 5-1(a)所示，数值模型是边长为 360m 的立方体，模型采用平均边长为 3m 的四面体进行离散。单元的总数约 200 万个。模型被垂直于 x 轴的水力裂缝面分成两个大小相等的块体(以深灰色和浅灰色显示)。模型的原点(即 x=0，y=0，z=0)位于立方体的质心处。图 5-1(b)中的黑色虚线表示低应力区与高应力区之间的界面。注入点[图 5-1(b)中的圆点]位于高应力区，坐标为(0, 0, −25)。

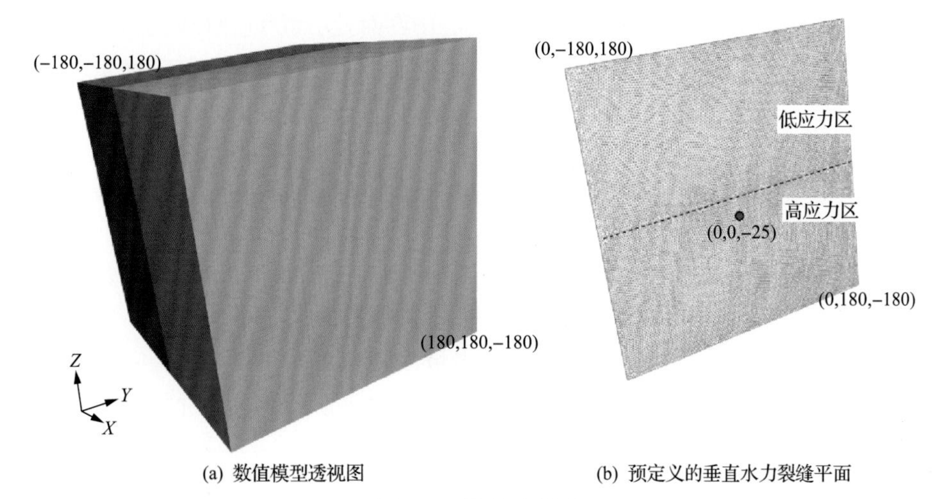

(a) 数值模型透视图　　(b) 预定义的垂直水力裂缝平面

图 5-1　模型示意图

在本章中，水力裂缝的扩展是通过在预定的水力裂缝平面上，以拉张或剪切模式对节点进行破坏来实现的(Nagel et al., 2013；Damjanac and Cundall, 2016)。水力裂缝平面位于两个弹性块体之间，弹性块体之间通过 z=0 处的连接单元进行连接[图5-2(a)]。通过特定抗拉强度的连接单元可将两块岩石连接到一块完整岩石上。随着裂缝的扩展，单元逐渐失效。裂缝缝宽与法向应力的变化如图 5-2(b)所示，其中 a_0 为法向应力为 0 时的裂缝缝宽，a_{res} 为残余缝宽，a_{max} 为保持数值稳定性引入的最大裂缝缝宽。将 a_0 和 a_{max} 均设置为一个较小初始值 0.005mm，这样只有流体压力超过法向应力时，裂缝才能张开。裂缝未起裂时，流体压力等于孔隙压力；裂缝一旦起裂，流体压力等于压裂液压力。

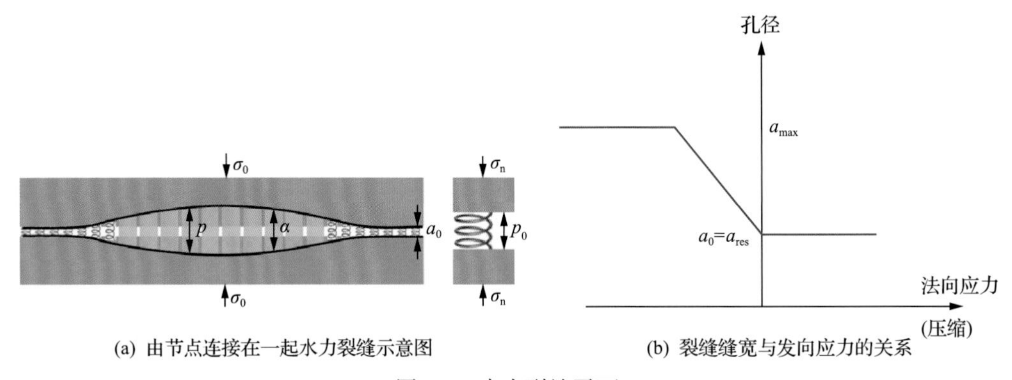

(a) 由节点连接在一起水力裂缝示意图

(b) 裂缝缝宽与发向应力的关系

图 5-2 水力裂缝平面

5.3 基准算例与模型验证

5.3.1 模型参数

为了突出应力下降的影响，本章将重力设为零。在低应力区和高应力区分别施加 20MPa 和 21MPa 的均布法向应力。因此，在界面处形成了 1MPa 的应力突降。整个区域的初始孔隙压力为 10MPa。水力裂缝在到达应力降界面之前应首先以径向裂纹形式扩展，定义以下比例参数(Dontsov, 2016)：

$$\mu' = 12\mu,\ E' = \frac{E}{1-\nu^2},\ K' = 4\left(\frac{2}{\pi}\right)^{1/2} K_{IC},\ C' = 2C_L \tag{5-6}$$

式中，μ 为液体黏度；E 为杨氏模量；ν 为泊松比；K_{IC} 为岩石的 I 型断裂韧度；C_L 为卡特滤失系数。一方面该模型以断裂韧性表征脆性裂缝；另一方面，3DEC 采用抗拉强度准则来描述裂缝的扩展行为。二者可以相互关联和等效。径向水力裂缝的扩展可以根据无量纲参数：滤失系数 ϕ 和时间 τ，划分为不同的阶段。具体定义如下(Dontsov, 2016)：

$$\phi = \frac{\mu'^3 E'^{11} C'^4 Q_0}{K'^{14}},\ \tau = \frac{t}{t_{mk}},\ t_{mk} = \left(\frac{m'^5 E'^{13} Q_0^3}{K'^{18}}\right)^{1/2} \tag{5-7}$$

式中，Q_0 为注入速率。使用以下参数进行计算：

$$\mu' = 0.2\text{Pa}\cdot\text{s},\ E' = 20\text{Pa}\cdot\text{s},\ K' = 3\text{MPa}\cdot\text{m}^{1/2},\ C' = 0,\ Q_0 = 0.01\text{m}^3/\text{s} \tag{5-8}$$

此时，ϕ=0，t_{mk}≈8200s。由于模拟在 24min 时结束，最大无量纲时间 τ 的值为 0.175。对于 ϕ=0，从流体黏性控制机制到断裂韧度控制机制的过渡区，对应的时间范围是 $4.54\times10^{-2}<\tau<2.59\times10^{6}$（Dontsov, 2016），黏度阶段对应较小的时间，断裂韧度阶段对应较大的时间。因此，所考虑的径向裂缝主要在黏度控制的区域内传播，并且在很长的时间内仅到达过渡区的开始区域。

如前所述，应力降的存在为所研究的问题引入了一个附加系数。为了量化其大小，有必要计算无量纲应力降 ΔΣ。必须认识到的是，应力差需要与裂缝内的流体净压力进行比较。如果应力差远小于流体净压力，则由流体压力和应力的共同作用产生的断裂荷载几乎不变，因此应力屏障将较弱。相反，如果应力差大于流体净压力，断裂载荷将发生变化，而应力变化的影响也不容忽视。因此，无量纲应力降可用应力降 $\Delta\sigma$ 的实际值与径向裂缝净压力的比值来表示。对于黏度控制阶段中裂缝扩展中的无量纲应力降变为（Dontsov, 2016）

$$\Delta\Sigma_{\text{M}} = \frac{\Delta\sigma t^{1/3}}{\mu'^{1/3}E'^{2/3}} \tag{5-9}$$

如果 $\Delta\Sigma_{\text{M}} \ll 1$，那么应力降对解的影响很小，可以忽略不计。同时，如果 $\Delta\Sigma_{\text{M}} \gg 1$，那么应力降会显著影响求解。对于 1MPa 的应力屏障来说，这个无量纲参数等于 2.6。因此，应力降应足够大，才能对求解产生影响。

值得注意的是，无量纲参数的推导完全基于比例缩放，更加系统地研究无量纲应力降的影响范围是十分必要的。对于韧性，滤失黏度和滤失韧性控制机制（Detournay, 2016; Dontsov, 2016），无量纲参数变为

$$\Delta\Sigma_{\text{K}} = \frac{\Delta\sigma E'^{1/5}Q_0^{1/5}t^{1/5}}{K'^{6/5}},\ \Delta\Sigma_{\widetilde{\text{M}}} = \frac{\Delta\sigma Q_0^{1/8}t^{3/16}}{\mu'^{1/4}E'^{3/4}C'^{3/8}},\ \Delta\Sigma_{\widetilde{\text{K}}} = \frac{\Delta\sigma Q_0^{1/4}t^{1/8}}{K'C'^{1/4}} \tag{5-10}$$

这些无量纲应力降只能应用于相应的扩展阶段，如果裂缝处于过渡区，则可以取不同区域的无量纲应力参数中的最小值来进行估算。为说明上述表达，对当前参数和 1MPa 的应力降条件下进行计算，$\Delta\Sigma_{\text{M}}$=2.6，$\Delta\Sigma_{\text{K}}$=3.3，$\Delta\Sigma_{\widetilde{\text{M}}}=\Delta\Sigma_{\widetilde{\text{K}}}=\infty$。可以看出，最小值确实对应于黏度控制阶段。

5.3.2　基准算例

基准模型模拟 24min 的注入过程，注入速度为 0.01m³/s。图 5-3 表示注入时间分别为 6min、12min、18min 和 24min 的缝宽等值线，作图区域为 240m×240m。从注入点开始，裂缝以径向裂纹的形式扩展。裂缝尖端一旦进入低应力区，则迅速向上扩展，在低应力区形成“缺口型”径向裂缝。随着注入的继续，低应力区的最大缝宽逐渐超过高应力区的最大缝宽，但界面处的裂缝缝宽最小。图 5-4 分别为 12min

和 24min 两个不同注入时间的流体压力等值线。在高应力区，流体压力从注入点开始呈径向对称衰减。低应力区流体压力较小，并从界面向尖端区域逐渐降低。

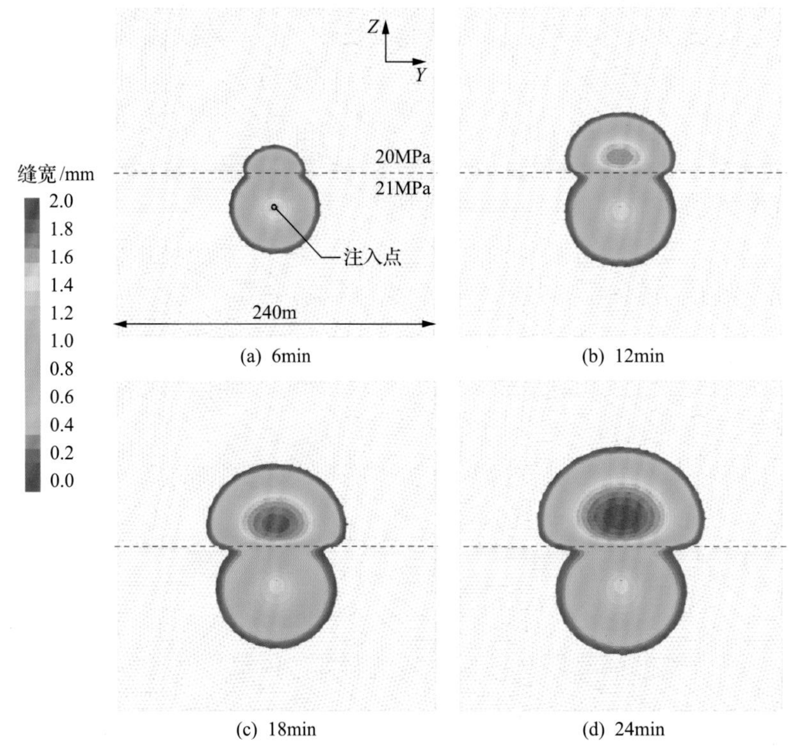

图 5-3　不同注入时间的缝宽等值线

绘图区域为 240m×240m

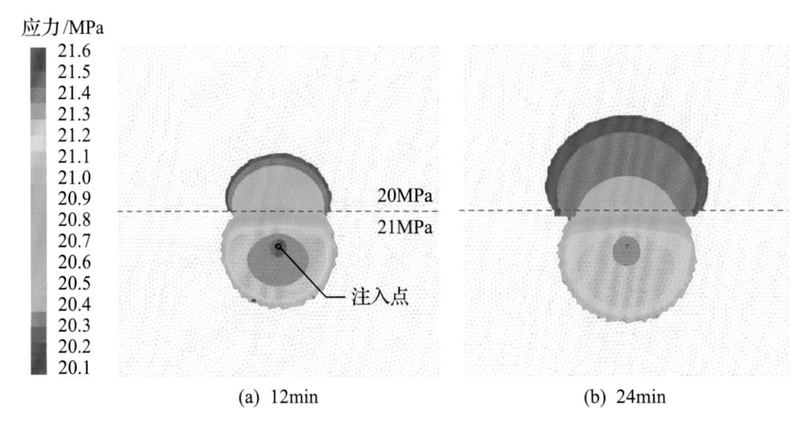

图 5-4　不同注入时间的流体压力等值线

为了更好地研究界面处的流固耦合行为，图 5-5 绘制了不同注入时间下流体压力和缝宽沿垂直对称轴(y=0)的分布。其结果表明，缝宽剖面在低应力区有一个峰值，在高应力区有另一个峰值。在注入模拟的后半段，低应力区的缝宽峰值(2.14mm)高于高应力区(1.54mm)。界面效应引起的最小缝宽与应力降界面不完全吻合，而是向高应力一侧偏移。当裂缝尖端到达界面时，由于上部法向应力较低，裂缝有迅速向上扩展的趋势，这就需要更多的流体填充低应力区的张开裂缝。因此，注入点和界面之间的区域内的流体流速增加。这导致压力梯度增大，最终使界面附近的压力小于远场应力。

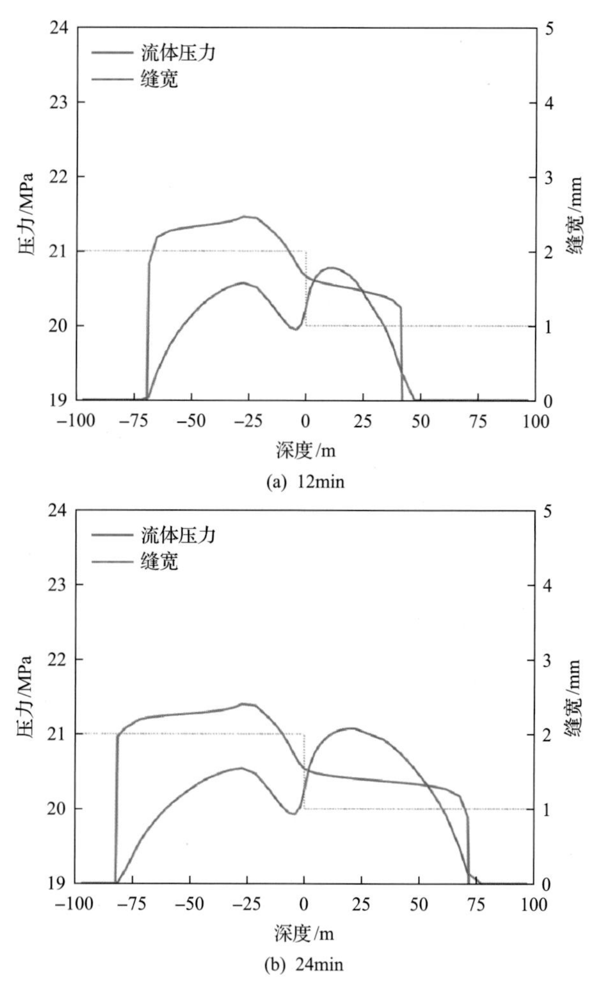

图 5-5 不同注入时间流体压力和缝宽沿垂直对称轴（$y=0$）的分布

5.3.3 模型验证

为了验证模型，使用隐式水平集算法（ILSA）计算了基准算例的数值解（Peirce, 2015）。图 5-6 为 3DEC 和 ILSA 计算的裂缝边界对比。圆圈表示 3DEC 中水力裂缝的尖端点，虚线表示 ILSA 结果。裂缝形状一致，除了 3DEC 中的裂缝在沿前缘的任意处都大约大一个单元。这可以解释为 3DEC 中裂缝的延伸是通过以离散的方式断开一个接一个的节点单元，而裂缝前端在 ILSA 中是连续演化的。因此，3DEC 的计算结果总是以单元大小的一部分“超前”于 ILSA。图 5-7 比较了两种不同数值算法计算的流体压力和裂缝缝宽沿垂直对称线（$y=0$）的分布。ILSA 在注入点附近有一个尖锐的压力峰，而 3DEC 对此峰并不突出。此压力峰的形成是由注入点附近的对数压力奇异性引起的。由于 3DEC 使用的网格要粗得多，因此无法解决这种奇异性，而 ILSA 使用的网格要细得多，因此可以更准确地捕捉这种行为。同时，流体压力之间也有一个小的偏移量，3DEC 预测的压力比 ILSA 计算的压力大。相反，在图 5-7(b)所示的缝宽中，两种算法之间仅有非常小的差异。值得一提的是，3DEC 在裂缝尖端附近有一个非常特殊的行为。由于前缘处的离散性，尖端处的单元可以打开，但不能完全充满流体，如图 5-7(b)所示，深度约为 70m。

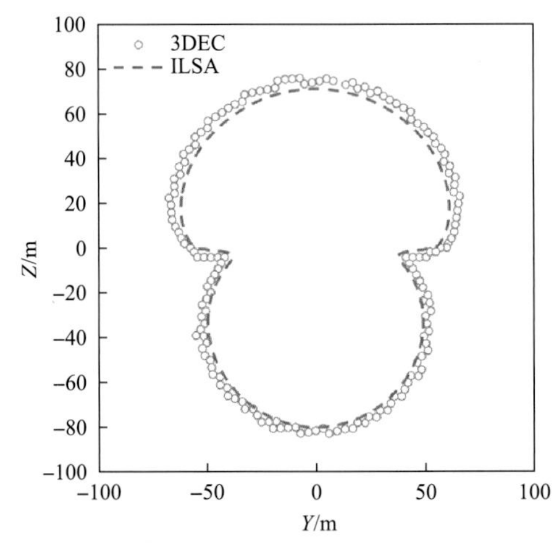

图 5-6　使用 3DEC 和 ILSA 计算的裂缝剖面对比

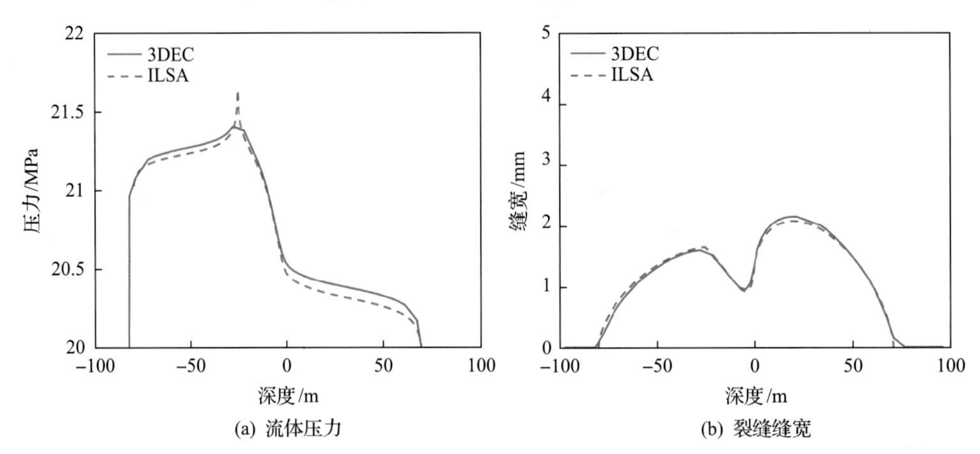

(a) 流体压力　(b) 裂缝缝宽

图 5-7　3DEC 和 ILSA 计算的流体压力和裂缝缝宽的剖面对比

5.4　水力裂缝宽度及支撑剂运移特征

为研究应力降对支撑剂运移的影响，本节测试了三种不同支撑剂粒径的情况：100 目(0.149mm)、60 目(0.25mm)和 40 目(0.425mm)，并与无支撑剂的基准算例进行了比较。支撑剂的泵送时间如图 5-8 所示，从第 4min 开始进行支撑剂注入、体积浓度为 0.05，第 8min 体积浓度增加到 0.1。图 5-9 和图 5-10 分别绘制了四种不同情况下裂缝缝宽和 24min 流体压力的等值线，分别对应无支撑剂、100 目支撑剂、60 目支撑剂和 40 目支撑剂。支撑剂体积较小的两例(即 100 目和 60 目)的缝宽分布与无支撑剂的基准算例相似。但支撑剂粒径最大(40 目)的情况对裂缝缝宽影响较大。例如，与其他三种情况相反，注入点附近的缝宽明显大于低应力区的缝宽；另外，大部分裂缝位于高应力区，与其他三例相反。图 5-10 中的流体压力表明，高应力区流体压力升高，低应力区流体压力降低，并且支撑剂目数越大，流体压力差越明显。

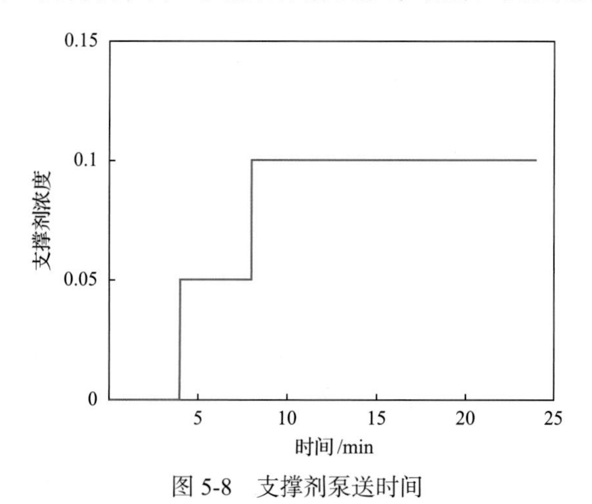

图 5-8　支撑剂泵送时间

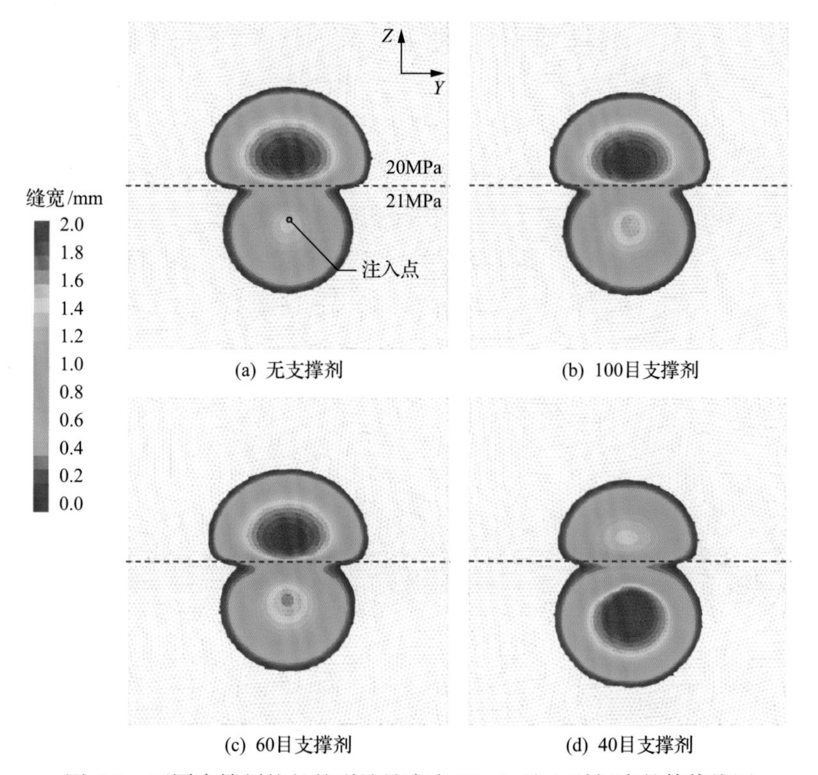

图 5-9　不同支撑剂粒径的裂缝缝宽在 24min 注入时间内的等值线图

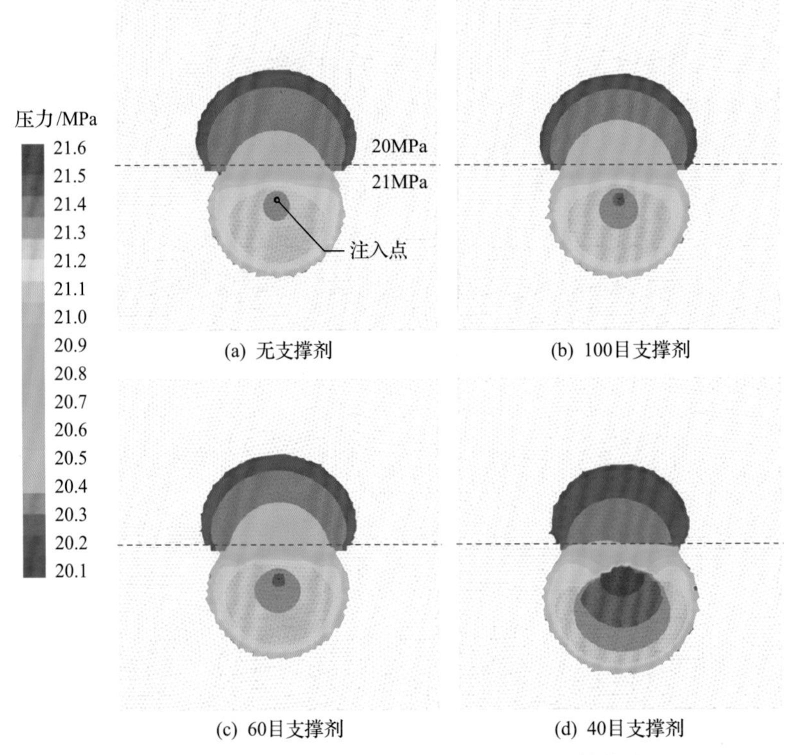

图 5-10　不同支撑剂粒径注入时流体压力等值线

图 5-11 和图 5-12 分别绘制了三种不同尺寸的支撑剂在注入 24min 时的铺置厚度和浓度的等值线。由于支撑剂的尺寸较小，100 目支撑剂能够进入低应力区而不会受界面影响。60 目支撑剂仍可进入低应力区，但被裂缝较窄的区域阻挡，如图中红色区域所示，该区域支撑剂最大浓度为 0.7。最大的 40 目支撑剂，由于裂缝开启时的挤压作用而不能穿过(甚至不能到达)应力降界面，注入点上方区域出现局部屏蔽。因此，压裂液需要流经渗透性差得多的支撑剂充填层，这就减少了压裂液对低应力区的供应，导致高应力区压裂液体积的累积，注入点附近的流体压力升高。

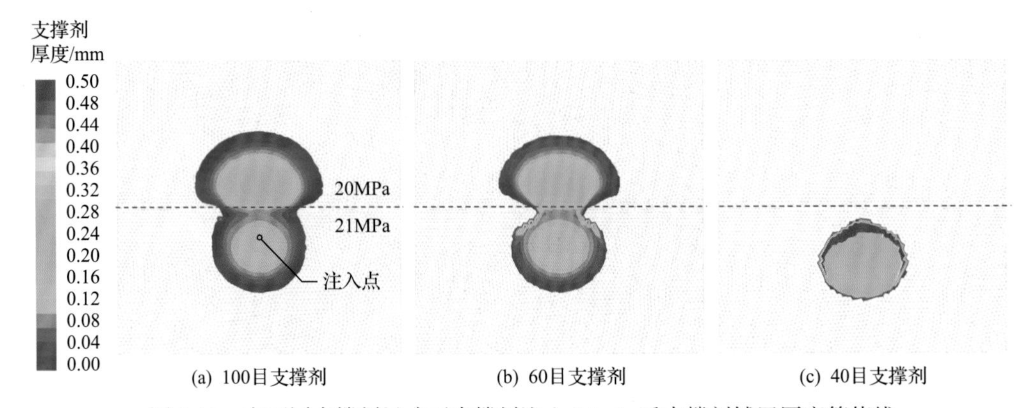

图 5-11　在不同支撑剂尺寸下支撑剂注入 24min 后支撑剂铺置厚度等值线

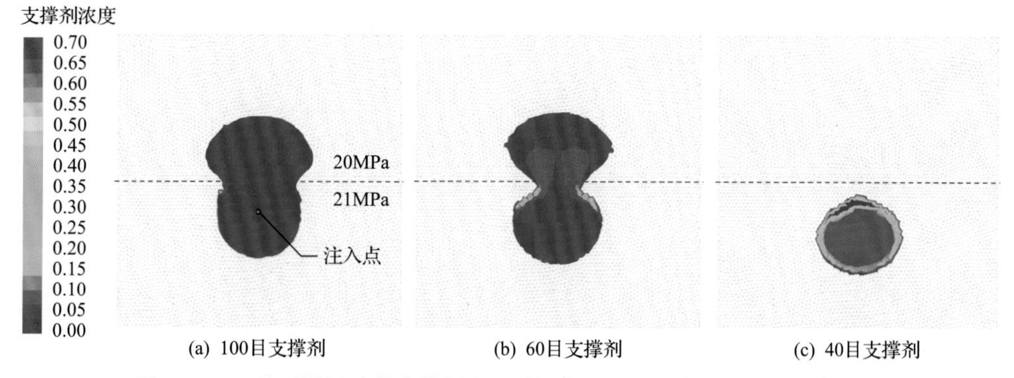

图 5-12　三种不同尺寸的支撑剂注入时间为 24min 时支撑剂浓度的等值线

为了量化支撑剂沿缝高的分布，按垂直坐标–100～98m 将模型均分为 33 个单元，平均宽度为 6m。然后将每个单元内的支撑剂质量沿水平方向求和作为纵坐标，以对应单元的质心为横坐标，绘制图 5-13 中曲线。100 目和 60 目支撑剂的情况下，支撑剂分布的形状与裂缝缝宽剖面相符，并在低应力区和高应力区均出现峰值。一半以上的支撑剂质量(100 目 58.9%，60 目 54.9%)到达低应力区。对于最大 40 目支撑剂的情况，由于不能穿过界面附近的小缝宽区，所有支撑剂都停留在高应力区。因此，就本节中的参数而言，支撑剂的临界尺寸为 60～40 目。当支撑剂粒径小于临界粒径时，支撑剂会穿过界面到达低应力区，否则会停留在高应力区内。

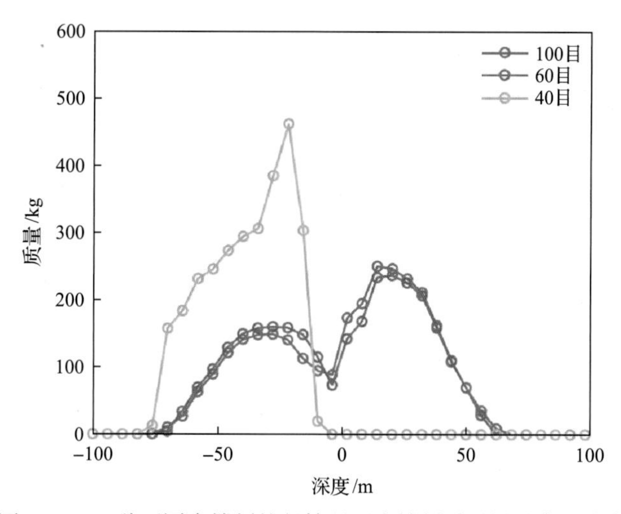

图 5-13　三种不同支撑剂粒径情况下支撑剂质量沿缝高的分布

图 5-14 比较了不同支撑剂尺寸下沿垂直对称线的缝宽和流体压力。通过比较基准算例和 100 目支撑剂情况，添加支撑剂会增加流体黏度，并导致高应力区缝宽略有增加。因此，对于使用小尺寸支撑剂的情况，挤压作用实际上得到了缓解。尽管图 5-11 和图 5-12 中所示的支撑剂分布在界面附近区域明显不同，100 目和 60 目支撑剂的两种情况具有几乎相同的压力和缝宽剖面。而使用 40 目支撑剂的情况与其他三种情况相比，则具有显著不同的压力和缝宽剖面。而有趣的是，由于支撑剂的屏

蔽，高应力区的缝宽增大。因此，与其他三种情况相比，使用 40 目支撑剂的上部裂缝高度增长较少，下部裂缝扩展较多，支撑剂屏蔽导致注入点与界面之间区域的流体压力梯度增大。

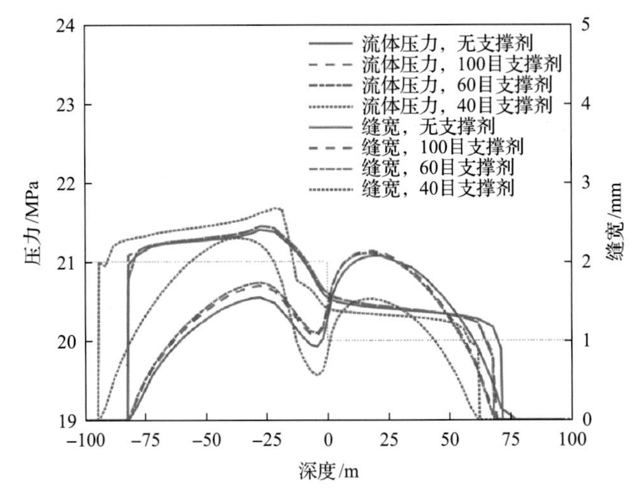

图 5-14　不同支撑剂尺寸下沿垂直对称线（y=0）的缝宽和流体压力对比图（注入时间 24min）

图 5-15 为不同支撑剂粒径下，注入点的净压力演化的对比图。支撑剂为 100 目和 60 目的两种情况下，具有相同的压力演化历程。同时，它们的净压力均大于无支撑剂时的基准情况，在注入结束时，其差值达到 0.04MPa。在泵送结束时，40 目支撑剂的屏蔽作用导致压力差更大，增加至 0.16MPa。图 5-16（a）和（b）分别给出了高应力区和低应力区裂缝面积随时间的演化。100 目支撑剂和 60 目支撑剂两种情况的差异较小，与前述的分析一致。基准情况下，低应力区的支撑面积最小，高应力区的支撑面积最大，而 40 目支撑剂的情况正好相反。总裂缝面积和总支撑裂缝面积随时间的变化，分别如图 5-16（c）和（d）所示。裂缝的总面积变化较小，总支撑裂缝面积差异较大，40 目支撑剂比 60 目和 100 目支撑剂的支撑裂缝面积小得多。

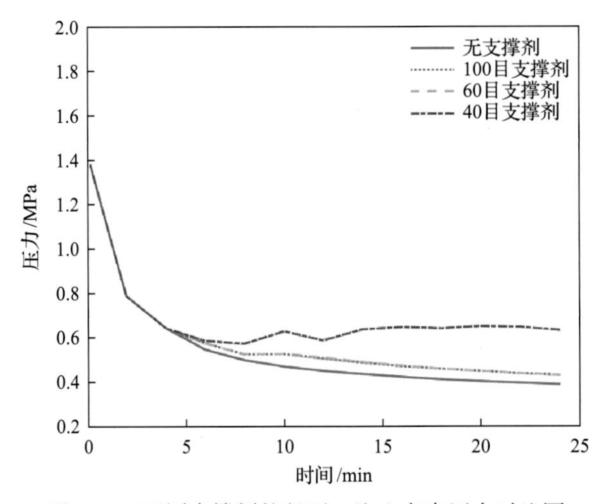

图 5-15　不同支撑剂粒径下，注入点净压力对比图

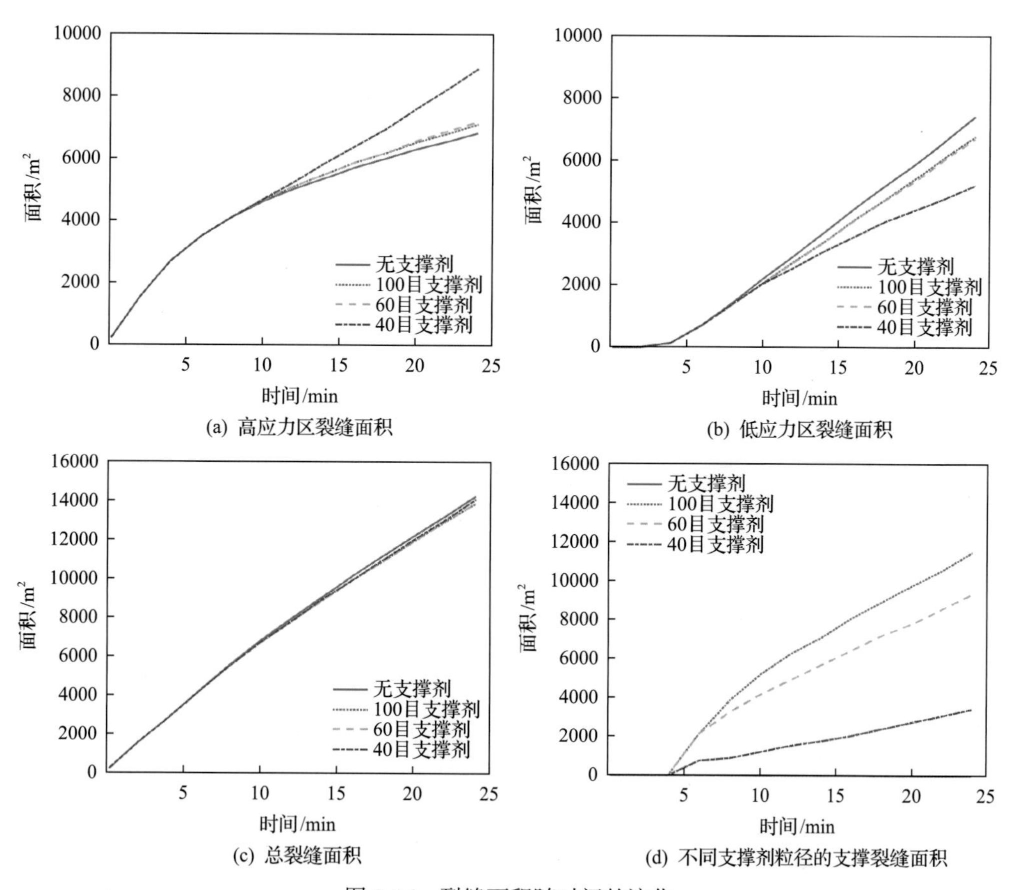

图 5-16 裂缝面积随时间的演化

5.5 支撑剂临界尺寸优化

上述分析表明，应力降的存在造成裂缝的挤压作用对支撑剂运移有很大影响。为了进一步探讨影响挤压作用的因素，考虑了 6 种不同无量纲应力值 $\Delta\Sigma_M$ 的算例：

算例 1: $\mu' = 0.01\text{Pa}\cdot\text{s}$， $E' = 40\text{GPa}$, Q_0 =0.05m^3/s, t =3min, $\Delta\sigma$=0.4MPa；

算例 2: $\mu' = 0.2\text{Pa}\cdot\text{s}$， $E' = 40\text{GPa}$, Q_0 =0.01m^3/s, t =20min, $\Delta\sigma$=0.1MPa；

算例 3: $\mu' = 0.2\text{Pa}\cdot\text{s}$， $E' = 20\text{GPa}$, Q_0 =0.01m^3/s, t =24min, $\Delta\sigma$=1MPa；

算例 4: $\mu' = 2\text{Pa}\cdot\text{s}$， $E' = 20\text{GPa}$, Q_0 =0.01m^3/s, t =42min, $\Delta\sigma$=3MPa；

算例 5: $\mu' = 0.2\text{Pa}\cdot\text{s}$， $E' = 20\text{GPa}$, Q_0 =0.01m^3/s, t =24min, $\Delta\sigma$=2MPa；

算例 6: $\mu' = 1\text{Pa}\cdot\text{s}$， $E' = 10\text{GPa}$, Q_0 =0.02m^3/s, t =25min, $\Delta\sigma$=3MPa。

所有算例中 $K' = 3\text{MPa}\cdot\text{m}^{1/2}$，且假设无滤失。注意，算例 3 是前面介绍的基准算例。根据式(5-9)，无量纲应力值按照算例的顺序编号如下，$\Delta\Sigma_M$={0.90, 1.55, 2.62, 4.40, 5.24, 7.40}。根据式(5-7)，无量纲时间按照算例的顺序编号如下，τ={4, 0.2, 17.5,

0.1, 17.5, 10}。因此，在没有应力屏障的情况下，它们都可视为黏度控制的裂缝（Dontsov, 2016），裂缝尺寸大致相同。

图 5-17 显示了 6 种不同无量纲应力 $\Delta\Sigma_M$ 的裂缝缝宽等值线图。尽管 6 个算例下裂缝的缝宽有很大差异，但其裂缝的尺寸相似。图 5-18 绘制了沿垂直对称线（y=0）的缝宽和流体压力的对比图。可以观察到即使界面挤压处缝宽的绝对值差异较大，但在所有算例中都存在挤压作用，并且挤压作用的强度随着 $\Delta\Sigma_M$ 值的增加而增加。

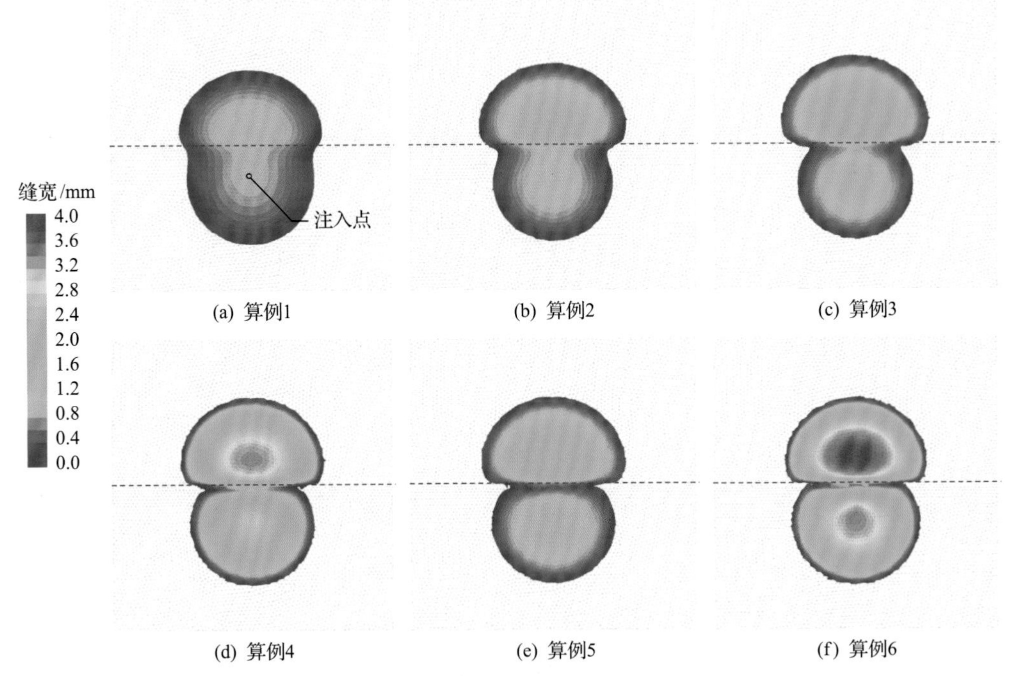

图 5-17　6 种不同无量纲应力 $\Delta\Sigma_M$ 情况下的裂缝缝宽等值线图

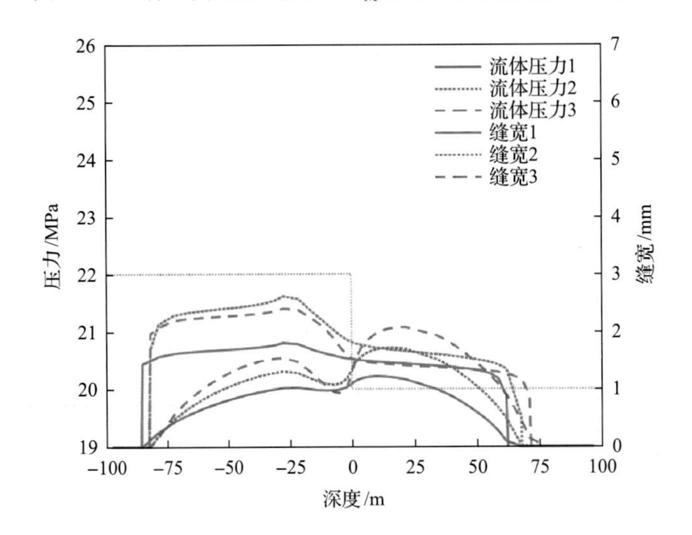

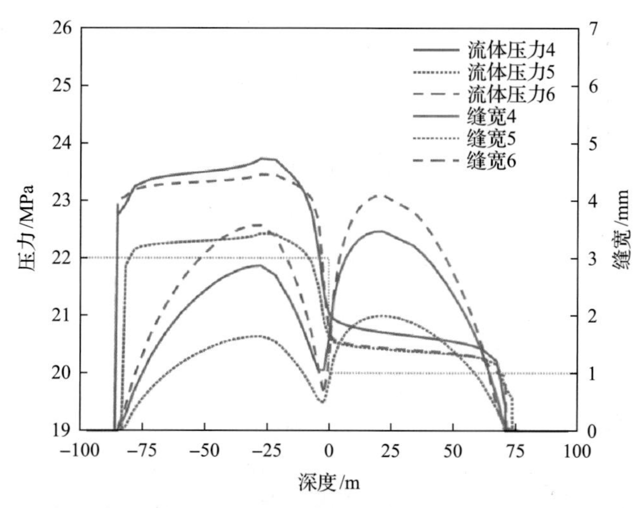

图 5-18　6 种不同 $\Delta\Sigma_M$ 情况下，沿垂直对称线（y=0）的缝宽和流体压力对比图

为了量化界面的挤压效应，引入无量纲挤压缝宽：

$$\Omega_p = \frac{w_p}{w_M} \tag{5-11}$$

$$w_M = 1.19\left(\frac{\mu'^2 Q_0^3 t}{E'^2}\right)^{1/9} \tag{5-12}$$

式中，w_p 为挤压区的最小裂缝缝宽；w_M 为黏度控制机制下径向裂缝在井眼处的缝宽。图 5-19 为这 6 种算例下，无量纲挤压缝宽随无量纲应力 $\Delta\Sigma_M$ 的变化图。显然，尽管输入参数的值不同，但所有情况都遵循相同的曲线。如图 5-19 中的实线所示，结果符合以下关系式：

$$\Omega_p = 0.75 - 0.71\lg \Delta\Sigma_M \tag{5-13}$$

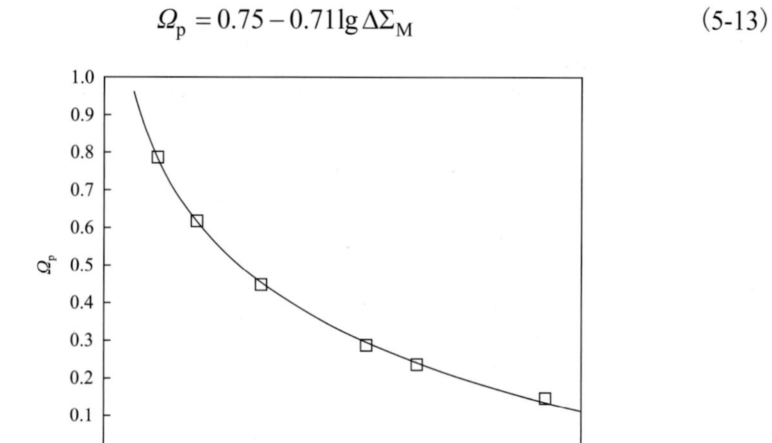

图 5-19　无量纲挤压缝宽随无量纲应力的变化

方形标记为模拟计算结果，黑色实线为最佳拟合结果

当裂缝以黏度控制机制扩展时，该方程可用于计算任何输入参数下，在挤压区的缝宽。值得一提的是，当应力超过本节中考虑的 $\Delta\Sigma_M$ 值时，该公式并不适用。例如，如果注入正好在两层之间的界面上，对于 $\Delta\Sigma_M=0$，无量纲挤压缝宽变得异常，这显然不符合实际，因为在这种情况下，裂缝应该是径向的，即 $\Omega_p=1$。当参数对应的是黏度控制机制区域，式(5-9)～式(5-13)可以结合起来，以确定任意参数下挤压缝宽随时间的演化。

图 5-20 绘制了使用所开发模型计算的挤压处的裂缝缝宽(黑色实线)，并将其与数值计算值(方形标记)进行比较。水平虚线表示架桥缝宽，等于颗粒直径的 3 倍。图中分别给出了 3 种支撑剂粒径(40 目、60 目和 100 目)所对应的曲线，该模型能够基本吻合数值计算结果。需要说明的是，初始差值是井眼距离地层边界 25m 造成的。因此，在裂缝穿过边界之前，挤压缝宽为零。然后，渐渐逼近模型的预测值。对比架桥缝宽与模型结果，得出 60 目和 100 目支撑剂能够穿过挤压区，而 40 目支撑剂会被卡住，该结果与图 5-11 中一致。

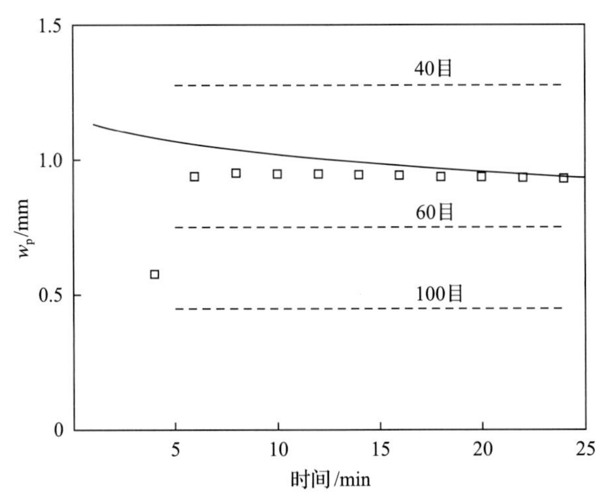

图 5-20　算例 3 中挤压区缝宽随时间的演化历程

算例结果表明，为避免界面附近的支撑剂卡阻，应使用 60 目和 100 目支撑剂。而本节所得到的无量纲挤压缝宽与无量纲应力的关系式，可用于估算任意注入和岩石参数下的挤压缝宽。随后，可以通过绘制与图 5-20 类似的图，确定支撑剂的临界尺寸。

5.6　本 章 小 结

本章结果表明，应力界面的挤压对支撑剂的运移有很大影响。支撑剂的临界尺寸可根据支撑剂被堵塞而不能进入低应力区时确定。由于屏蔽效应会引起低应力区流体流量的减少，大尺寸的支撑剂会进一步加剧挤压作用。相反，与无支撑剂的流体相比时，较小支撑剂可使压裂液黏度增加，从而减轻挤压。此外，本章还建立了以黏度控制裂缝的挤压缝宽与支撑剂运移参数之间的关系式，可用于估算任意给定注入和岩石参数下的挤压缝宽。因此，在裂缝扩展数值模拟时，有必要考虑支撑剂、流体和岩石之间的耦合关系，以选择最佳支撑剂粒径。

第 6 章

簇式支撑高导流通道的形成机制研究

本章通过含湍流的格子玻尔兹曼方法求解流场流速分布，采用浸入式动边界耦合计算方法，实现支撑剂颗粒与流体之间的双向耦合计算；应用相似理论，建立了脉冲加砂条件下支撑剂簇运移-沉降的 DEM-CFD 耦合数值模型，编制了支撑剂簇颗粒运移-沉降程序，并对所建立的模型进行室内大型物理模拟实验验证(温庆志等, 2014；朱海燕等, 2015)，开展了支撑剂密度、压裂液排量、射孔参数和脉冲频率等对支撑剂簇团运移-沉降的影响规律研究，探讨了支撑剂簇团的运移形态及沉降机理，推荐了形成有效高导流通道的压裂参数。

6.1 基于离散元固液两相模拟

离散元法，由 Cundall 等在 20 世纪 70 年代首次提出，并在很多研究领域得到继承和发展，是一种适合非连续介质行为的数值模拟方法(Cundall, 1971; Cundall and Strack, 1979)。它从离散单元之间的接触角度出发，将整个离散颗粒群体假设为由一定形状和质量的离散单元组成，在每一个离散单元中赋予一定的物理属性，然后构建离散单元与离散单元之间、离散单元与作用边界之间的力学关系模型，通过求解离散单元运动的速度、加速度及位移，得到该离散颗粒群体中每个离散单元的运动情况。其主要优点是可以使用简单数据对很复杂的系统进行建模，不需要进行较大的假设或简化。

流固两相流是指由流体与固体颗粒共同组成的流动系统，其中流体通常以连续的形式存在，而固体颗粒则分散在流体中。采用 DEM 与 CFD 耦合的方法，可以有效模拟出流固两相流的运动变化情况。DEM-CFD 耦合方法的基本思想是：采用 DEM 方法求解固体颗粒的运动情况，而采用 CFD 方法来求解流场的变化，并分析流体与固体颗粒之间的相互影响。该方法的优点在于，不管是流体还是固体颗粒都可以根据自身特点采用更合适的方法进行数值模拟，并考虑固体颗粒的大小、形状和流体的存在形态等属性，从而可以更加精确地描述两相流中固体颗粒的运动状态、流场的形态及两者的双向耦合作用。

6.2 支撑剂簇运移-沉降的 DEM-CFD 耦合数值模型

6.2.1 支撑剂颗粒及簇团的离散元模型

支撑剂球体颗粒之间轻微接触，并视为动态作用过程，接触力随时间产生和消失，不考虑颗粒接触时的屈服，仅仅考虑弹性接触和黏弹性接触。根据牛顿第二定律，单个支撑剂颗粒的加速度及受力情况如下所示：

$$
\begin{aligned}
& m\frac{\mathrm{d}^2\vec{x}}{\mathrm{d}t^2}=\overrightarrow{F_\mathrm{c}}+\overrightarrow{F_\mathrm{b}}+\overrightarrow{F_\mathrm{h}} \\
& I\frac{\mathrm{d}\vec{\omega}}{\mathrm{d}t}=\overrightarrow{T_\mathrm{c}}+\overrightarrow{T_\mathrm{h}} \\
& \overrightarrow{F_\mathrm{b}}=mg-\frac{4}{3}\pi R^3\rho_\mathrm{h}
\end{aligned} \tag{6-1}
$$

式中，$\overrightarrow{F_\mathrm{c}}$ 为接触力；$\overrightarrow{F_\mathrm{b}}$ 为颗粒在流体中的重力与浮力的合力；$\overrightarrow{F_\mathrm{h}}$ 为流体对颗粒的拖拽力；$\frac{\mathrm{d}^2\vec{x}}{\mathrm{d}t^2}$ 为加速度；m 为支撑剂颗粒的质量；$\overrightarrow{T_\mathrm{c}}$ 为接触力产生的力矩；$\overrightarrow{T_\mathrm{h}}$ 为流体拖拽产生的力矩；$\frac{\mathrm{d}\vec{\omega}}{\mathrm{d}t}$ 为角加速度；I 为转动惯量。

在每一个时间步长中，计算加速度，并采用中心差分计算颗粒的速度，颗粒的位置迭代计算如下所示：

$$
\begin{aligned}
& \vec{x}^{t+\Delta t}=\frac{\vec{x}^{t}+\Delta t_{\mathrm{DEM}}\left\{\vec{v}^{t}\left[1-(c/m)(\Delta t_{\mathrm{DEM}}/2)\right]+\vec{F}(\Delta t_{\mathrm{DEM}}/m)\right\}}{1+(c/m)(\Delta t_{\mathrm{DEM}}/2)} \\
& \vec{\theta}^{t+\Delta t}=\frac{\vec{\theta}^{t}+\Delta t_{\mathrm{DEM}}\left\{\vec{\omega}^{t}\left[1-(c'/I)(\Delta t_{\mathrm{DEM}}/2)\right]+\vec{T}(\Delta t_{\mathrm{DEM}}/I)\right\}}{1+(c'/I)(\Delta t_{\mathrm{DEM}}/2)}
\end{aligned} \tag{6-2}
$$

式中，$\vec{F}$ 和 $\vec{T}$ 为实时的合力与合力矩；Δt_{DEM} 为 DEM 中的时间步长；t 和 $t+\Delta t$ 分别为瞬时时间步和下一个时间步。

因此，每个颗粒在任何时间步上的完整信息就以此表达。故可运用 DEM 方法来分析颗粒的运动形态。在研究颗粒间的黏聚力时，将打破接触时的最大张力定义为分离力 P_c，便可使支撑剂颗粒间形成黏结，出现支撑剂簇团。其计算方法如下：

$$
\begin{aligned}
& P_\mathrm{c}=3\pi\gamma R^* \\
& \frac{1}{R^*}=\frac{1}{R_A}+\frac{1}{R_B} \\
& \overline{P_\mathrm{c}}=K\overline{mg}
\end{aligned} \tag{6-3}
$$

式中，γ 为固体颗粒表面能；R^* 为等效半径；R_A 和 R_B 为接触两颗粒的半径；K 为平均黏结强度与平均颗粒重量的比值。

6.2.2 支撑剂颗粒-流体双向耦合的 LBM 模型

1. 基于含湍流的格子玻尔兹曼方法的流体模型

不像传统的计算流体动力学，格子玻尔兹曼方法(Lattice Boltzmann Method，LBM)建立在微观动力学模型上，从而避免了单个微分方程的直接求解。LBM 方法是对坐标空间、速度空间和时间进行完全地离散，且含有显式的时间步长过程(Chen and Doolen, 1998）。在该方法中，流体域以均匀的间隔划分为规则的网格 Δh。流体被视为一簇微元粒子，假定这些微元粒子都驻留在每个网格节点上。在每个计算周期中，微粒要么在它现有的位置(与零速度 $\vec{e_0}$ 一致)，要么运动到与之相邻的一个节点上(离散速度记为 $\vec{e_0}$)。在二维模拟中，D2Q9 模型应用广泛，九节点的离散速度示意图(图 6-1)及表达式如下所示：

$$\vec{e_i}=C\left\{\cos\left[\frac{\pi(i-1)}{2}\right],\sin\left[\frac{\pi(i-1)}{2}\right]\right\}\quad(i=1,2,3,4)$$

$$\vec{e_i}=\sqrt{2}C\left\{\cos\left[\frac{\pi(2i-9)}{4}\right],\sin\left[\frac{\pi(2i-9)}{4}\right]\right\}\quad(i=5,6,7,8)\tag{6-4}$$

$$C=\frac{\Delta h}{\Delta t_{\mathrm{LBM}}}$$

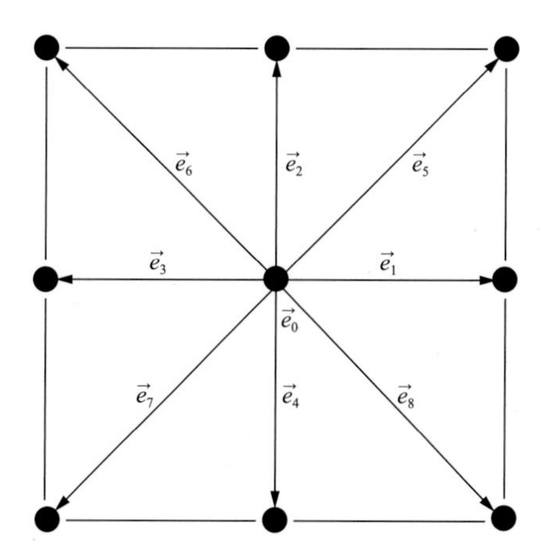

图 6-1　D2Q9 模型中的离散速度

格子玻尔兹曼 BGK 模型表示如下(Chen and Doolen, 1998)：

$$f_i(\vec{x}+\vec{e_i}\Delta t_{\mathrm{LBM}},\ t+\Delta t_{\mathrm{LBM}})=f_i(\vec{x},\ t)-\frac{1}{\tau}\left[f_i(\vec{x},\ t)-f_i^{\mathrm{eq}}(\vec{x},\ t)\right]\quad(i=0,\cdots,n)\tag{6-5}$$

式中，f_i 为密度分布函数，其表示了在沿第 i 方向上以 $\vec{e_0}$ 离散速度向网格节点运动的微粒可能数量；τ 为无量纲弛豫时间；f_i^{eq} 为系统处于平衡状态时的分布函数，其值取决于流体密度和速度。

$$f_i^{\mathrm{eq}}=t_i\rho[1+3(\vec{e_i}\cdot\vec{u})+\frac{9}{2}(\vec{e_i}\cdot\vec{u})^2-\frac{3}{2}(\vec{u}\cdot\vec{u})]$$

$$t_0=4/9;\ t_i=1/9,\ i=1,2,3,4;\ t_i=1/36,\ i=5,6,7,8\tag{6-6}$$

在每一个迭代周期中对密度分布函数进行求解，得到宏观流体性质，如下所示：

$$\rho=\sum_{i=0}^{8}f_i;\ \ \Delta p=\frac{C^2}{3}\Delta\rho;\ \ \vec{u}=\frac{\sum_{i=0}^{8}f_i\vec{e_i}}{\rho}\tag{6-7}$$

另外，为减少运算量，将大涡模拟(Large Eddy Simulation，LES)引入 LBM 中：

$$\widetilde{f}_i(\vec{x}+\vec{e}_i\Delta t_{\mathrm{LBM}},\ t+\Delta t_{\mathrm{LBM}})=\widetilde{f}_i(\vec{x},\ t)-\frac{1}{\tau_{\mathrm{total}}}[\widetilde{f}_i(\vec{x},\ t)-\widetilde{f}_i^{\mathrm{eq}}(\vec{x},\ t)]\quad (i=0,\cdots,n) \tag{6-8}$$

式中，$\widetilde{f}_i$ 和 $\widetilde{f}_i^{\mathrm{eq}}$ 分别为筛选后的密度分布函数和系统处于平衡状态时的筛选后的分布函数；τ_{total} 为总弛豫时间，它受到流体黏度和湍流黏度的影响。

τ_{total} 的计算将采用 Smagorinsky 亚格子模型，计算式如下：

$$\begin{aligned}\tau_{\mathrm{total}}&=\frac{1}{2}\left(\tau+\sqrt{\tau^2+\frac{18\Delta h S_{\mathrm{c}}^2}{\rho C^3}\sqrt{2\sum_{i,j}\widetilde{Q_{ij}}^2}}\right)\\ \widetilde{Q_{ij}}&=\sum_{\alpha=0}^{8}\overrightarrow{e_{\alpha i}}\overrightarrow{e_{\alpha j}}(\widetilde{f_\alpha}-\widetilde{f}_\alpha^{\mathrm{eq}})\end{aligned} \tag{6-9}$$

式中，S_{c} 为 Smagorinsky 常数；$\widetilde{Q_{ij}}$ 为非平衡状态下分布函数的二阶矩量；$e_{\alpha i}$、$e_{\alpha j}$ 为离散速度向量。

可见 LBM 方法在小规模数值模拟上有较高的计算效率。主要由于这个湍流模型的加入减少了计算量，且该模型只需要流体的局部特征参数。另外，LBM 模型还能提供流体更详细的参数。尤其是随着边界条件的变化，LBM 方法能描述在局部流动中运动的固体边界的影响。

2. 支撑剂颗粒与流体质点的双向耦合

双向耦合的基本原则是：流体质点流动遇到支撑剂时，将其视为边界，流线改变；流体对支撑剂作用的力和力矩，使支撑剂运动轨迹发生变化。在流固双向耦合中，水力半径 R_{h}(不同于实际球体的半径 R)将简化成圆柱体来计算其等价的流体拖拽力。

$$\begin{aligned}\frac{\overrightarrow{F_{\mathrm{D}}}(\text{柱体})}{\overrightarrow{F_{\mathrm{D}}}(\text{球体})}&=\frac{(1/2)\rho\vec{v}^2A(\text{柱体})C_{\mathrm{d}}(\text{柱体})}{(1/2)\rho\vec{v}^2A(\text{球体})C_{\mathrm{d}}(\text{球体})}\\&=\frac{C_{\mathrm{d}}(\text{柱体})}{C_{\mathrm{d}}(\text{球体})}\frac{R_{\mathrm{h}}/R}{0.25\pi}\equiv1\\ R_{\mathrm{h}}/R&=0.25\pi\frac{C_{\mathrm{d}}(\text{柱体})}{C_{\mathrm{d}}(\text{球体})}\end{aligned} \tag{6-10}$$

式中，$\overrightarrow{F_{\mathrm{D}}}$ 为拖拽力；$\vec{v}$ 为物体相对于流体的速度；A 为参考面积；C_{d} 为阻力系数，仅与颗粒的雷诺数有关。本章将流体入口处雷诺数视为大于 1000，C_{d} 为 0.44。所以计算得到水力半径与球体半径比值 R_{h}/R=0.8。

所采用的水力半径比真实球体半径更小，理想的物理条件为在二维空间模拟中流体不能穿过密集的颗粒群。

该流固双向耦合模拟包含两个部分：

(1)在流体计算中，固体颗粒被视为边界；

(2)流体对颗粒产生的拖拽力和力矩是从流体计算中获得，并用于固相计算中。该部分解释了液相中的边界处理办法和流体的力、力矩的计算思路。

为了描述固相的边界，圆柱形颗粒像圆盘一样正面投影，首先映射到二维 LBM 网格上。盘状点阵见图 6-2，这些节点穿过圆盘的边界被称为边界节点。圆盘边界节点内部和另一个外部节点的连接被称为边界连接。然后在 LBM 网格的基础上画出边界连接的所有点并生成圆盘面。由于该方法采用逐步点阵替代模拟，很难实现精确的模拟，除非采用足够小的网格。

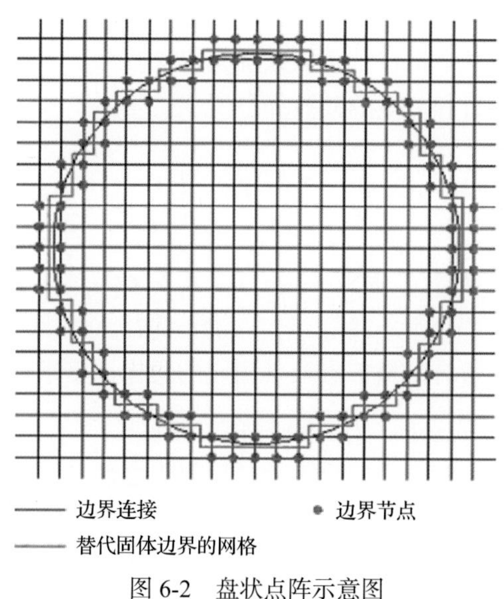

图 6-2 盘状点阵示意图

为了让节点更平滑精确地得到模拟，本章采用一种浸入式动边界方法。该方法中，边界单元被引入到每个边界节点，这个单元的面积等于网格在二维平面模型中的面积(图 6-3)。

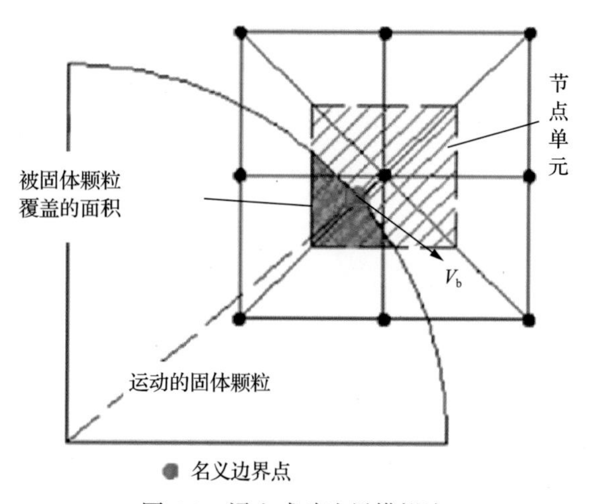

图 6-3 浸入式动边界模拟法

该方法中，网格的中心就是这个单元的中心。网格中被固体颗粒覆盖的区域与总网格区域的体积分数被称为局部固/液比 λ。采用权重系数 B 代入 LBM 方程中化简。B 的值由局部固/液比 λ 决定。

$$
\begin{aligned}
& f_i(\vec{x}+\vec{e}_i\Delta t_{\text{LBM}},\ t+\Delta t_{\text{LBM}}) \\
&= f_i(\vec{x},\ t)-\frac{1}{\tau}(1-B)[f_i(\vec{x},\ t)-f_i^{\text{eq}}(\vec{x},\ t)]+B\Omega_i^{\text{S}} \quad (i=0,\cdots,8) \\
& \Omega_i^{\text{S}} = f_{-i}(\vec{x},\ t)-f_i(\vec{x},\ t)+f_i^{\text{eq}}(\rho,\ \vec{v_{\text{b}}})-f_{-i}^{\text{eq}}(\rho,\ \vec{u})
\end{aligned}
\tag{6-11}
$$

式中，Ω_i^{S} 表示由于相邻颗粒运动而引起的流体对特定边界节点的影响；$\vec{v_{\text{b}}}$ 为名义边界点上的颗粒速度，本章把权重系数处理为 $B=\lambda$。

所以总的流体拖拽力和力矩的计算如下所示：

$$
\begin{aligned}
\vec{F_{\text{h}}} &= C\Delta h\left(\sum_l B_l \sum_i \Omega_i^{\text{S}}\vec{e_i}\right)D \\
\vec{T_{\text{h}}} &= C\Delta h\sum_l(\vec{x_l}-\vec{x_s})\times\left(B_l\sum_i \Omega_i^{\text{S}}\vec{e_i}\right)D
\end{aligned}
\tag{6-12}
$$

式中，该求和是对当时所有网格节点及其相应的边界连接求得；$\vec{x_l}$ 为网格节点 l 的坐标；$\vec{x_s}$ 为名义边界点的坐标；D 为圆柱颗粒的直径。

这样流体对颗粒产生的合力与合力矩计算出来之后，更新到最开始的 DEM 模型中，即可计算得到颗粒受到的合力与合力矩。

图 6-4 为 DEM-CFD 耦合仿真软件的基本流程图，主要包括两大部分，分别为 DEM 部分和 CFD 部分。其中 DEM 部分根据所设置的力学模型和颗粒参数，运用离散元法计算出颗粒与颗粒之间、颗粒与边界之间、颗粒与流体之间的受力情况，继而得出颗粒的运动情况并将结果写入最终的仿真结果文件中。CFD 部分根据所设置的流体参数，运用中心差分算法求解流场内的变化情况，对于在流场内的颗粒，读取颗粒所在流场网格中的流场速度，并求解出流场对颗粒的作用力及反作用力，根据颗粒对流场的反作用力继续求解流场的速度、压力变化等，将流体的变化情况写入最终的仿真结果文件中。最后，读取最终的仿真结果文件，将计算出的仿真结果显示出来。

6.2.3 支撑剂簇运移-沉降 DEM-CFD 耦合程序求解

1. 实际压裂工程参数分析

中石化胜利油田分公司大北 20-斜 27、垦斜 125、盐 22-22、义 171-1、义 171-斜 3VF、义 171-斜 4VF、义 178、义 441-斜 3、义古 271、永 920-斜 9、桩 601-斜 6、桩斜 172 井等致密油储层，均采用纤维脉冲式加砂压裂技术，陶粒(支撑剂)直径为 0.3～0.6mm，中顶液和携砂液的交替时间分别为 1.6～2.0min(桩斜 172)、1.44～

1.8min(桩 601-斜 6)、1.8～2.0min(永 920-斜 9)、2.0～2.5min(义古 271)、2.0～2.28min(义 441-斜 3)、1.82～2.0min(义 178)、1.67～1.8min(义 171-斜 4VF)、1.67～1.8min(义 171-斜 3VF)、2.0～2.28min(义 171-1)、2.2～2.6min/2.0～2.3min(盐 22-22)、2.0～2.5min(垦斜 125)、2.0～2.28min(大北 20-斜 27)，可见脉冲加砂的时间间隔基本为 1.44～2min。

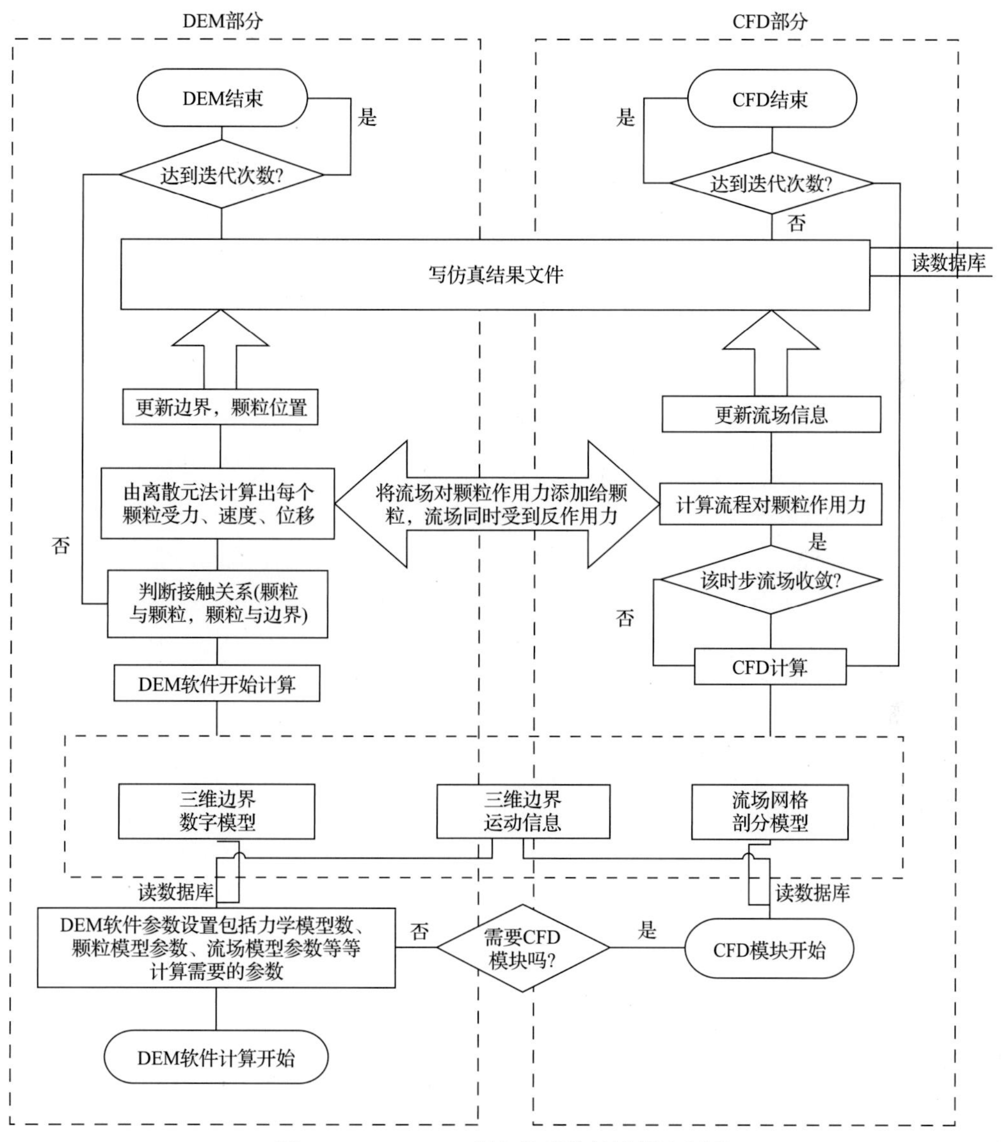

图 6-4　DEM-CFD 耦合仿真软件计算流程图

2. 通道压裂支撑剂簇运移-沉降数值模拟参数

根据相似理论，把油田压裂现场模型按一定比例缩小成室内的模拟模型，各施工参数根据相似准则的约束关系随之进行一定比例的缩放。通过对室内模型用比例缩放后的施工参数进行数值计算，用较短的时间就可以完成实际压裂需要数小时的压裂过程，从而预测实际的压裂效果。本节采用平板裂缝模拟支撑剂颗粒在裂缝内的运移-沉降问题，则平板模型数值模拟参数指标如下：

1) 通过几何相似得到长度尺度

平板模型的几何形状与实际压裂储层几何形状相似，模型中裂缝位置与实际一一对应。据义 171-1 井设计方案，支撑裂缝缝长 121.2～130m，支撑裂缝缝高 36～43.7m，取缝长 120m，缝高 36m。室内大型平板裂缝的支撑剂运移-沉降物理模拟实验系统，其尺寸为长 2m、高 0.6m，则数值模拟长度尺度为缩小 60 倍。

2) 动力相似和运动相似

根据相似原理推导得到的指标，将现场宏观参数转换成实验参数来模拟裂缝中支撑剂颗粒的运移-沉降，通过雷诺相似对泵入排量参数转换。为保证现场人工裂缝与实验平板中具有相同的流体动力学特征，根据雷诺相似原则将现场排量转换为实验排量，计算公式如下：

$$v_{\mathrm{e}}=\frac{v_{\mathrm{f}}}{h_{\mathrm{f}}\times w_{\mathrm{f}}\times 2}\times\left(h_{\mathrm{e}}\times w_{\mathrm{e}}\right) \tag{6-13}$$

式中，v_{e}为室内实验排量，$\mathrm{m^3/min}$；v_{f}为现场排量，$\mathrm{m^3/min}$；h_{f}为人工裂缝高度，m；w_{f}为人工裂缝宽度，mm；h_{e}为平板装置的高度，mm；w_{e}为平板间的宽度，mm。

根据现场压裂施工统计数据，压裂施工排量为 10～18$\mathrm{m^3/min}$，此处假定施工排量为 12$\mathrm{m^3/min}$，分两簇射孔，并假设水力裂缝缝高 30m，缝宽 6mm，根据上述公式计算得到实验排量为 60L/min。为了观察排量对支撑剂颗粒运移规律的影响，考虑设备和实验方案的可行性，又增加实验排量到 80L/min，观察此时的支撑剂颗粒运移规律，对比分析排量对支撑剂砂堤铺置形态的影响。

3) 最终模型尺寸

将裂缝设置为缝高 0.6m，缝宽 0.006m，缝长 2m。入口位于模型左侧上部，均匀分布，每个尺寸为 30mm×6mm，尺寸为 150mm×6mm 出口位于模型右侧上部。流体携带支撑剂颗粒从左上部的入口进入，并从右上部流出(图 6-5)。

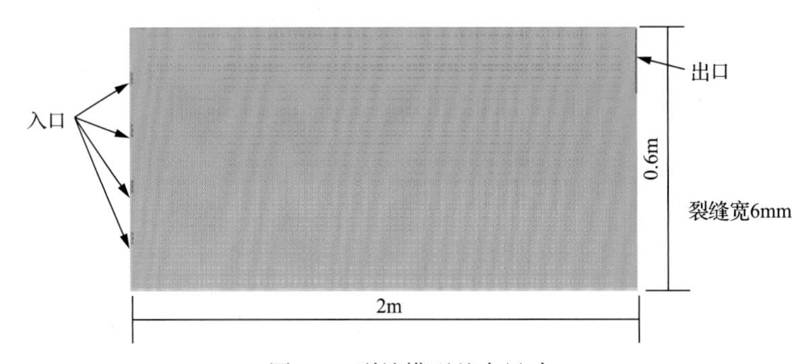

图 6-5　裂缝模型基本尺寸

4)入口条件

为了与之前已开展的相关实验研究作对比，本模拟将射孔数分别定为 1 个、2 个、3 个、4 个，且均匀分布在缝高方向，每个孔眼为直径 15mm 的圆孔。

5)模型输入参数

石英砂的体密度为 1610kg/m^3,粒径为 40/70 目,石英砂粒径为 0.450～0.224mm，颗粒的平均粒径为 0.32mm。数值模拟中颗粒粒径直接定义为平均粒径，能够降低输入支撑剂直径范围变化所带来的附加计算，所以支撑剂粒径采用颗粒的平均粒径，设为 0.32mm，密度设为 1610kg/m^3。为了表示方便，下面各技术参数值均以压裂现场数值表示，如表 6-1、表 6-2 所示。

表 6-1　通过相似关系确定的模拟参数

参数	现场数值	模型数值
裂缝长度/m	120	2
裂缝高度/m	36	0.6
压裂液黏度/(mPa·s)	90	215.6
压裂液密度/(1000kg/m^3)	1.35	1.35
支撑剂密度/(1000kg/m^3)	3	3
排量/(m^3/min)	5	0.08

表 6-2　数值模拟中的相关参数

参数类型	数值
DEM 计算中摩阻系数	0.3
弹性模量/MPa	69
泊松比	0.3
DEM 时间步长/s	2.5×10^{-5}
网格间距/m	1.0×10^{-3}
LBM 时间步长/s	1.0×10^{-4}
无因次弛豫时间	0.5003
Smagorinsky 常数	0.4
水力半径与真实半径之比	0.8

6.2.4　模型验证

目前高导流通道压裂的小型物理模拟主要是支撑剂团的分散性和沉降速度实验，大型物理模拟实验主要有支撑剂团经过管线和孔眼后的稳定性测试，以及单个支撑剂簇在高的闭合压力和流体冲刷下的稳定性研究(杨若愚, 2017)。本节根据前面所确定的模拟参数指标，利用与之对应的“大型平板裂缝可视系统”对支撑剂簇运移-沉降流固耦合模型进行验证。

1）实验仪器

“大型平板裂缝可视系统”是中石化胜利油田分公司石油工程技术研究院特有的物理模拟实验装置（图 6-6），将高导流通道压裂形成的不均匀、非连续的支撑剂颗粒运移-沉降状态可视化，以研究工艺参数对支撑剂铺置的影响。

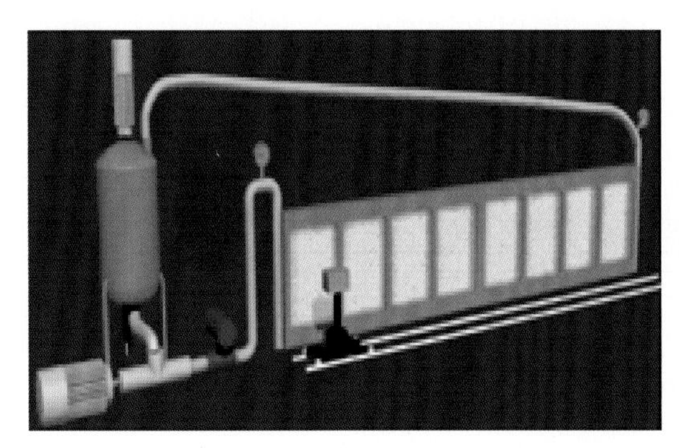

图 6-6　实验装置模拟图与实物图

2）实验方法

在混砂储液罐中配制所需黏度的压裂液，将其和支撑剂、纤维混合均匀。混砂液经泵的输送流经可视平行板裂缝模型，支撑剂在重力、浮力、水平方向液体携带力和黏滞阻力的作用下，在平行板中表现出特定的轨迹，达到模拟支撑剂在储层裂缝中铺置的效果。

3）实验与数值模拟结果对比

高导流通道压裂中的压裂液分加有支撑剂的压裂液（proppant pulse）和不加支撑剂的压裂液（clean pulse），本节中将加有支撑剂的称为压裂液，而不加支撑剂的称为基液。实验中压裂液黏度为 100mPa·s，基液黏度为 10mPa·s。选用 20/40 目陶粒支撑剂，纤维加入比例为 0.07%，砂比为 31%，交联比为 0.3%，支撑剂的注入时间为 20s，间歇性地注入支撑剂。根据相似原理，选用缝口流速为 3.5m^3/h、4.8m^3/h 和 6m^3/h 分别对应现场施工排量 3m^3/min、4m^3/min 和 5m^3/min。高导流通道压裂支撑剂簇的最终铺置情况如图 6-7 所示，数值模拟实验的计算结果如图 6-8 所示。

对比物理实验与数值模拟结果：物理实验中当排量为 3m^3/min 时，支撑剂团无法顺利地进入裂缝，携砂液进入裂缝后快速沉降，在离入口较近的地方快速地形成砂堤，模拟计算 3min 时支撑剂沉降的量主要集中在裂缝离入口较近的部分。现场排量为 4m^3/min 时，物理实验的支撑剂铺置情况较好，但当排量达到 5m^3/min 时支撑剂铺置情况稍差，也就是排量具有较优值。这与模拟计算结果中，当排量达到 8m^3/min 时，支撑剂团运移时受到的冲刷力变大，从而让支撑剂团有所分散的现象一致。

(a) 现场排量为3m³/min

(b) 现场排量为4m³/min

(c) 现场排量为5m³/min

图 6-7　不同排量下高导流通道压裂支撑剂簇的铺置情况

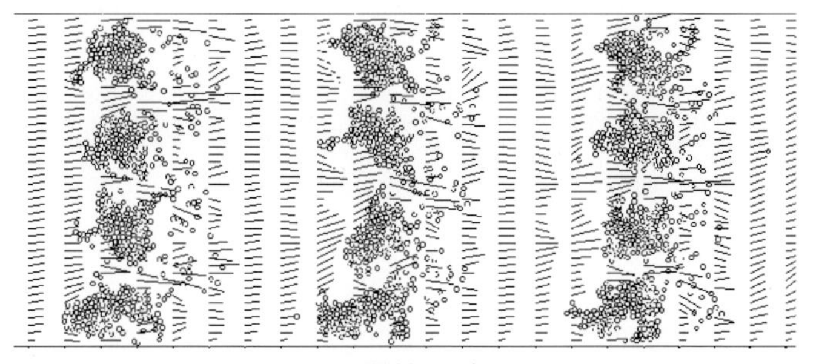

(a) 现场排量为3m³/min

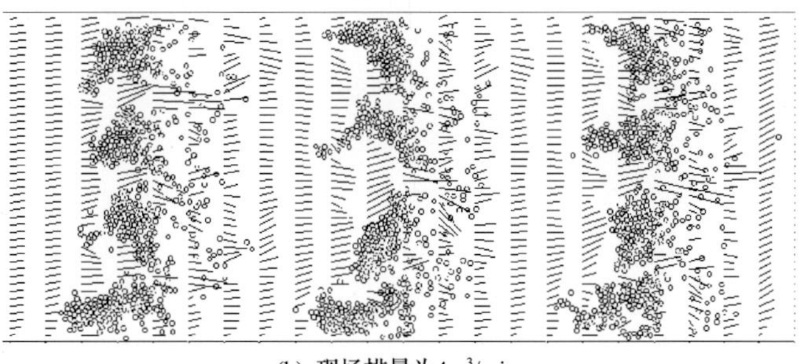

(b) 现场排量为4m³/min

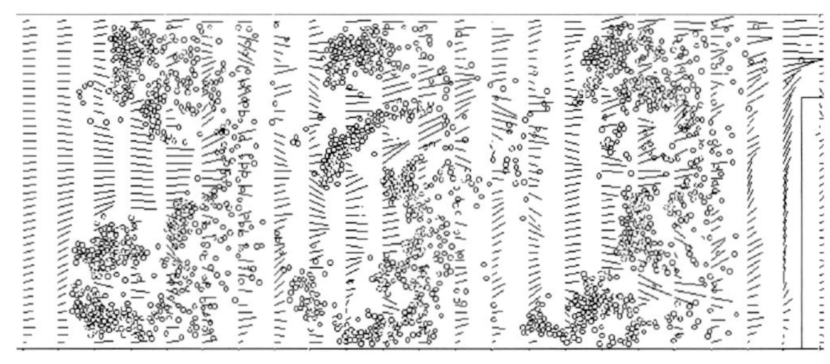

(c) 现场排量为$5m^3/min$

图 6-8 不同排量时支撑剂簇运移-沉降规律的数值模拟结果

6.3 支撑剂簇团运移-沉降规律研究

6.3.1 支撑剂密度对支撑剂簇运移-沉降规律的影响

陶粒相对密度为 2700～3500kg/m^3，模型分别采用 2700kg/m^3、3000kg/m^3、3500kg/m^3 来研究支撑剂密度对支撑剂颗粒运移规律的影响。为了研究单一变量对模型结果的影响，所以模型只改变支撑剂密度这一个变量，其他参数设置保持不变，如表 6-3 所示。

表 6-3 控制变化的参数

变量种类	变量数值
支撑剂密度/(kg/m^3)	2700、3000、3500
砂比/%	6
排量/(m^3/min)	5
支撑剂粒径/mm	0.32
压裂液黏度/(mPa·s)	90
段塞时间/min	2
射孔位置	中部

图 6-9 为单个支撑剂簇在裂缝中受剥蚀扰动情况，运移时受到重力发生沉降，又受到流体的冲刷。流体在流过支撑剂簇后形成低压带，流场向内形成 2 个旋流，将支撑剂颗粒从支撑剂簇上面剥蚀下来，使支撑剂簇截面看起来越来越“细长”，最终下部下沉，背部解体。

图 6-10 为支撑剂密度为 2700kg/m^3 时在裂缝中形成的支撑剂颗粒运移情况，此时支撑剂密度较低，能够被流体携带到离入口较远的地方。流体开始绕过支撑剂簇，在簇团后方形成 2 个旋流，持续地剥蚀支撑剂颗粒，远处支撑剂颗粒开始沉降。但是由于小密度的支撑剂沉降速度较小，总体沉降速度较慢，但在 8min 后第一个支撑

剂簇已经解体。

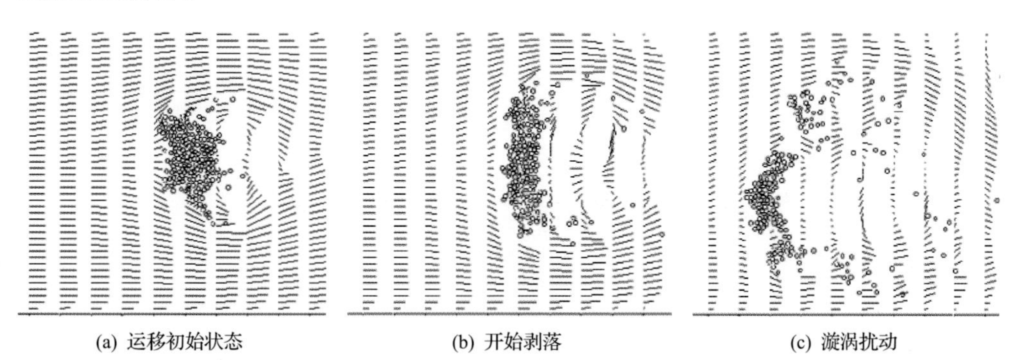
(a) 运移初始状态　(b) 开始剥落　(c) 漩涡扰动

图 6-9　单支撑柱在裂缝中受剥蚀扰动情况

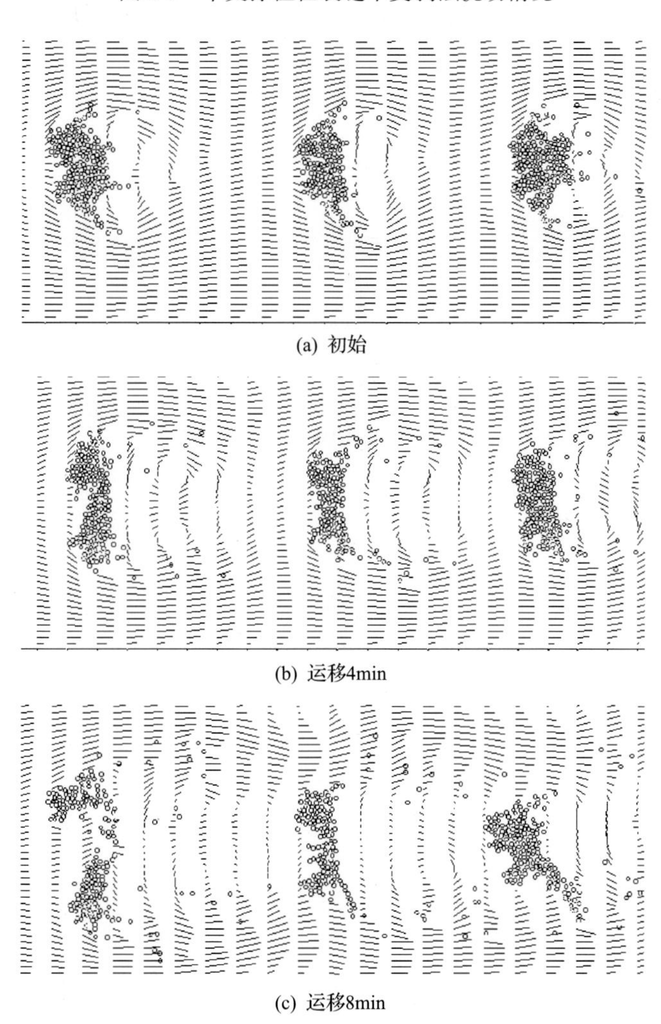
(a) 初始

(b) 运移4min

(c) 运移8min

图 6-10　支撑剂密度为 2700kg/m^3 时簇团运移-沉降情况

图 6-11 和图 6-12 分别为支撑剂密度为 3000kg/m^3 和 3500kg/m^3 时，支撑剂簇在裂缝中的运移情况。支撑剂密度为 3000kg/m^3 时，支撑柱后方双漩涡剥蚀支撑

剂颗粒较缓和；但是由于中等密度的支撑剂沉降速度不快，黏聚力较大，总体沉降速度较慢，能够形成高导流通道；10min 后支撑柱开始解体。所以现场施工时，为了减少支撑剂由于快速沉降和防止被过快冲散等，需合理配置支撑剂密度。在本书中，结合压裂液黏度及其他参数，选择 $3000kg/m^3$ 能较好地满足支撑剂稳定的要求。

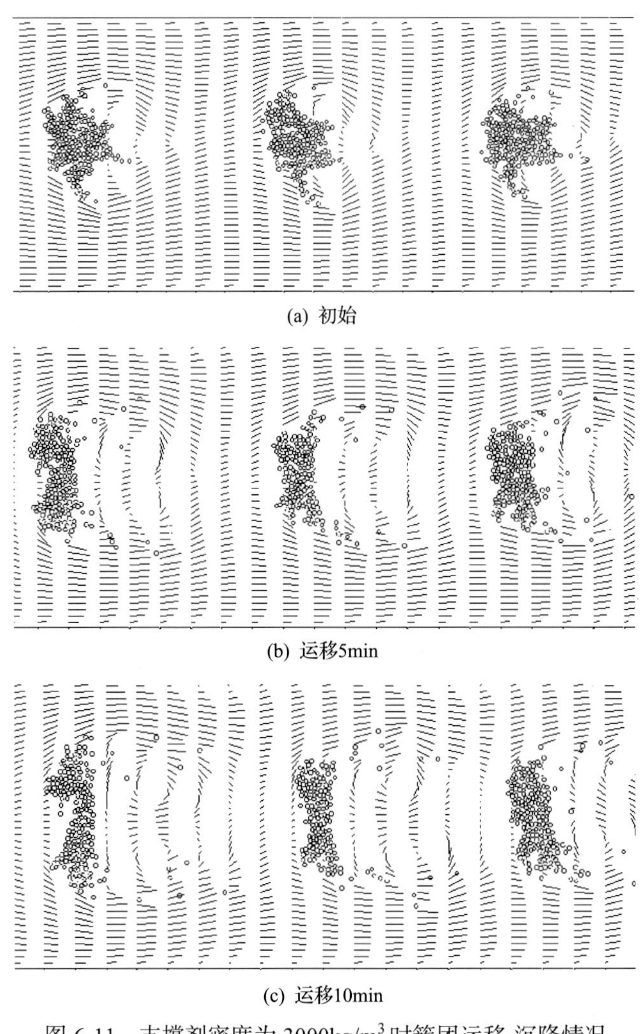

(a) 初始

(b) 运移5min

(c) 运移10min

图 6-11　支撑剂密度为 $3000kg/m^3$ 时簇团运移-沉降情况

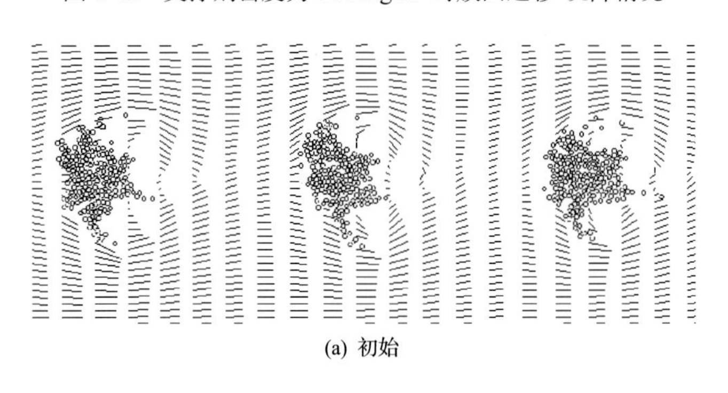

(a) 初始

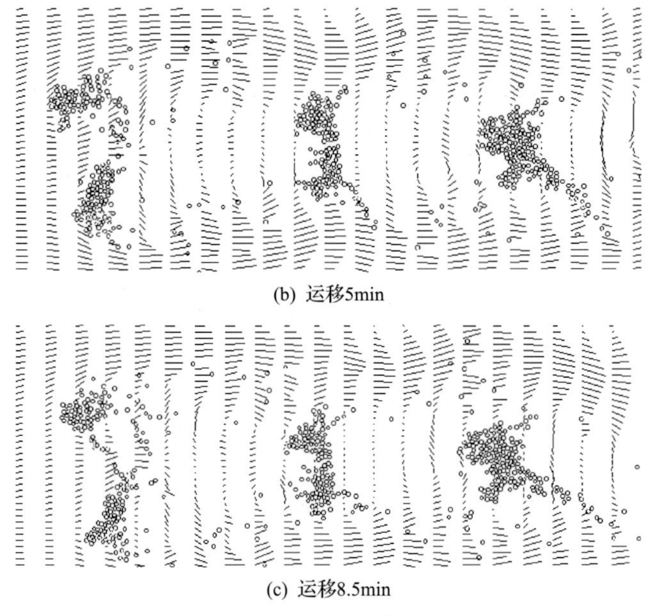

(b) 运移5min

(c) 运移8.5min

图 6-12　支撑剂密度为 3500kg/m^3 时簇团运移-沉降情况

6.3.2　压裂液排量对支撑剂簇运移-沉降规律的影响

图 6-13～图 6-15 为不同流速下支撑剂输送情况。当排量为 4m^3/min 时，携砂液进入裂缝后快速沉降，在离入口较近的地方快速地形成砂堤，此时支撑剂还没有被携带到离入口较远处，3min 时支撑剂沉降的量主要集中在裂缝离入口较近的部分；随着入口处砂堤高度的增加，砂堤顶部与裂缝顶部之间的面积减少，所以缝内流速

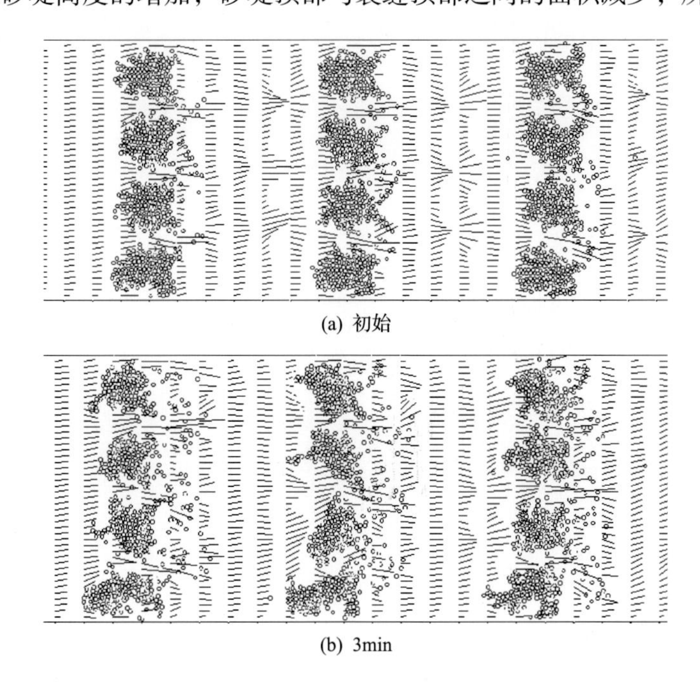

(a) 初始

(b) 3min

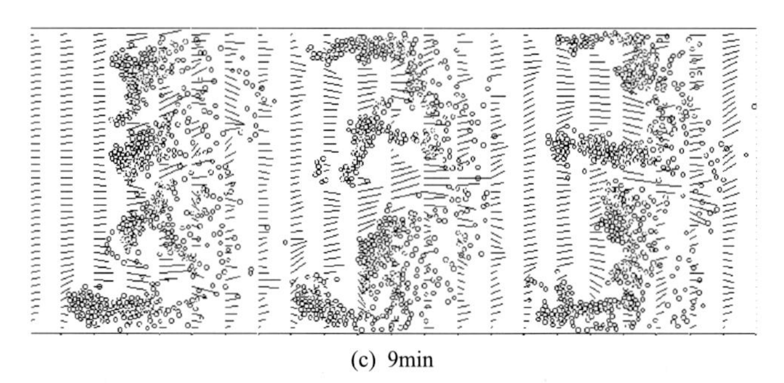

(c) 9min

图 6-13 排量为 $4m^3/min$ 时支撑剂簇的运移规律

增大，支撑剂开始绕过离入口较近处的砂堤，在模型中间区域(离入口较远处)沉降；9min 时支撑剂在入口处达到平衡高度。排量为 $8m^3/min$ 时，运移 6min 后支撑剂颗粒逐渐分散，难以形成较好的簇团。对比排量为 $4m^3/min$、$6m^3/min$ 和 $8m^3/min$ 发现，排量不易过大，最好控制在 4～$6m^3/min$。

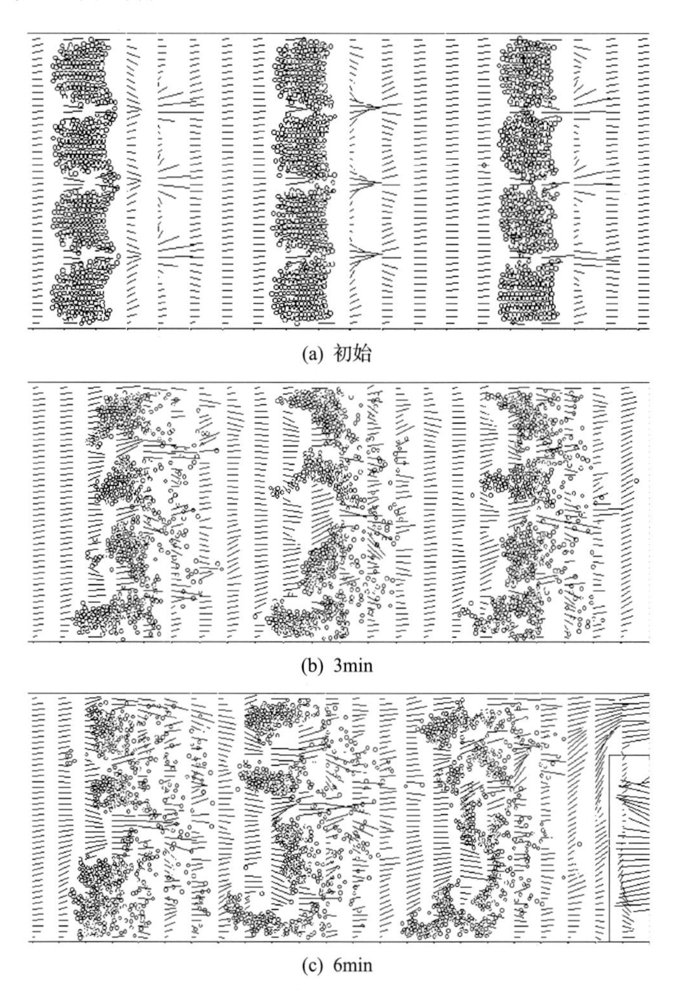

(a) 初始

(b) 3min

(c) 6min

图 6-14 排量为 $6m^3/min$ 时支撑剂簇的运移规律

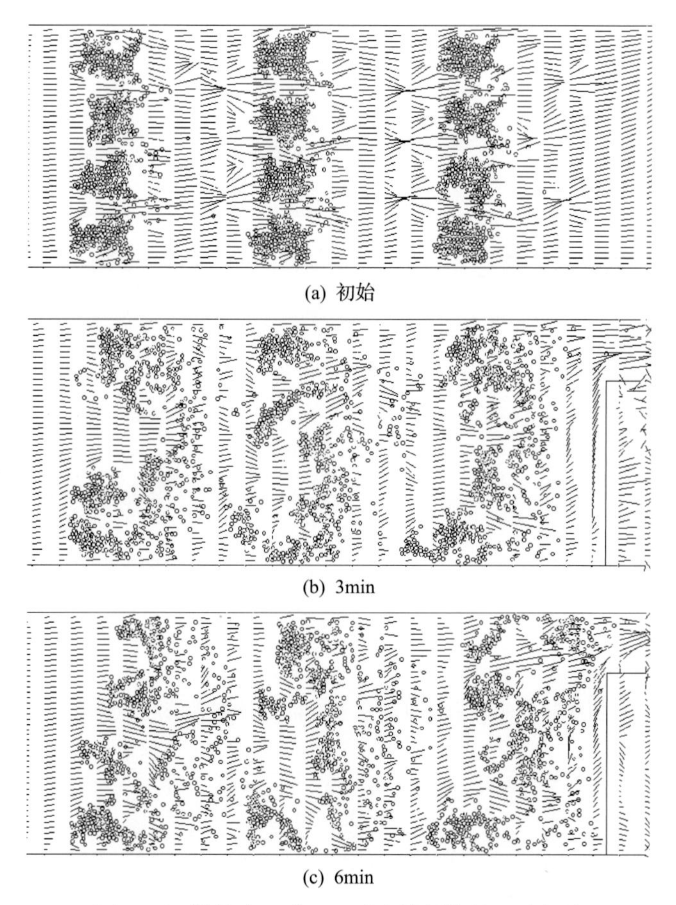

(a) 初始

(b) 3min

(c) 6min

图 6-15　排量为 $8m^3/min$ 时支撑剂簇的运移规律

6.3.3　射孔参数对支撑剂簇运移-沉降规律的影响

图 6-16、图 6-17 分别为 4 个射孔簇和储层段完全射穿时的支撑剂簇运移情况。可见，部分射孔时，将导致支撑剂簇周围出现较强的管流，不利于支撑剂簇的稳定，且支撑剂簇之间相互作用较少，导流能力不佳。完全射孔后，支撑剂进入时速度较为平缓，能形成较均匀的导流通道，且不会出现指进现象。因此，在条件允许的情况下应尽量全储层段射孔，支撑剂簇的形成和高导流裂缝的维持较好。

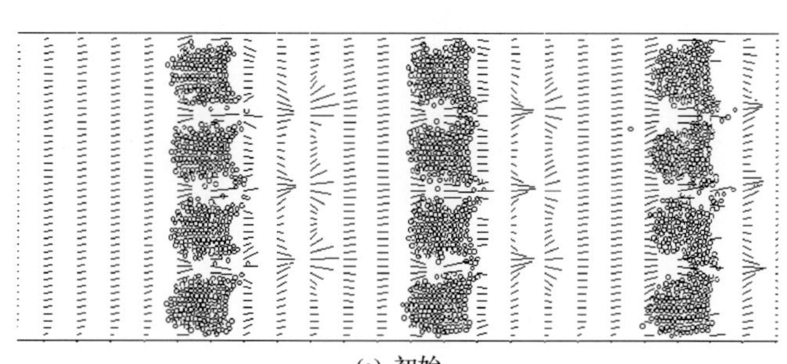

(a) 初始

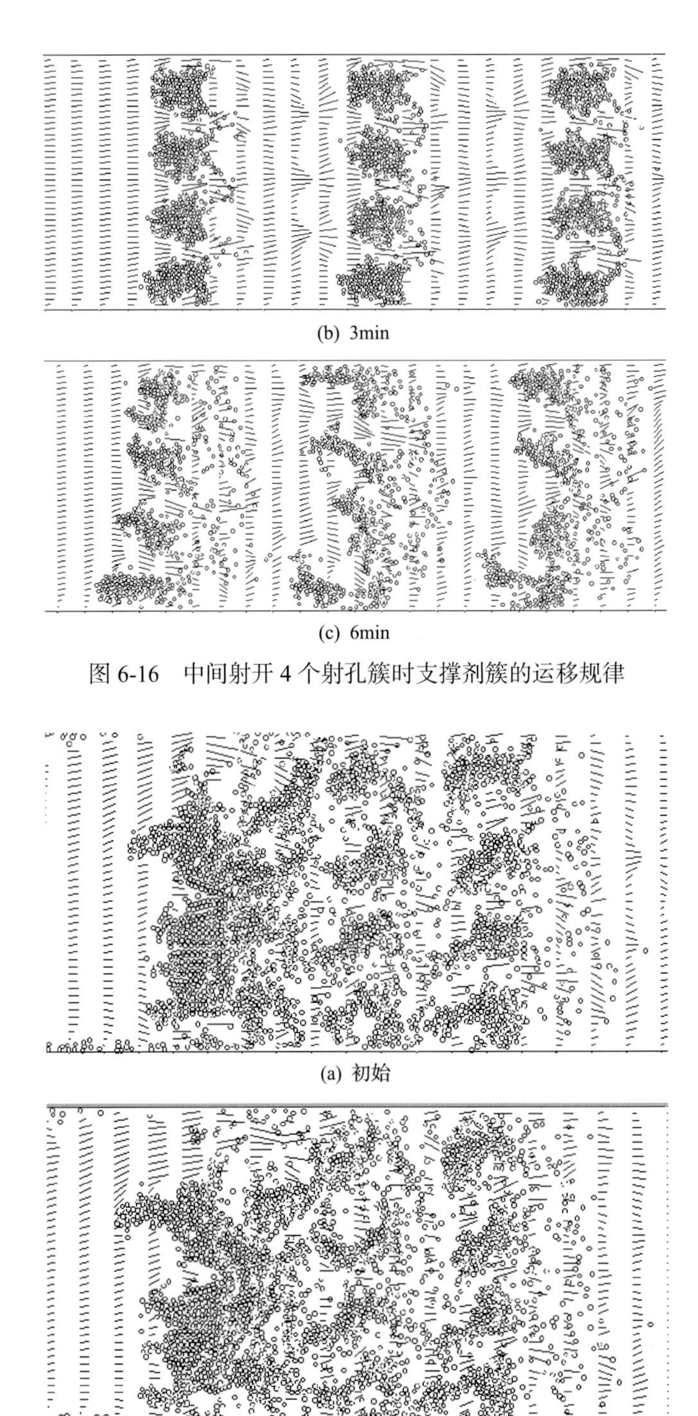

(b) 3min

(c) 6min

图 6-16　中间射开 4 个射孔簇时支撑剂簇的运移规律

(a) 初始

(b) 3min

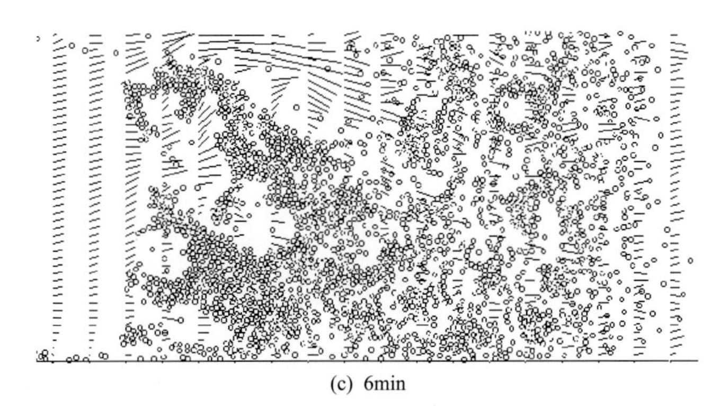

(c) 6min

图 6-17　全部射开时支撑剂簇的运移规律

6.3.4　脉冲频率对支撑剂簇运移-沉降规律的影响

在各个段塞的铺砂浓度相同的情况下，支撑剂段塞数越小，意味着裂缝的孔隙体积越大，支撑剂的承压能力越弱。随着闭合压力的增大，当支撑剂段塞数较少时，更易发生支撑剂破碎、段塞变形等现象，而且支撑剂随流体流动的现象更加明显。

图 6-18～图 6-20 为不同脉冲频率下支撑剂簇输送规律。当脉冲时间为 3min 时，支撑剂簇之间间距较大，虽然流动通道较大，但流线相互扰动较为复杂，很快将形成支撑剂指进，难以实现稳定的支撑剂簇。当脉冲时间为 1min、2min 时，较快地形成了大型整块的支撑剂簇。

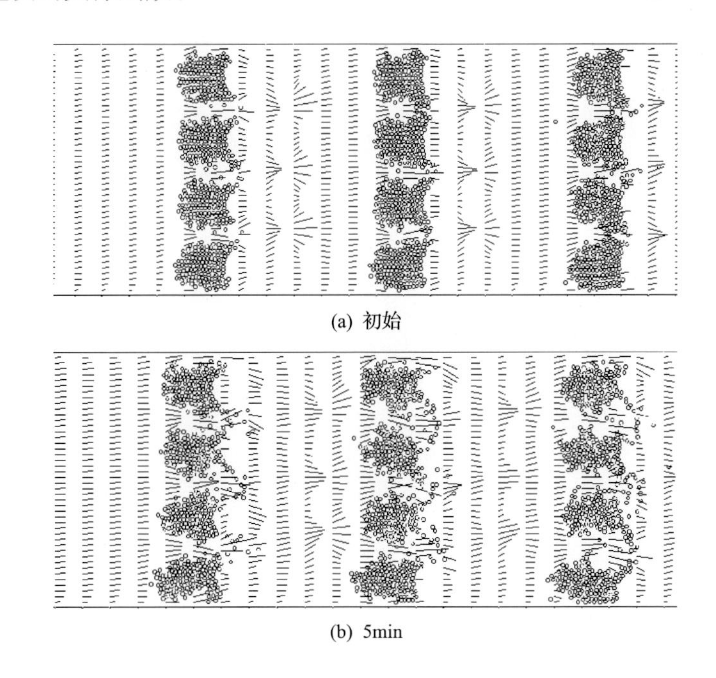

(a) 初始

(b) 5min

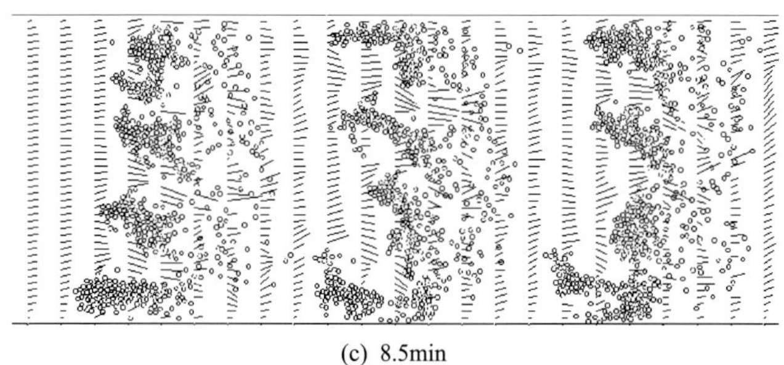

(c) 8.5min

图 6-18　脉冲频率为 3min 时支撑剂簇的运移情况

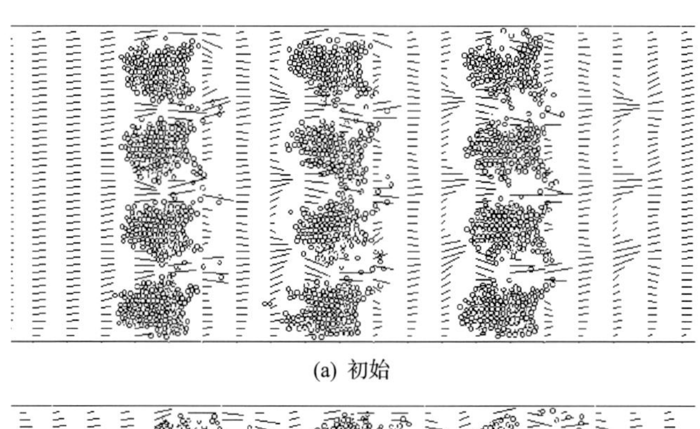

(a) 初始

(b) 5min

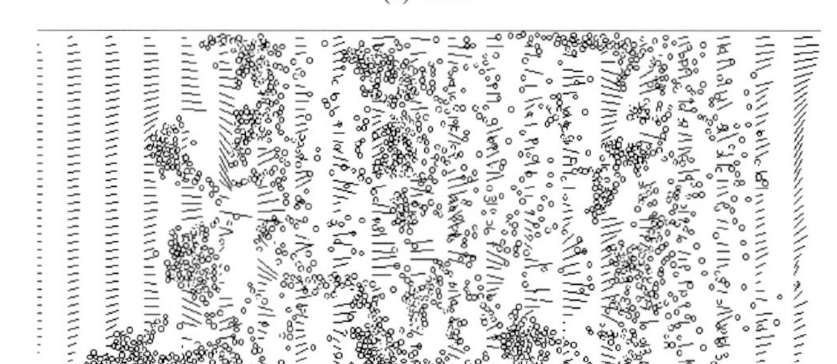

(c) 8.5min

图 6-19　脉冲频率为 2min 时支撑剂簇的运移情况

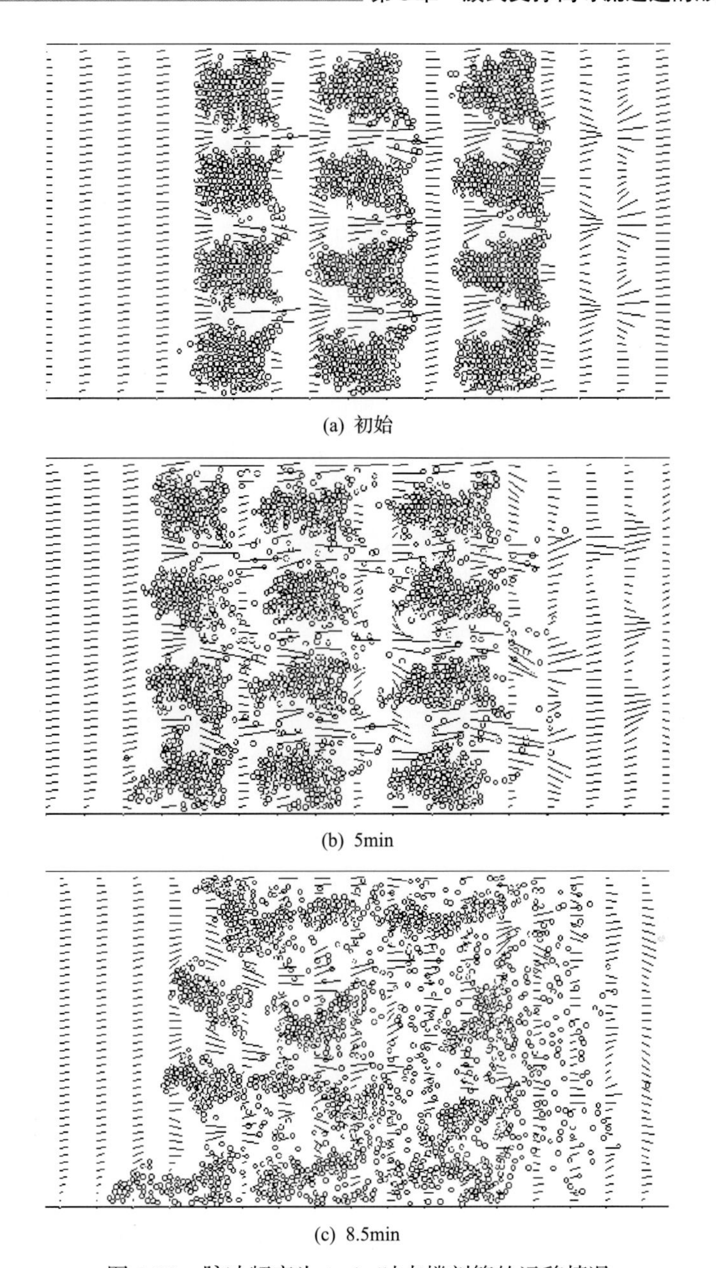

(a) 初始

(b) 5min

(c) 8.5min

图 6-20 脉冲频率为 1min 时支撑剂簇的运移情况

对于不同支撑剂段塞数而言，支撑裂缝的导流能力由两部分决定：支撑剂充填层段的导流能力以及支撑剂段塞之间网络空间的导流能力。闭合压力通过改变这两部分的导流能力来影响整个裂缝系统的导流能力。随着闭合压力的增加，支撑裂缝的导流能力随支撑剂段塞数增多而增大的趋势减缓。这是因为：随着压裂的进行，支撑剂被压实并发生嵌入或破碎，导致支撑剂充填层段内的导流能力降低；而且支撑剂(碎屑)会被流体携带流动，使得各个段塞之间的空间体积减小，从而降低了段塞之间网络空间的导流能力。另外，随着支撑剂段塞数的增多，支撑裂缝导流能力逐渐增大，但是不同支撑剂段塞数下导流能力的增幅不同。即支撑剂段塞数越多，通过增加支撑剂段塞数得到的支撑裂缝导流能力增幅越小。所以在现场不能简单地通过增加支撑剂段塞数来获得高导流能力的支撑裂缝实现油气井增产，必须要考虑施工的有效性、经济性等因素，优选支撑剂段塞数，设计合理的泵注程序，在满足经济效益的前提下最大限度地发挥油气井的产能。

6.4 本章小结

本章基于离散元-计算流体力学耦合理论，采用含湍流的格子玻尔兹曼方法求解流场流速分布，采用浸入式动边界耦合计算方法，建立了脉冲加砂条件下支撑剂簇运移-沉降的 DEM-CFD 耦合数值模型，该模型能够真实考虑支撑剂颗粒之间的摩擦与碰撞，实现支撑剂颗粒运移-沉降的定性模拟。

应用相似理论，开发了脉冲加砂条件下支撑剂簇运移-沉降的数值模拟程序，开展了支撑剂密度、压裂液排量、射孔参数和脉冲频率等对支撑剂簇团运移-沉降的影响规律研究。

为了减少支撑剂快速沉降、防止被过快冲散，形成有效的高导流通道，需合理选择支撑剂密度、入口流速、射孔参数和脉冲频率。通过数值模拟，本章初步推荐支撑剂密度为 3000kg/m^3、压裂液排量最好控制在 4～6m^3/min、全储层段射孔、脉冲间隔为 1～2min。

第 7 章

高导流簇式支撑裂缝的导流能力预测

本章综合考虑支撑剂簇团非线性变形、裂缝面非均匀变化和支撑剂颗粒嵌入等多种影响缝宽的因素，分别提出了通道压裂裂缝导流能力预测的数值模拟方法和解析分析法。首先，开展支撑剂簇团的单轴压缩室内实验，建立了支撑柱的非线性本构模型。其次，基于离散元法，建立岩石-支撑柱-岩石非线性互作用模型，模拟支撑柱非线性变形条件下的缝宽非均匀变化和孔隙度非线性变化；采用 Kozeny-Carman 方程和立方定律分别计算支撑柱与裂缝通道的渗透率，构建通道压裂裂缝的等效渗透率和导流能力模型，揭示通道压裂裂缝导流能力的变化规律(黄波等，2018；Zhu et al., 2019b；朱海燕等，2019b)。最后，基于解析分析方法，采用达西定律描述流体在支撑剂簇内的流动，采用纳维-斯托克斯方程描述开放通道内流体的流动，建立通道压裂高导流裂缝缝宽与导流能力预测的解析模型，该模型考虑了裂缝面非均匀变形、支撑柱高度减小、支撑剂颗粒嵌入等多方面对缝宽、导流能力的影响(Zhu et al., 2019c)，为通道压裂设计提供理论依据。

7.1 支撑柱的非线性本构模型

7.1.1 支撑柱模型抽提

在通道压裂过程中，停泵后支撑剂簇团将分散于裂缝的各个部位，此时为初始状态，而本章研究的正是从停泵开始一直到通道压裂裂缝形成的过程。为了研究支撑剂簇团的力学性质，首先需要抽提出支撑柱模型。根据 6.2.4 节的可视化平板实验结果，对停泵后一定区域范围内的支撑剂簇团的形态和分布进行统计分析，抽提出代表性的支撑柱模型(图 7-1)。

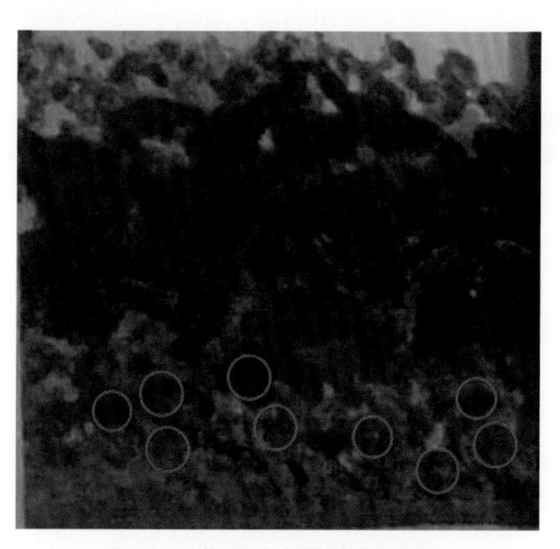

图 7-1 停泵后支撑剂分布情况

白色为压裂液，棕色为染色后的支撑剂

通过统计发现，支撑剂簇团形状多样，但大多数可划分为圆柱、椭圆柱两种(图 7-2)，因此后面的研究都是基于这两种形状的支撑柱(汪浩威，2018)。

(a) 圆柱

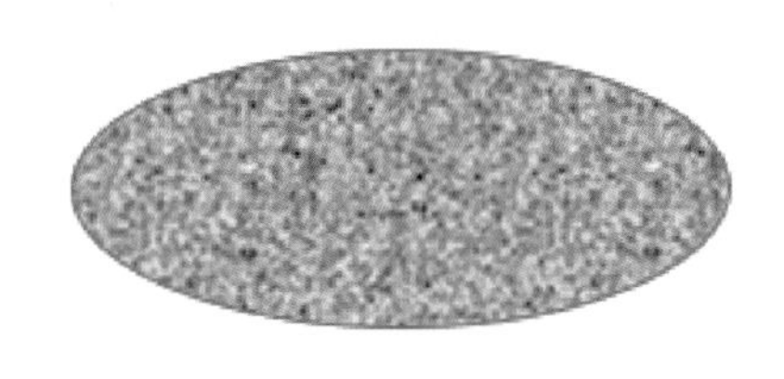

(b) 椭圆柱

图 7-2 支撑剂簇团(支撑柱)剖面形状

本实验通过位移控制，以恒定加载速率对支撑柱进行单轴轴向压缩，压缩的同时将应力及轴向位移数据存入计算机，并且在单轴压缩机对支撑柱进行单轴压缩的同时，采用 DIC(digital image correlation)非接触式三维应变测量仪对支撑柱的变化情况进行 1 帧/s 的拍摄，存入 DIC 力学处理软件，以此进行支撑柱力学研究。

7.1.2 通道压裂支撑柱力学参数测试方法

在地层条件下，支撑柱受到了较高的压力，使得支撑柱产生变形并“陷入”岩石中，降低了裂缝的宽度，在这个过程中支撑柱的变形特征不同于弹塑性材料。在模拟中若支撑柱力学参数选取不当，则会对模拟结果造成较大影响，进而影响压裂优化效果。因此，准确地测量和表征支撑柱的力学参数，对压裂施工具有重要的指导意义。

1. 实验测试装置

由于支撑柱为许多支撑剂颗粒堆积而成，其应力-应变关系呈几何非线性，采用常规岩石力学实验测试装置难以测量其轴向和径向变形。因此，本实验所用仪器为 DIC 非接触式三维应变测量仪与单轴压缩机，以及相应的 DIC 实验数据后处理设备(图 7-3)。需要解释的是，DIC 是一种通过图像相关点进行对比的算法，通过该方法可计算出物体表面位移及应变分布。因此在实验中需要对支撑柱表面先喷白漆，再喷黑漆，形成黑色散斑。支撑柱的轴向应变和径向应变可根据 DIC 数据处理软件得到，同时根据单轴压缩机的数据处理软件获取得到相同加载时间段的压力加载值，将其与 DIC 相互对应，绘制出相应应力-应变关系数据。

2. 支撑柱的制作

考虑到支撑柱泵入地层后，受到裂缝闭合压力作用，支撑柱的粒径(目数)、直径、形状等都会对支撑柱支撑地层的力学性质有影响，选取了不同目数的支撑剂包括 20/40 目、30/50 目、40/70 目石英砂，分别制作了不同目数、不同形状的支撑柱实验样品共 9 组。支撑柱基本为圆柱体和椭圆柱体，各支撑柱外观基本一致，加入纤维和黏结剂，使支撑剂颗粒有效聚集且不会轻易发生垮塌和松散。

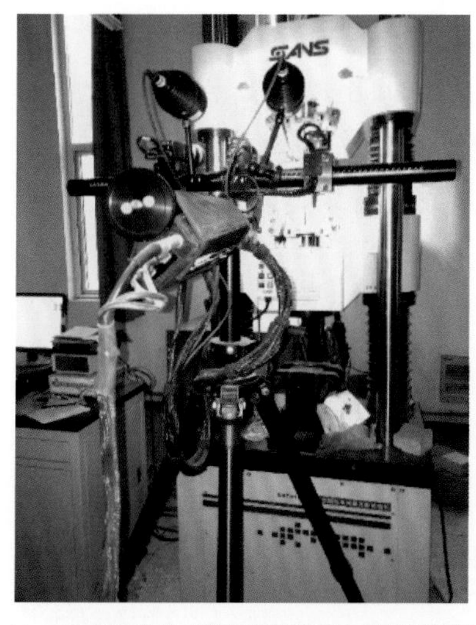

(a) DIC非接触式三维应变测量仪与单轴压缩机

(b) DIC实验数据后处理平台

图 7-3　测量支撑柱应力-应变关系的单轴压缩实验系统

支撑柱的制作流程如下：

(1)本实验采用石英砂制作支撑柱，以圆柱体和椭圆柱体支撑柱为主要研究对象；

(2)称取一定质量的石英砂与纤维充分搅拌，使纤维充分均匀混合在石英砂中；

(3)根据石英砂的质量配置胶水，将胶水倒入混合好的石英砂与纤维中，充分搅拌均匀，使其形成支撑剂簇团；

(4)将混合物放入特制支撑柱模具中，保持底部光滑；

(5)放置半小时左右后，等待胶水风干，将样品从模具中取出，在圆柱面喷涂白漆，继续等待 10～20min 风干，再对支撑柱不均匀随机喷涂黑漆，使支撑柱柱面形成散斑面(图 7-4)，以用于 DIC 非接触式三维应变测量仪对支撑柱的变形情况进行捕捉。

(a) 支撑柱样品

(b) DIC散斑图标准

图 7-4　支撑柱样本及散斑点喷涂标准

1)考虑不同目数的支撑柱

选用 20/40 目、30/50 目、40/70 目石英砂支撑剂，制作直径为 25mm、高度为 25mm 的圆柱形支撑柱模具，各称取相同质量不同粒径的石英砂 22.5g、纤维 0.11g，将称取的相同粒径石英砂、纤维和一定量的胶水充分搅拌均匀后，加入支撑柱模具中。

2)考虑不同形状的支撑柱

选用 40/70 目石英砂支撑剂，制作圆柱形及椭圆柱形支撑柱金属模具，各称取相同质量不同粒径的石英砂 189.1g、纤维 0.95g，将称取的石英砂、纤维和一定量的胶水充分搅拌均匀后，加入支撑柱模具中，样品及模具参数如表 7-1 所示。

表 7-1　不同形状支撑柱实验样品参数

支撑柱类型	高度/mm	直径/mm	支撑剂质量/g	纤维质量/g
圆柱形支撑柱	50	50	189.1	0.95
椭圆柱形支撑柱	50	长轴：62.5，短轴：40	189.1	0.95
椭圆柱形支撑柱	50	长轴：56，短轴：44.6	189.1	0.95

3. 支撑柱单轴压缩实验步骤

将上述制备的支撑柱样品放置在单轴压缩机上，开始单轴压缩实验，具体步骤如下：

(1)开启 DIC 摄像校准系统，将仪器发出的红色射线对准实验样品，观察屏幕摄像头十字光标位置，调整 DIC 测量仪的摄像头焦距，使其对准样品红色点区域，如图 7-5 所示；

图 7-5　DIC 应变测量仪摄像头焦距校准

(2)设置单轴压缩机实验参数，对实验样品进行 0.1mm/min 的轴向位移加压；

(3)实验过程中，保持 DIC 开启，以 1 帧/s 的拍摄速度对其进行记录，观察微机中支撑柱样品的变形情况，当支撑柱开始发生塑性破碎时停止加压(原始支撑柱形态及实验后形态如图 7-6 所示)；

(a) 实验支撑柱初始形态

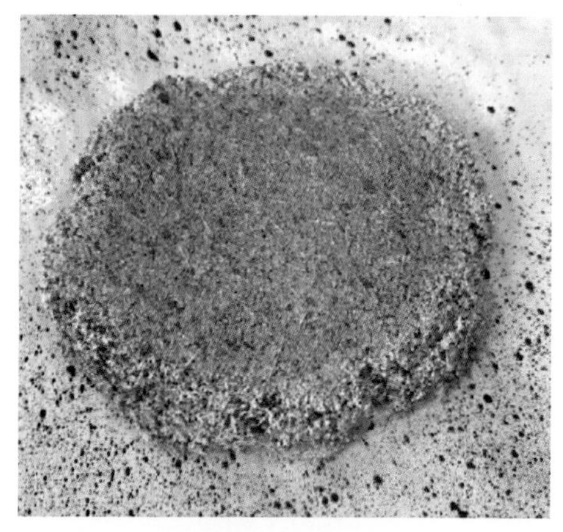

(b) 实验结束后支撑柱形态

图 7-6　实验前后的支撑柱形态对比

(4)在 DIC 控制系统中对记录的数据进行后处理计算，获取支撑柱的应力-应变曲线。

7.1.3　支撑柱的非线性应力-应变本构模型

为了获得支撑柱的本构特性，将支撑剂的应力-应变曲线分为 12 个阶段，单独计算每一个阶段的弹性模量和泊松比，见表 7-2。

表 7-2　支撑柱单轴压缩力学参数

应力/MPa	直径为 50mm、高度为 50mm 的圆柱形支撑柱		长轴为 62.5mm、短轴为 40mm、高度为 50mm 的椭圆柱形支撑柱	
	弹性模量/MPa	泊松比	弹性模量/MPa	泊松比
0.0	0.00	0.00	0.00	0.00
1.0	2.32	1.65	2.39	1.81
1.5	2.70	1.13	2.77	1.92
2.0	3.15	2.15	3.23	2.23
2.5	3.66	2.20	3.85	2.40
3.0	4.09	2.02	4.12	2.35
3.5	4.66	1.20	4.74	2.10
4.0	5.21	1.13	5.32	2.31
4.5	5.77	1.17	5.81	2.01
20.5	25.20	0.91	28.20	1.52
40.5	49.30	0.85	52.10	1.12
60.5	72.70	0.18	73.50	0.45
80.0	94.70	0.15	96.30	0.35

圆柱形截面和椭圆柱形截面支撑柱的应力-应变曲线分别如图 7-7 和图 7-8 所示。

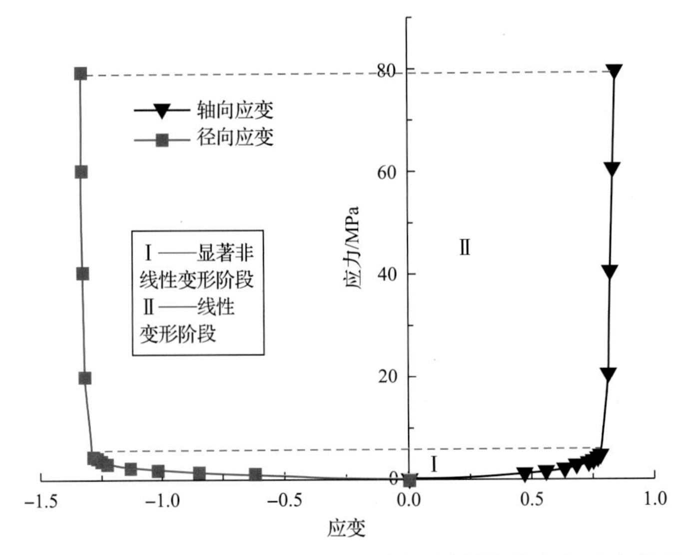

图 7-7 直径为 50mm、高度为 50mm 圆柱形支撑柱的应力-应变关系图

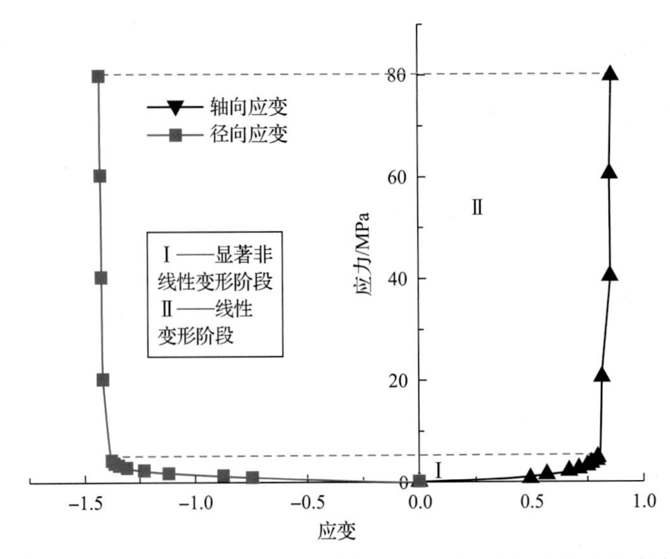

图 7-8 长轴为 62.5mm、短轴为 40mm、高度为 50mm 椭圆柱形支撑柱的应力-应变关系图

结果表明，支撑柱在整个加载压缩过程中应变非常大，初始阶段应力很小，但应变却增长显著，随后应力-应变进入线性增长阶段。支撑柱在压缩初始阶段主要是支撑剂颗粒重新排列填补空隙的压实阶段，虽然应力较小，但应变却较大。当支撑柱被压实到一定程度后，颗粒间接触较为紧密，支撑柱运动不仅需要克服纤维之间的黏滞力，还要克服颗粒之间的摩擦力和正压力，故呈现线性变化。卸载阶段基本没有回弹，说明整体变形几乎是不可恢复的。

为了描述这种特殊变形特征，作以下假设：

(1)假定支撑柱是均匀、连续的介质；

(2)由于支撑柱变形过程相对较快，因此，计算过程中不考虑回弹；

(3)应力加载过程为从零单调增加到最大，卸载过程为无位移(很小)回弹。

根据以上假定，采用多线性本构关系对应力-应变曲线进行简化。在应力-轴向应变曲线上，每两点之间为一直线段，支撑剂簇团表现为线弹性材料，其变形模量满足如下公式：

$$E = \frac{\Delta\sigma}{\Delta\varepsilon} \tag{7-1}$$

式中，E 为变形模量，MPa；$\Delta\sigma$ 为两点间应力差，MPa；$\Delta\varepsilon$ 为两点间应变差。

同理，对应力-径向应变曲线进行简化。在应力-径向应变曲线上，每两点之间为一直线段，支撑剂簇团表现为线弹性材料，其径向应变变化率常数满足如下公式：

$$K = \frac{\Delta\sigma}{\Delta\nu} \tag{7-2}$$

式中，K 为直径变化率常数，MPa；$\Delta\sigma$ 为两点间应力差，MPa；$\Delta\nu$ 为两点间直径变化率之差。

根据应力-应变曲线特征将其分为 n 段，利用以上的公式，可以求得 n 个弹性模量 E_1、E_2、…、E_n，每段初始应力分别为 P_1、P_2、…、P_n，初始应变分别为 ε_1、ε_2、…、ε_n，对于任意一个闭合压力点 P，首先通过判断其位于哪个压力区间，得到 $P_i < P < P_{i+1}$。支撑柱的高度变化可通过下式计算：

$$\Delta H = \left(\varepsilon_i + \frac{P - P_i}{E_i}\right) \times h \tag{7-3}$$

式中，ε_i 为第 i 段的初始应变；P_i 为第 i 段的初始应力；E_i 为第 i 段的变形模量。

同理，将应力-直径变化率曲线分为 n 段，利用以上公式，可以求得 n 个直径变化率常数 K_1、K_2、…、K_n，每段初始应力分别为 P_1、P_2、…、P_n，初始直径变化率分别为 d_1、d_2、…、d_n，对于任意一个闭合压力点 P，首先通过判断其位于哪个压力区间，得到 $P_i < P < P_{i+1}$。支撑柱的直径变化可通过下式计算：

$$\Delta D = \left(d_i + \frac{P - P_i}{K_i}\right) \times d \tag{7-4}$$

式中，d_i 为第 i 段的初始直径变化率；P_i 为第 i 段的初始应力；K_i 为第 i 段的变化率常数。

7.2 通道压裂裂缝导流能力的离散元数值模拟

7.2.1 通道压裂裂缝的等效渗透率模型

支撑剂的类型、铺砂浓度、支撑柱高度、支撑柱尺寸等的不同，都将造成支撑柱参数的变化，单个支撑剂簇团的体积可以通过以下公式获得(Zheng et al., 2017)：

$$V=\frac{Qt_{\mathrm{p}}\rho_{\mathrm{c}}}{N\eta\rho_{\mathrm{s}}} \tag{7-5}$$

单个支撑剂簇团半径为

$$a=\sqrt{\frac{t_{\mathrm{p}}Q\rho_{\mathrm{c}}}{\pi\rho_{\mathrm{s}}N\eta h}} \tag{7-6}$$

式中，Q 为携砂液泵注流量，m^3/min；t_p 为携砂液脉冲时间，min；ρ_c 为携砂液密度，m^3/kg；ρ_s 为支撑柱密度，m^3/kg；N 为射孔孔眼数量，个；η 为有效孔眼占比，%；h 为裂缝缝宽，mm。

图 7-9 为高导流通道示意图。通道压裂以脉冲加砂方式，即一段加砂液后紧跟一段纯压裂液中顶液。在一个脉冲周期内，支撑剂簇团参数与压裂参数间有以下关系：

$$\pi r^2 w_0\rho_{\mathrm{s}}=\frac{t_{\mathrm{p}}Q\rho_{\mathrm{c}}}{N\eta} \tag{7-7}$$

式中，r 为支撑柱半径，m；w_0 为裂缝初始缝宽，m。

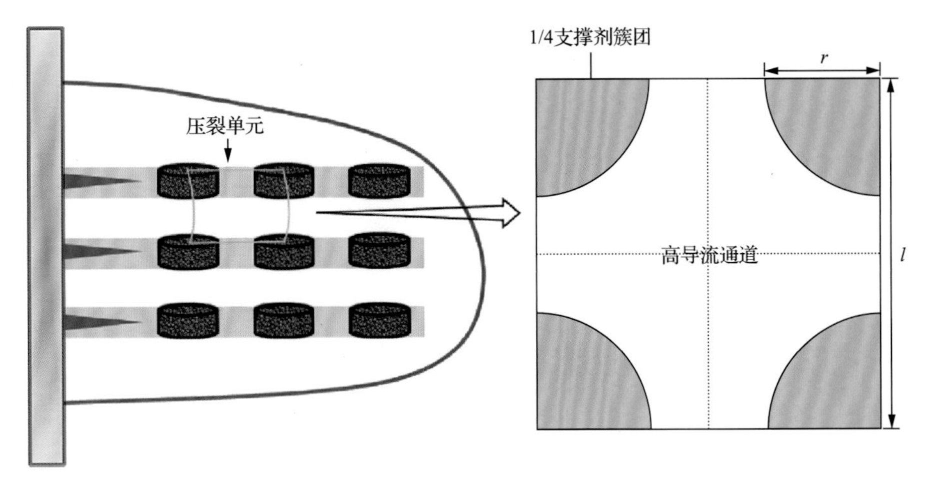

图 7-9 高导流通道示意图

若将携砂液考虑为不可压缩流体，则携砂液密度与支撑剂簇团密度应当是相等的，则注入的携砂液与形成的支撑剂簇团体积相等，即

$$\pi r^2 w_0 = \frac{t_{\mathrm{p}} Q}{N\eta} \tag{7-8}$$

同样地，对于整个脉冲周期，有

$$l^2 w_0 = \frac{t_{\mathrm{tot}} Q}{N\eta} \tag{7-9}$$

$$t_{\mathrm{tot}} = t_{\mathrm{p}} + t_{\mathrm{f}} \tag{7-10}$$

式中，t_{tot} 为脉冲总时间，s；l 为单位高导流通道区域边长，m；t_{f} 为中顶液的脉冲时间，s。

根据式(7-8)～式(7-10)可知，一个脉冲周期内，携砂液与中顶液的时间之比为

$$\frac{t_{\mathrm{p}}}{t_{\mathrm{f}}} = \frac{\pi(r/l)^2}{1-\pi(r/l)^2} \tag{7-11}$$

式(7-11)中，r/l 的范围为[0，0.5]。简单分析可知，若 r/l 较小，则支撑剂簇团无法有效地支撑裂缝，导流能力变小，压裂效果不理想；若 r/l 太大，则支撑剂簇团所占空间较大，减弱了高导流通道的作用。因此 r/l 存在最优值，携砂液与中顶液的脉冲时间之比 $t_{\mathrm{p}}/t_{\mathrm{f}}$ 也存在最优值。在分析通道压裂裂缝导流能力的影响因素时，应讨论 $t_{\mathrm{p}}/t_{\mathrm{f}}$ 对导流能力的影响，$t_{\mathrm{p}}/t_{\mathrm{f}}$ 的最优范围可为通道压裂参数的选取提供参考。

通道压裂时，裂缝内由支撑剂簇团和相邻支撑剂簇团间的开放通道组成，储层流体优先在流动阻力较小的通道内流动，同时也通过支撑剂簇团内的空隙进行流动。因此通道压裂裂缝内流体的流动模型为双重介质模型，支撑剂簇团内的流动可视为达西流动，开放通道内的流动可用纳维-斯托克斯方程来描述。支撑剂簇团部分为多孔介质流动，其渗透率可以通过 Kozeny-Carman 公式计算(Bear, 1972)：

$$k_{\mathrm{p}} = \frac{d_{\mathrm{ave}}^2 \phi^3}{180(1-\phi)^2} \tag{7-12}$$

用一维纳维-斯托克斯方程来表征流体在开放通道内的流动。通道部分的渗透率可以通过经典的立方定律得到：

$$k_{\mathrm{f}} = \frac{w_{\mathrm{f}}^2}{12} \tag{7-13}$$

式中，k_{p} 为支撑柱渗透率，m^2；k_{f} 为高导流通道渗透率，m^2；ϕ 为支撑剂簇团孔隙度，无量纲；d_{ave} 为支撑剂颗粒平均直径，m；w_{f} 为裂缝闭合缝宽，m。

如图 7-9 所示，高导流通道可分为 4 个相同渗透区域，因此只需研究其中 1 个渗透区域(图 7-10)。若考虑裂缝内不同位置具有不同的流体压力梯度，采用将渗透区域沿渗透方向分割为无数个条状小区域，则对于某一小区域 i，有如下关系：

$$Q_i = \frac{k_{\mathrm{p}} A_i}{\mu} \frac{\Delta P_{\mathrm{p}}}{x} = \frac{k_f A_i}{\mu} \frac{\Delta P - \Delta P_{\mathrm{p}}}{l/2 - x} = \frac{k_i A_i}{\mu} \frac{\Delta P}{l/2} \tag{7-14}$$

式中，k_i 为区域 i 等效渗透率，m^2；A_i 为渗流横截面积，m^2；μ 为流体动力黏度，$\mathrm{Pa \cdot s}$；ΔP_{p} 为流体流经支撑柱的压降，Pa；ΔP 为流体流经区域 i 的压降，Pa；x 为区域 i 内支撑柱长度，m；$l/2$ 为区域 i 的长度，m。

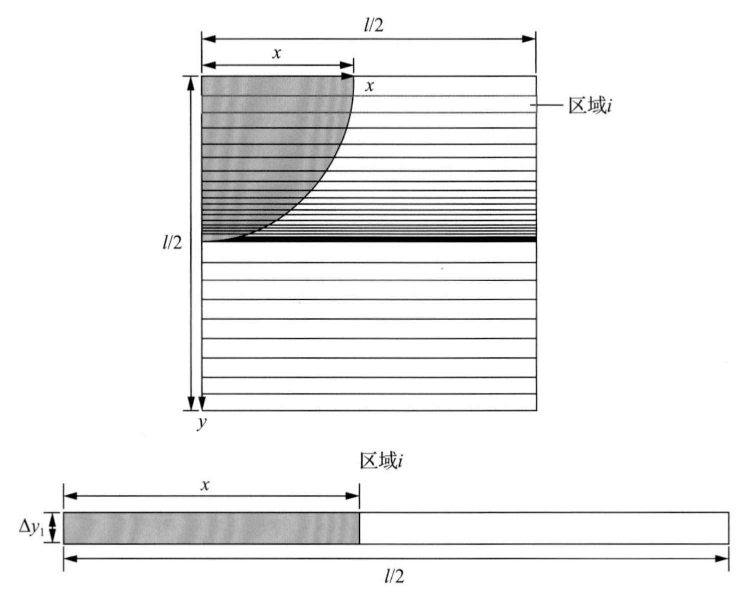

图 7-10　导流裂缝渗透区域分割示意图

可推得某一条状区域 i 的等效渗透率：

$$k_i = \frac{k_{\mathrm{p}} k_{\mathrm{f}} l}{k_{\mathrm{p}} l + 2(k_{\mathrm{f}} - k_{\mathrm{p}}) x} \tag{7-15}$$

区域 i 对整体渗透率的贡献为区域 i 等效渗透率与区域 i 宽度占整体宽度比例之积，则整个区域的渗透率可表示为

$$k_0 = \sum_{i=1}^{n} k_i \frac{\Delta y_i}{l/2} = \int_0^l \frac{2k_{\mathrm{p}} k_{\mathrm{f}}}{k_{\mathrm{p}} l + 2\left(k_{\mathrm{f}} - k_{\mathrm{p}}\right) x} \mathrm{d}y \tag{7-16}$$

式中，Δy_i 为区域 i 的宽度。

当 $y > r$ 时，$x=0$，则有

$$
\begin{aligned}
k_0 &= \int_0^r \frac{2k_\mathrm{p}k_\mathrm{f}}{k_\mathrm{p}l+2\left(k_\mathrm{f}-k_\mathrm{p}\right)x}\mathrm{d}y+\int_r^{\frac{l}{2}}\frac{2k_\mathrm{f}}{l}\mathrm{d}y \\
&= \int_0^r \frac{2k_\mathrm{p}k_\mathrm{f}x}{\left[k_\mathrm{p}l+2\left(k_\mathrm{f}-k_\mathrm{p}\right)x\right]\left(r^2-x^2\right)^{0.5}}\mathrm{d}x+k_\mathrm{f}\left(1-\frac{2r}{l}\right)
\end{aligned}
\tag{7-17}
$$

7.2.2　通道压裂裂缝导流能力的离散元模型

1. 模型建立

如图 7-11 所示，基于离散元原理，建立通道压裂岩石-支撑柱-岩石的 DEM 模型。蓝色颗粒以面心立方体排列结构构成岩板模型，中央处黄色颗粒构成支撑柱。通道压裂裂缝闭合过程模拟如下(以直径为 10mm、高度为 6mm 的圆柱形支撑柱为例)：

(1)以面心立方体排列结构生成长、宽均为 20mm，高 30mm 的初始岩石模型，对整个模型的颗粒均赋予岩石颗粒的微观参数；

(2)通过伺服加载，对模型施加 0.5MPa 作用力，岩石 4 个侧面设置对称约束，使颗粒间具有初始固结作用；

(3)以模型中心为对称中心，删去 z 轴方向 6mm 厚的岩层颗粒，并于其中生成 6mm 高直径 10mm 的支撑柱；

(4)利用(2)中伺服原理，以相同方式施加 50MPa 闭合压力，模拟支撑柱在裂缝中受压而变形破坏的过程。

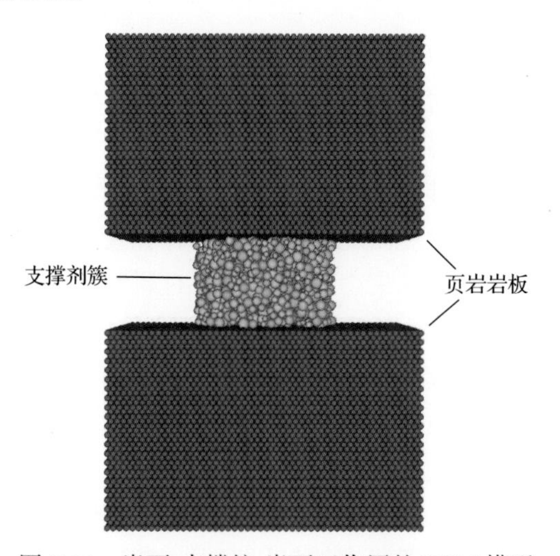

图 7-11　岩石-支撑柱-岩石互作用的 DEM 模型

2. 模型参数校验

1)岩板宏微观岩石力学参数校验

岩石的室内三轴岩石力学实验以及确定离散元模型微观参数的方法与 3.1.4 节

相同，在此不再赘述。本节采用的岩石微观参数如表 7-3 所示。

表 7-3　岩石微观参数

<table>
<tr><th colspan="3">参数</th><th>数值</th></tr>
<tr><td colspan="2" rowspan="3">岩石力学参数</td><td>弹性模量/GPa</td><td>30</td></tr>
<tr><td>泊松比</td><td>0.279</td></tr>
<tr><td>抗压强度/MPa</td><td>215.6</td></tr>
<tr><td rowspan="11">微观参数</td><td rowspan="3">线性接触</td><td>表观模量 E_c/GPa</td><td>5.7</td></tr>
<tr><td>法向刚度 k_n/(N/m)</td><td>$2.6k_s$</td></tr>
<tr><td>切向刚度 k_s/(N/m)</td><td>$2DE_c$</td></tr>
<tr><td rowspan="6">平行黏结</td><td>表观模量 E_c/(GPa)</td><td>5.7</td></tr>
<tr><td>法向刚度 k_n/(N/m)</td><td>$2.6k_s$</td></tr>
<tr><td>切向刚度 k_s/(N/m)</td><td>E_c/D</td></tr>
<tr><td>法向黏结强度/MPa</td><td>38</td></tr>
<tr><td>切向黏结强度/MPa</td><td>38</td></tr>
<tr><td>半径系数</td><td>1</td></tr>
<tr><td colspan="2">摩擦系数</td><td>0.5</td></tr>
<tr><td colspan="2">密度/(kg/m^3)</td><td>2650</td></tr>
</table>

2) 支撑柱模型微观参数校验

通道压裂所用压裂液添加了对支撑剂有包裹和约束作用的纤维，使砂粒间具有一定黏聚力。支撑剂与纤维随压裂液被泵注入裂缝后，纤维与支撑剂间的接触压力与摩擦力使得支撑剂簇呈现整体的力学性质，并在裂缝壁面的压力与纤维束缚力的作用下达到平衡。压裂液返排时，支撑柱受流体作用而发生剪切变形，诱发纤维轴向力分解为切向、法向两分力。由此可见纤维的存在使得支撑柱表现出一定强度，相当于无纤维砂粒间具有一定黏聚力，因此支撑柱颗粒间的接触模型除了常规均匀铺设支撑剂所用的线性接触模型，还需要采用平行黏结模型来表现颗粒间的黏聚力。支撑柱微观参数的选择以离散元模型与室内实验验证为前提。为保证模型支撑柱与实际岩石具备相同的力学性质，利用单轴离散元数值模拟实验来拟合支撑柱室内单轴压缩实验，从而选取合适的支撑柱模型的微观参数。若数值模型高度与直径随闭合压力的变化与实验结果基本一致，则当前支撑柱模型所取的微观参数符合要求。

为更真实地模拟支撑柱在裂缝中的挤压变形，将支撑柱置于两岩板间，在导流室中对上下岩板施加闭合压力。实验采用 API 标准导流室，因此支撑柱直径应小于导流室宽度的 1/2，本实验使用的支撑柱直径统一定为 10mm，高度为 6mm。采用上述方法，建立支撑柱离散元单轴压缩离散元数值模拟实验，用单轴压缩数值模拟实验所得应力-应变曲线逼近支撑柱实际的应力-应变曲线。经过多次数值实验，最终得到了支撑柱的微观参数(表 7-4)和几何尺寸变化曲线(图 7-12、图 7-13)。

表 7-4　支撑柱微观参数

支撑剂组合形式			40/70 目	30/50 目	20/40 目
微观参数	线性接触	表观模量 E_c/MPa	85		
		法向刚度 k_n/(N/m)	$2DE_c$		
		切向刚度 k_s/(N/m)	k_n		
	平行黏结	表观模量 E_c/MPa	85		
		法向刚度 k_n/(N/m)	E_c/D		
		切向刚度 k_s/(N/m)	k_n		
		法向黏结强度/MPa	500		
		切向黏结强度/MPa	500		
		半径系数	1		
	摩擦系数		0.9		
	密度/(kg/m^3)		2650		
	支撑剂半径 $D/2$/mm		0.21～0.42	0.3～0.6	0.42～0.84

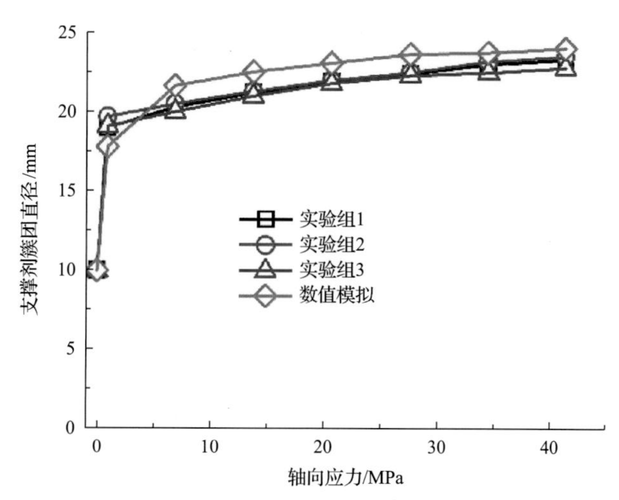

图 7-12　支撑柱直径变化的数值模拟与实验对比

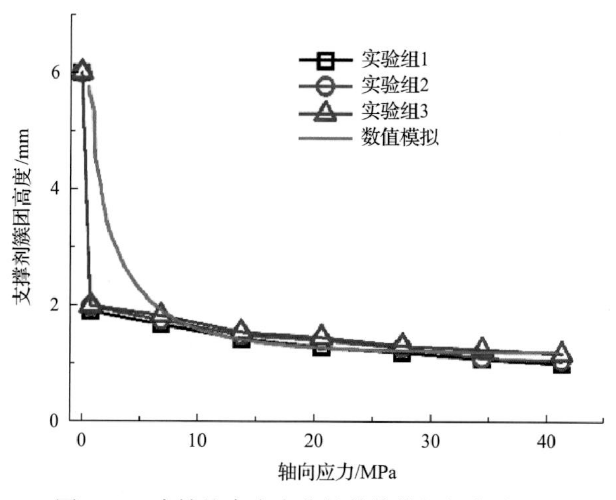

图 7-13　支撑柱高度变化的数值模拟与实验对比

3. 支撑裂缝的缝宽和导流能力计算

1) 支撑柱孔隙度计算方法

裂缝闭合过程中，支撑剂簇团受挤压而逐渐被压实。考虑到支撑剂簇团尺度较小，且颗粒随时间的增加而运动，为了获得准确的支撑剂簇团孔隙度，模拟时采用测量圆记录其孔隙度，以获得支撑剂簇团孔隙度随计算步数增加的变化。通过设置测量圆可获得该球体空间范围内的孔隙度，若测量圆过小，则其内孔隙度只能表示支撑剂簇团的局部孔隙度，不能代表支撑剂簇团整体孔隙度，若测量圆过大，则可能使球体边界位于支撑剂簇团外侧，同样使孔隙度出现偏差，因此设置合理的测量圆半径尤为重要。

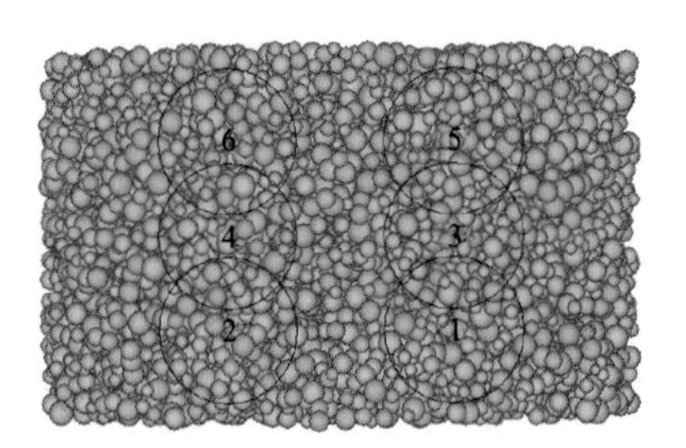

图 7-14　评估合理测量圆半径的 6 个测量圆

图 7-14 为上下岩板长、宽、高均为 20mm，且支撑剂簇团直径为 10mm、高度为 6mm 的模型。在支撑剂簇团内部取 6 个点为测量圆球心，以支撑剂簇团最小颗粒半径为单位，对测量圆半径取其倍数并逐渐增大。当测量圆较小时，孔隙度受测量圆球心处局部孔隙度影响，各测量圆孔隙度之间差距较大；当测量圆半径增大至一定尺寸时，各圆的孔隙度趋于一致，此时测量圆半径为合理半径。

由图 7-15 可知，测量圆半径与支撑剂簇团颗粒最小半径之比为 10 时，各圆孔隙度趋于一致。在模拟裂缝闭合时，对支撑剂簇团中心处设置该半径测量圆。

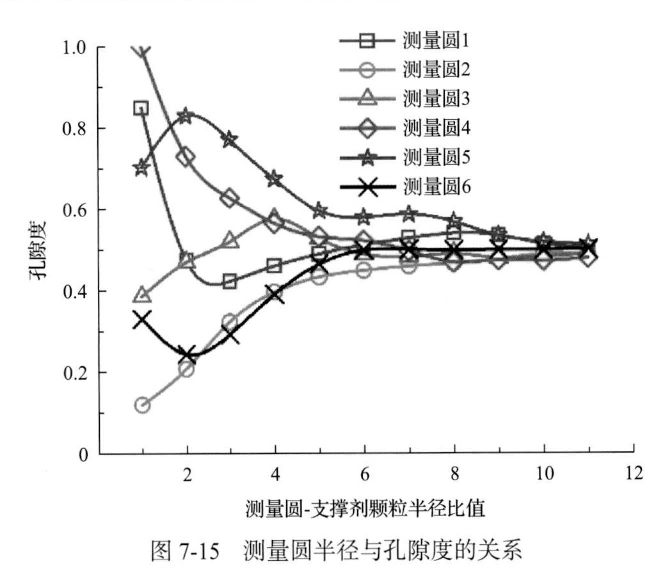

图 7-15　测量圆半径与孔隙度的关系

但随着裂缝闭合，上下两岩板逐渐向中间运动，当岩板运动至测量圆内时，其内孔隙度将不能反映支撑剂簇团的真实孔隙度。为了获得支撑剂簇团全程的孔隙度，对支撑剂簇团半高处设置 81 个半径为 7 倍支撑剂簇团最小颗粒半径的测量圆(图 7-16)。经检查，裂缝闭合后，该 81 个测量圆均位于支撑剂簇团内。对该 81 个测量圆所测孔隙度取平均值，所得孔隙度即为支撑剂簇团孔隙度。由于此方式获得的孔隙度可靠性未经证实，因此将此孔隙度与前述半径为 10 倍最小颗粒半径的测量圆所测数据进行对比。

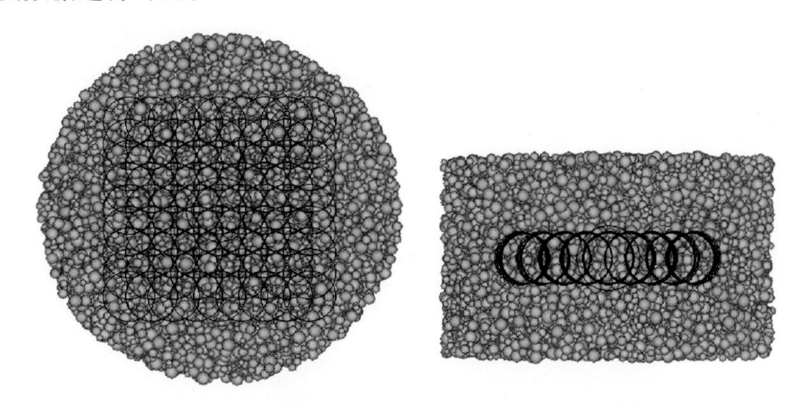

图 7-16 用于计算平均孔隙度的 81 个小测量圆

图 7-17 中大测量圆孔隙度即为半径为 10 倍最小颗粒半径的测量圆所测数据。在闭合缝宽为 4.2～6mm 时(初始缝宽为 6mm)，上下岩板未进入大测量圆区域，可作为依据校验 81 个较小测量圆所测平均孔隙度。根据闭合缝宽随压力的变化，$6kg/m^2$、$8kg/m^2$、$10kg/m^2$ 浓度支撑剂簇团分别在 2.09MPa、3.25MPa、6.84MPa 压力前可保持 4.2mm 闭合缝宽。图中三种浓度下，大测量圆孔隙度与平均孔隙度均有较好的吻合度，可见采用 81 个小测量圆所测孔隙度数据具有较高可靠性。

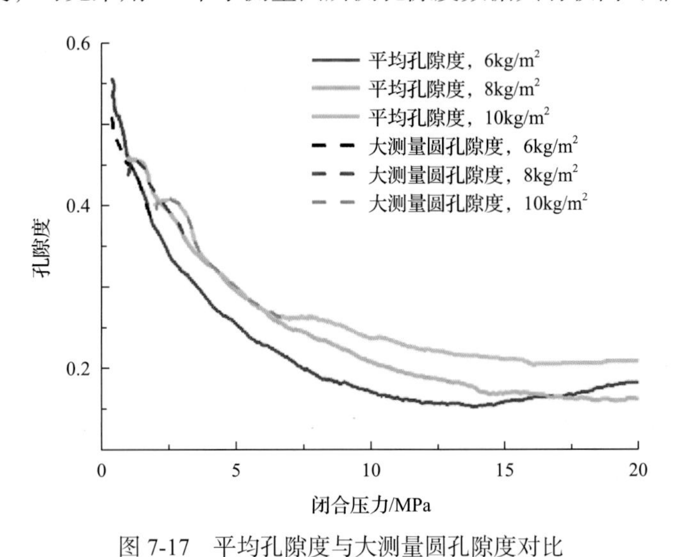

图 7-17 平均孔隙度与大测量圆孔隙度对比

2) 裂缝非均匀缝宽的计算方法

与均匀铺砂不同，通道压裂裂缝中，支撑剂簇团所在裂缝面受到支撑，支撑剂簇团之间的高导流通道以及相邻支撑剂簇团共同支撑裂缝。因此，以支撑剂簇团为中心的裂缝宽度将大于支撑剂簇团两侧裂缝宽度，高导流通道的缝宽则更小，裂缝缝宽呈现非均匀特征。裂缝闭合过程中，支撑剂簇团颗粒将嵌入上下裂缝面，因此裂缝闭合宽度为支撑剂簇团原高度(原裂缝宽度)与支撑剂簇团压缩量、支撑剂簇团嵌入量之差。模拟计算时，在岩板表面均匀设置了用于追踪裂缝面高度的岩石颗粒(图 7-18)，在 41.4MPa 闭合压力下不同铺砂浓度对应的缝宽沿岩板的分布如图 7-19 所示。铺砂浓度定义为单位裂缝面积上支撑剂的质量。通过调试支撑剂簇团初始孔隙度可改变支撑剂簇团所含支撑剂质量，进而获得不同初始孔隙度下对应的支撑剂簇团铺砂浓度。6kg/m^2、8kg/m^2、10kg/m^2 浓度对应初始孔隙度分别为 0.55、0.46、0.38。模型初始缝宽均为 6mm，随着闭合压力的增大，支撑剂簇团逐渐被压缩，在 41.4MPa 闭合压力下，支撑剂簇团浓度越大，则闭合缝宽越大。为避免将嵌入量计入闭合缝宽，计算时将高导流通道处的缝宽作为合适闭合缝宽(图 7-19)。

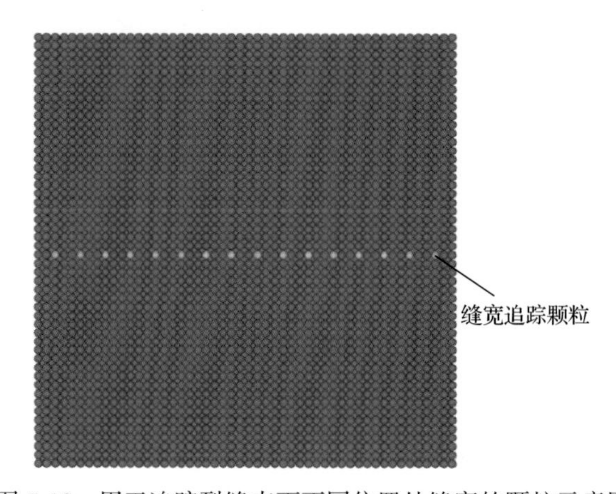

图 7-18　用于追踪裂缝表面不同位置处缝宽的颗粒示意图

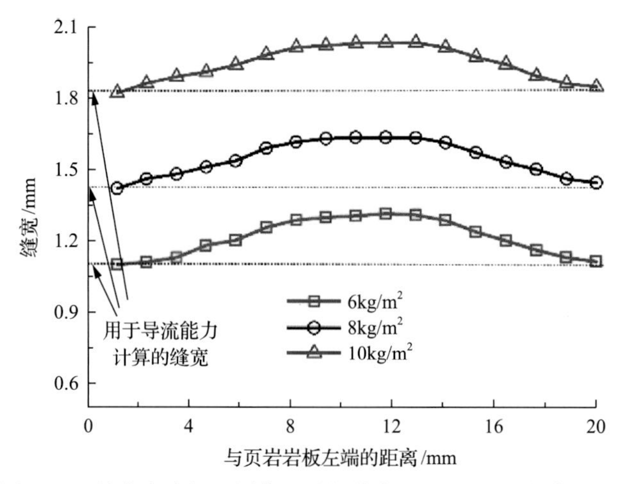

图 7-19　缝宽在岩板不同位置处的分布图(41.4MPa 闭合压力)

根据测量圆测得的孔隙度和数值模拟得到的裂缝闭合缝宽，分别求出支撑剂簇团渗透率 k_p 与高导流通道渗透率 k_f，进而求出式(7-18)的等效渗透率 k_0。根据式(7-18)得出裂缝的导流能力：

$$K = k_0 w_f \tag{7-18}$$

式中，K 为裂缝导流能力，$\mu m^2 \cdot cm$。

7.2.3　通道压裂裂缝导流能力的数值模拟分析

1. 支撑剂组合形式对裂缝导流能力的影响

图 7-20 中采用高度为 6mm、直径为 10mm、铺砂浓度为 $6kg/m^2$ 的支撑柱，储层弹性模量为 32GPa，分别将 20/40 目、30/50 目及 40/70 目支撑剂组合形式的孔隙度、闭合缝宽随闭合压力变化进行对比。20/40 目支撑柱孔隙度随压力增大而先减小后增大，30/50 目也有类似变化趋势，但增幅比 20/40 目小，40/70 目支撑柱孔隙度随压力增大而不断减小，基本没有增大趋势。可见支撑柱颗粒越大，孔隙度先减小后增大的变化过程越明显。随着闭合压力增大，闭合缝宽逐渐减小，且 20/40 目的闭合缝宽最大，30/50 目次之，40/70 目最小，这与均匀铺置支撑剂时闭合缝宽与支撑剂组合形式的规律相同。

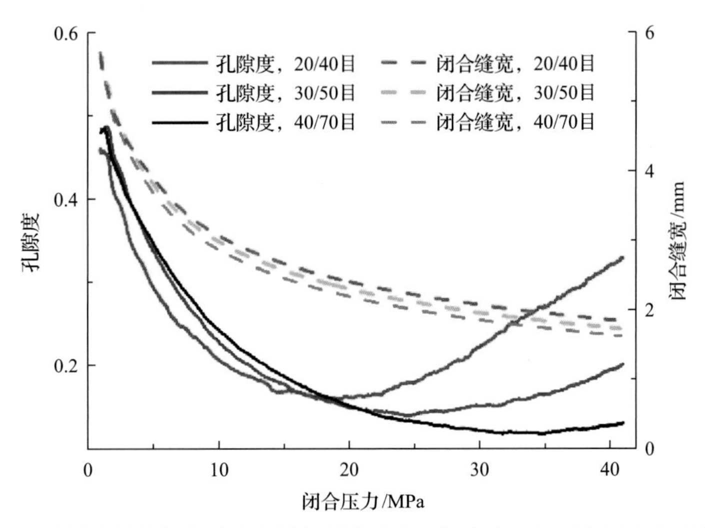

图 7-20　不同支撑剂组合形式支撑柱的孔隙度、闭合缝宽与闭合压力之间的关系

图 7-21 中 20/40 目支撑柱的导流能力最大，30/50 目次之，40/70 目最小。20/40 目支撑柱的闭合缝宽较大，在 41.4MPa 闭合压力下其孔隙度也大于 30/50 目与 40/70 目支撑柱孔隙度，此两方面原因使得 20/40 目支撑柱具有更大的导流能力。这就从微观的角度，较好地解释了大尺寸支撑剂颗粒在储层闭合压力条件下，具有较好的导流能力。由此可见，与常规压裂均匀铺置的支撑剂充填层性质类似，颗粒较大的支撑柱通常能使裂缝具有更高的导流能力。

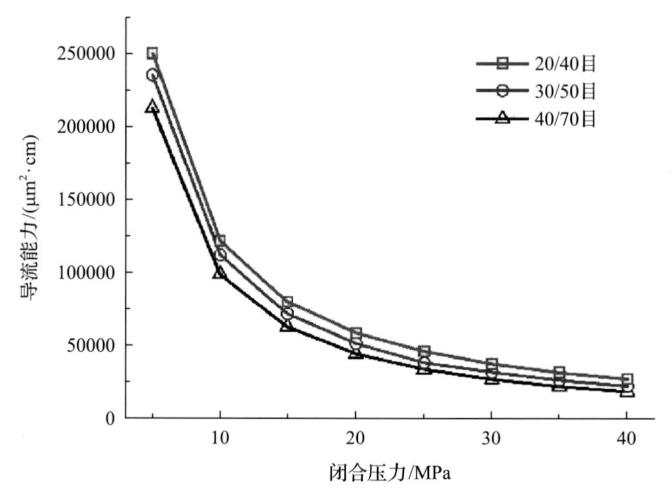

图 7-21　不同支撑剂组合形式支撑柱的导流能力与压力之间的关系

2. 支撑剂铺砂浓度对裂缝导流能力的影响

图 7-22 中采用高度为 6mm、直径为 10mm、20/40 目的支撑柱，储层弹性模量为 32GPa，三种铺砂浓度的孔隙度曲线均有先增后减小的明显变化，但孔隙度与铺砂浓度成反比。裂缝宽度随闭合压力的增大而逐渐减小，$10kg/m^2$ 闭合缝宽最大，$8kg/m^2$ 次之，$6kg/m^2$ 最小。不同浓度下缝宽差距随闭合压力的增大逐渐减小，10MPa 压力下 $10kg/m^2$ 与 $8kg/m^2$ 的裂缝宽度相差 0.82mm，$8kg/m^2$ 与 $6kg/m^2$ 的裂缝宽度相差 0.6mm；而在 41.4MPa 的闭合压力下，$10kg/m^2$ 与 $8kg/m^2$ 的缝宽差距减小至 0.39mm，$8kg/m^2$ 与 $6kg/m^2$ 的缝宽差距减小至 0.31mm。

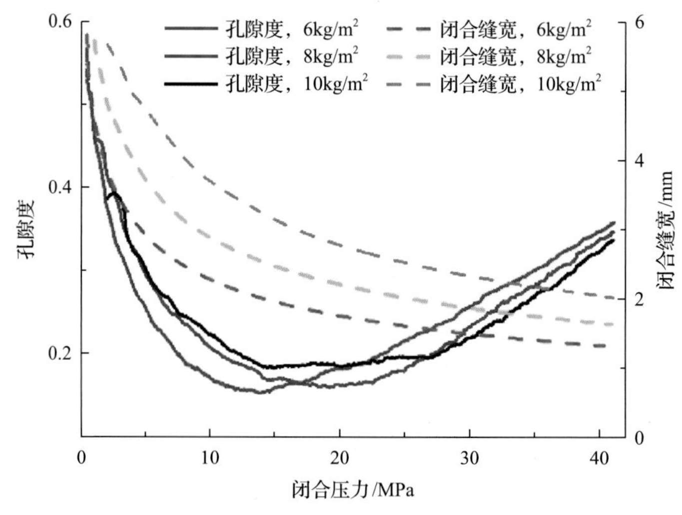

图 7-22　不同浓度支撑柱的孔隙度、闭合缝宽与闭合压力之间的关系

图 7-23 中闭合压力从 5MPa 上升至 10MPa 时，$6kg/m^2$、$8kg/m^2$、$10kg/m^2$ 导流能力分别减小了 52.3%、53.5%、52.4%，此时闭合缝宽迅速减小导致了导流能力下

降。闭合压力增大至30MPa后，支撑柱导流能力已基本保持不变。支撑柱铺砂浓度较大时，其导流能力也较大。可见相对于支撑柱的孔隙度，缝宽对导流能力的贡献更大。

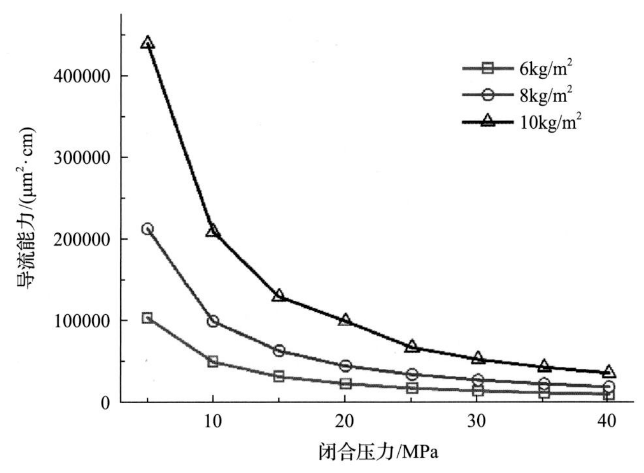

图7-23　不同浓度支撑柱的导流能力与压力之间的关系

3. 携砂液与中顶液脉冲时间之比对裂缝导流能力的影响

图7-24为采用高度为6mm、20/40目、铺砂浓度为8kg/m^{2}的支撑柱，储层弹性模量为32GPa，不同t_p/t_f时，支撑柱孔隙度与压力之间的关系。一方面，随着闭合压力的增大，支撑柱孔隙度呈现先增大后减小的变化过程；另一方面，对于t_p/t_f越小的情况，孔隙度的这种转变过程越明显。t_p/t_f越小，支撑柱最终的孔隙度越大，且黏结断裂数量越多。图7-25为不同t_p/t_f时，闭合缝宽与压力之间的关系。t_p/t_f的值越大，闭合缝宽也越大。t_p/t_f值增大0.1时，最终的闭合缝宽可平均增加0.35mm。虽然t_p/t_f越大，闭合缝宽也越大，但这并不意味着其导流能力也越大。相反地，t_p/t_f增大后，支撑柱间距相对于直径减小，反而不利于导流能力增大。

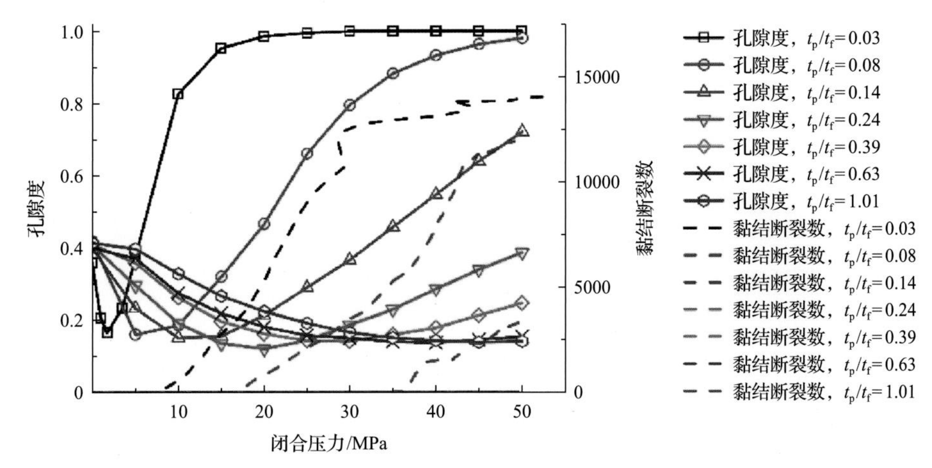

图7-24　不同t_p/t_f时，孔隙度随闭合压力的变化

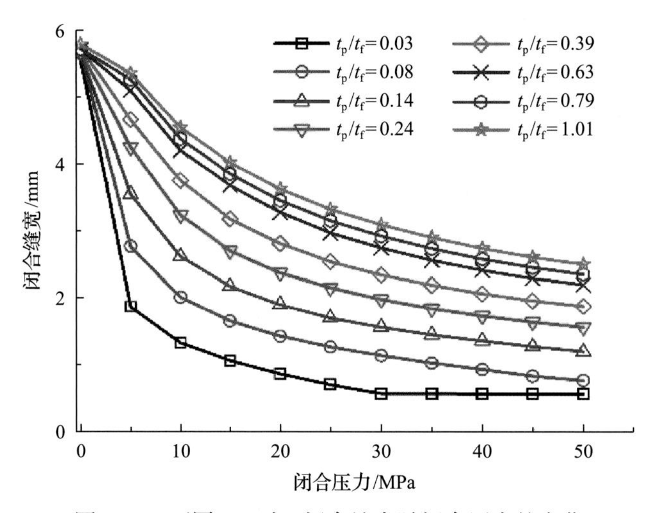

图 7-25　不同 t_p/t_f时，闭合缝宽随闭合压力的变化

图 7-26 是不同闭合压力下支撑柱导流能力随 t_p/t_f的变化。由图可知，闭合压力较小时，导流能力较大；随着闭合压力增大，导流能力逐渐减小，并基本趋于不变。t_p/t_f增大，导流能力先增大后减小，在 0.75 左右时达到最大值。结合图 4.25 可知，t_p/t_f较小时，支撑柱对裂缝支撑作用较弱，裂缝闭合缝宽较小，油气渗流困难；而 t_p/t_f较大时，支撑柱能保持较大的闭合缝宽，但相比 t_p/t_f 较小的情况，其高导流通道更狭窄，因此 t_p/t_f值大于 0.8 以后，导流能力反而减小。同时，考虑到 t_p/t_f越大，支撑裂缝越易出砂，因此将 t_p/t_f范围确定为(0.5，1.2)较为合适，即在一个脉冲周期内，携砂液与中顶液的最优脉冲时间比范围为(0.5，1.2)。

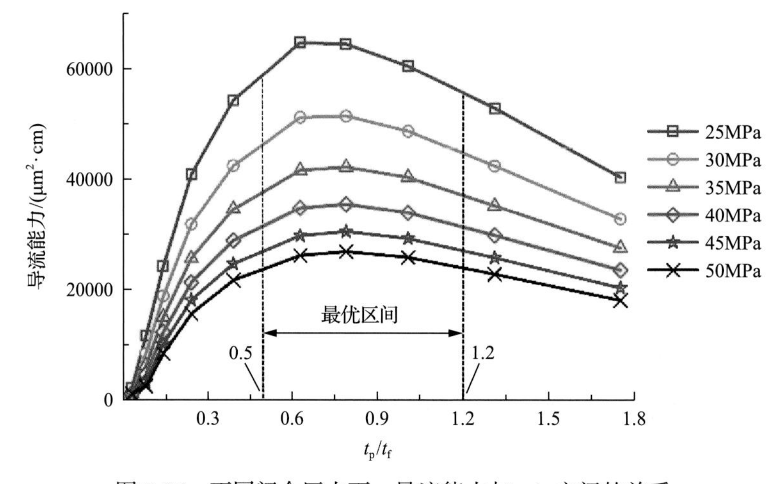

图 7-26　不同闭合压力下，导流能力与 t_p/t_f之间的关系

4. 储层弹性模量与裂缝闭合压力之比对裂缝导流能力的影响

斯伦贝谢公司提出了通道压裂技术的适用性标准：以储层弹性模量与裂缝闭合压力比值的大小为依据，即

$$\mathrm{Ratio}=\frac{E}{\sigma} \tag{7-19}$$

斯伦贝谢公司指出若此比值小于 275，则该储层不适宜采用通道压裂技术。为了评价此准则的可靠性，本节通过改变储层弹性模量与裂缝闭合压力，研究不同比值下裂缝导流能力。

图 7-27 为采用高度为 6mm、直径为 10mm、20/40 目、铺砂浓度为 8kg/m^2 的支撑柱，不同岩石弹性模量下，裂缝闭合缝宽与闭合压力之间的关系。对于相同的 Ratio 值，岩石模量越大，则闭合压力越大，闭合缝宽越小。图 7-28 为不同岩石弹性模量下，裂缝导流能力与 Ratio 值之间的关系。导流能力随着 Ratio 的增大而增大，这与通道压裂判断准则保持一致。同时，岩石弹性模量越大时，Ratio 值增大对导流能力的影响越明显。

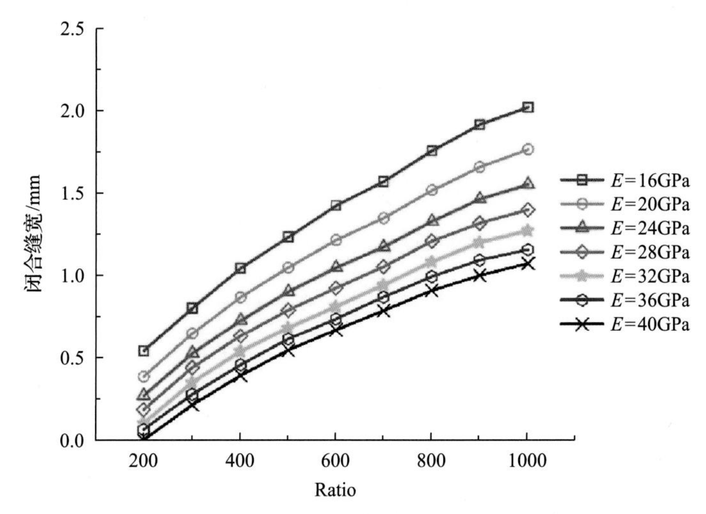

图 7-27　不同岩石弹性模量下，闭合缝宽与 Ratio 值之间的关系

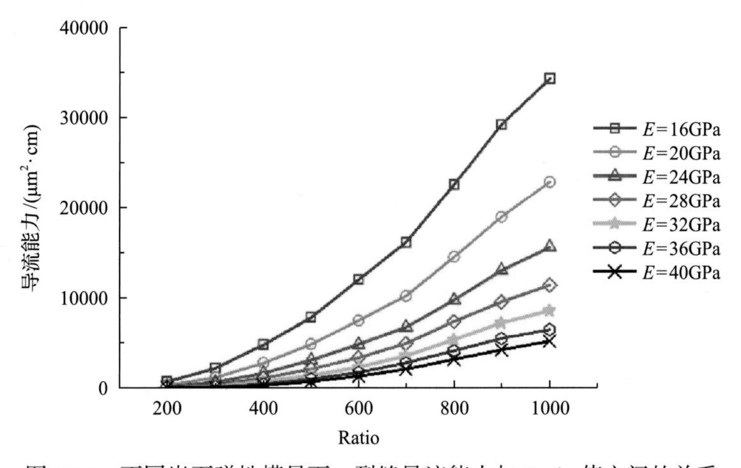

图 7-28　不同岩石弹性模量下，裂缝导流能力与 Ratio 值之间的关系

图 7-29 为采用高度为 6mm、直径为 10mm、20/40 目、铺砂浓度为 8kg/m^2 的支撑柱，不同压力下，闭合缝宽与 Ratio 之间的关系。图 7-30 为不同闭合压力下，裂缝导流能力与 Ratio 值之间的关系。相同压力下，随着 Ratio 增大，闭合缝宽、导流能力没有出现非常明显的变化规律。根据式(7-19)，压力不变时，Ratio 增大意味着岩石弹性模量的增大。在压力为 35MPa 和 40MPa 时，随着 Ratio 增大，闭合缝宽与导流能力略微增大，即岩石弹性模量较大时，岩石表现出更大的硬度，从而产生较大的闭合缝宽，Deng 等在模拟结果中观察到了相同的现象(Bolintineanu et al., 2017)。

裂缝闭合压裂为 20MPa、25MPa、30MPa 下并未观察到该现象，这可能是岩石弹性模量范围较小导致的。根据式(7-19)，20MPa 下，Ratio 值为 300～1000 对应弹性模量为 6～20GPa；而 40MPa 下，Ratio 值为 300～1000 对应弹性模量为 12～40GPa，比前者的弹性模量范围更宽，因此 Ratio 对闭合缝宽与导流能力的影响更加明显。

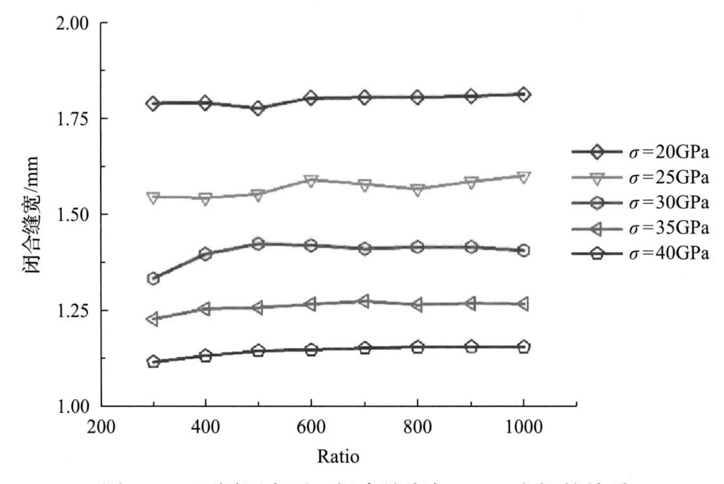

图 7-29　不同压力下，闭合缝宽与 Ratio 之间的关系

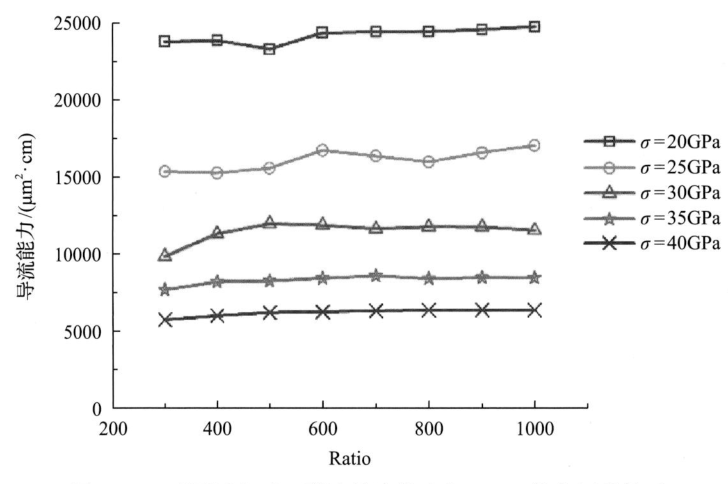

图 7-30　不同压力下，裂缝导流能力与 Ratio 值之间的关系

7.3 基于支撑剂簇非线性变形的裂缝导流能力解析模型

本节根据 7.1 节建立的支撑柱非线性应力-应变本构模型，将支撑柱本构模型和弹性接触理论相结合，推导支撑柱嵌入和裂缝宽度变化的解析模型，最终建立综合考虑支撑柱力学特征和裂缝壁面变形的通道压裂裂缝导流能力模型。

7.3.1 簇式支撑裂缝导流能力解析模型

1. 簇式支撑裂缝非均匀缝宽解析模型

1) 裂缝壁面的非均匀变形

由于裂缝壁面受力不均匀，通道处裂缝面未能得到直接支撑，且支撑剂颗粒会嵌入裂缝壁面，造成通道压裂裂缝缝宽分布不均匀。支撑剂团间隔较近时，裂缝稳定性较好，但流体流动通道较小，流动阻力较大，且相邻支撑柱发生径向变形后可能会相互接触而形成无效通道；支撑剂团间隔较远时，流动通道较大，有利于返排和生产，但裂缝稳定性得不到保证，相邻支撑柱间的裂缝可能得不到有效支撑而垮塌，堵塞流动通道。裂缝壁面受不均匀分布力的物理情况可以用弹性力学中的理论来描述(Johnson, 1985)。

根据弹性理论，半空间体受法向分布力时边界上任一点的沉陷可通过式(7-20)计算(Johnson, 1985)：

$$w = \frac{(1-\nu_r^2)q}{\pi E_r}\iint \mathrm{d}s\mathrm{d}\psi \tag{7-20}$$

式中，w 为沉陷量，mm；ν_r 为岩石的泊松比，无量纲；E_r 为岩石的弹性模量，MPa；q 为表面均布荷载，MPa；ψ 和 s 为几何参数，与计算点 M 和负荷区之间的相对距离有关，如图 7-31 和图 7-32 所示。

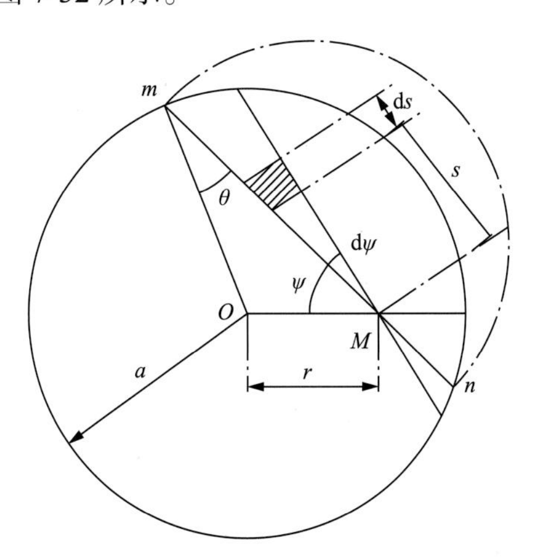

图 7-31 M 为负荷区内的任意点

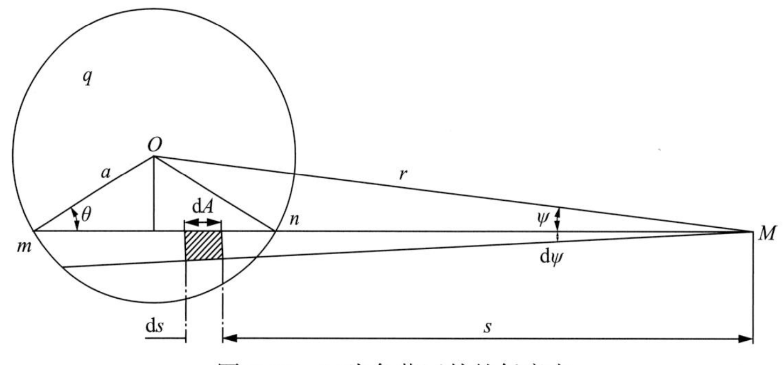

图 7-32　M 为负荷区外的任意点

(1)当 M 位于荷载面积之内。

如图 7-31 所示，O 点为支撑柱投影圆的中心，投影圆的半径为 a，施加在圆形区域的荷载为 q，M 点在投影圆内。

取微分面积 $dA=sd\psi ds$，如阴影线所示，弦 mn 的长度为 $2a\cos\theta$，ψ 由 0 变为 $\pi/2$，根据式(7-20)可知，M 点的沉陷量可被修订为

$$\alpha=\frac{4(1-\nu_{\mathrm{r}}^{2})qa}{\pi E_{\mathrm{r}}}\int_{0}^{\frac{\pi}{2}}\sqrt{1-\frac{r^{2}}{a^{2}}\sin^{2}\psi}\,\mathrm{d}\psi \tag{7-21}$$

支撑柱平均沉陷量通过面积加权计算：

$$\alpha=\frac{4(1-\nu_{\mathrm{r}}^{2})q}{\pi^{2}E_{\mathrm{r}}a}\iint_{D}\left[\int_{0}^{\frac{\pi}{2}}\sqrt{1-\frac{r^{2}}{a^{2}}\sin^{2}\psi}\,\mathrm{d}\psi\right]c\mathrm{d}c\mathrm{d}\theta \tag{7-22}$$

利用辛普森公式求解上述积分：

$$\alpha=\frac{1.3(1-\nu_{\mathrm{r}}^{2})qa}{E_{\mathrm{r}}} \tag{7-23}$$

(2)当计算点 M 位于负荷区之外。

如图 7-32 所示，对 s 进行积分，注意弦 mn 的长度为 $2\sqrt{a^{2}-r^{2}\sin^{2}\psi}$，并对 ψ 进行积分时考虑对称性，得到：

$$\mathrm{d}A=s\mathrm{d}\psi\mathrm{d}s \tag{7-24}$$

式中，引用变数 θ 以代替变数 ψ，可以简化以上积分式的运算。由图 7-32 可知 $a\sin\theta=r\sin\psi$，于是可得：

$$\mathrm{d}\psi=\frac{a\cos\theta\mathrm{d}\theta}{r\cos\psi}=\frac{a\cos\theta\mathrm{d}\theta}{r\sqrt{1-\frac{a^{2}}{r^{2}}\sin^{2}\theta}} \tag{7-25}$$

式(7-25)中，当ψ由0变为ψ_1时，θ由0变为$\pi/2$，即得

$$\beta = \frac{4(1-{\nu_r}^2)q}{\pi E_r}\int_0^{\frac{\pi}{2}}\frac{a^2\cos^2\theta \mathrm{d}\theta}{r\sqrt{1-\frac{a^2}{r^2}\sin^2\theta}} \tag{7-26}$$

则式(7-20)M点的沉陷量可化解为

$$\beta = \frac{4(1-\nu_r^2)qr}{\pi E_r}\left[\int_0^{\frac{\pi}{2}}\sqrt{1-\frac{a^2}{r^2}\sin^2\theta}\mathrm{d}\theta-(1-\frac{a^2}{r^2})\int_0^{\frac{\pi}{2}}\frac{\mathrm{d}\theta}{\sqrt{1-\frac{a^2}{r^2}\sin^2\theta}}\right] \tag{7-27}$$

当存在多个支撑柱时，通过叠加原理计算各个位置的沉陷量：

$$\beta = \sum_{i=1}^{n}\frac{4(1-\nu_r^2)qr_i}{\pi E_r}\left[\int_0^{\frac{\pi}{2}}\sqrt{1-\frac{a^2}{r_i^2}\sin^2\theta}\mathrm{d}\theta-\left(1-\frac{a^2}{r_i^2}\right)\int_0^{\frac{\pi}{2}}\frac{\mathrm{d}\theta}{\sqrt{1-\frac{a^2}{r_i^2}\sin^2\theta}}\right] \tag{7-28}$$

利用辛普森公式求解上述积分：

$$\beta = \sum_{i=1}^{n}\frac{(1-\nu_r^2)qr_i}{3E_r}\left[\left(1+4\sqrt{1-\frac{a^2}{2r_i^2}}+\sqrt{1-\frac{a^2}{r_i^2}}\right)-\left(1-\frac{a^2}{r_i^2}\right)\left(1+\frac{4}{\sqrt{1-\frac{a^2}{2r_i^2}}}+\frac{1}{\sqrt{1-\frac{a^2}{r_i^2}}}\right)\right] \tag{7-29}$$

式中，r_i为测试点距支撑柱i中心的距离，mm。

如图7-33所示，支撑柱的平均沉陷量α实际上代表了沉陷影响下整体缝宽的减小量，而荷载外点的沉陷量β则代表了沉陷点之外由于支撑作用而产生的干扰变形量，因此二者之差即代表由于沉陷引起的荷载外点的缝宽减小量，若上下板均沉陷，则得到如下计算式：

$$\delta_1 = 2\delta = 2\alpha - 2\beta \tag{7-30}$$

2) 支撑柱内支撑剂颗粒的嵌入量

Li等(2015)和Gao等(2012)对传统均匀加砂的水力压裂后支撑剂嵌入量以及裂缝导流能力进行了详细研究。本章中采用Li的支撑剂颗粒嵌入模型，由此，两个相互接触圆球球心之间距离的变化满足以下关系：

$$l=\frac{\frac{3}{4}PC_{\mathrm{E}}}{\left(\frac{3}{4}PC_{\mathrm{E}}\frac{R_1R_2}{R_1+R_2}\right)^{\frac{1}{3}}} \tag{7-31}$$

式中，l 为两个球心之间距离的变化，mm；P 为施加在两个球体上的外力，N；R_1，R_2 为两个球体的半径，mm。C_{E} 可表达为

$$C_{\mathrm{E}}=\frac{1-\nu_1^2}{E_1}+\frac{1-\nu_2^2}{E_2} \tag{7-32}$$

式中，ν_1，ν_2 为两球体的泊松比，无量纲；E_1，E_2 为两球体的弹性模量，Pa。

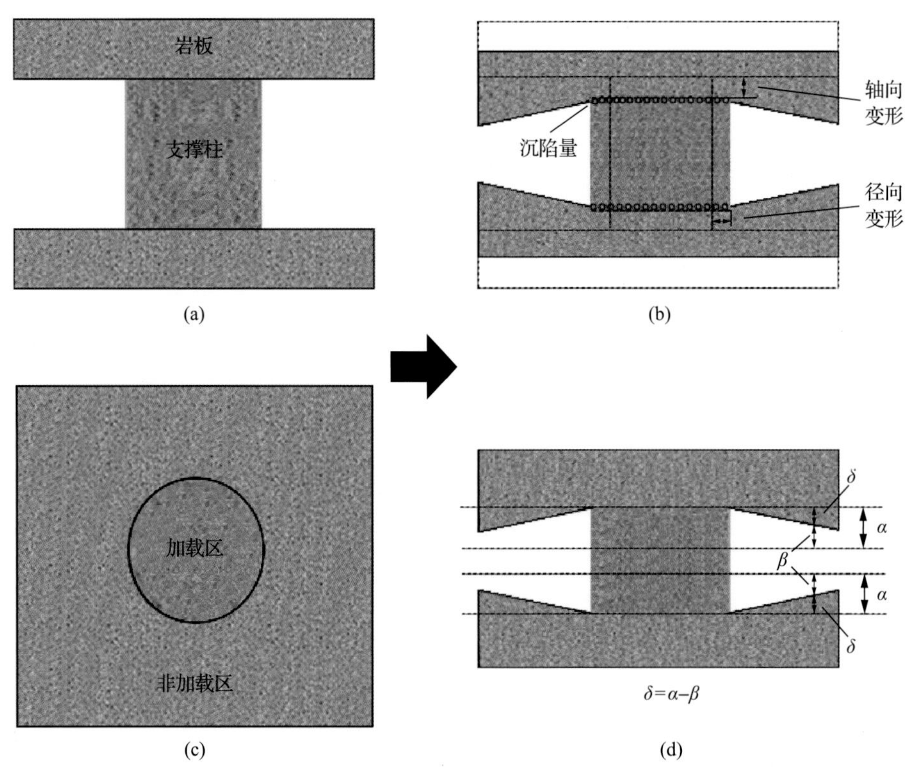

图 7-33　裂缝面变形示意图

随着 $R_2\to\infty$，球体 2 相对于球体可被视为平面。l 转变为式(7-33)中的 l_1，即一球体与平面接触时球心与平面距离的变化。l_1 由两部分组成，包括球体 1 的变形以及其嵌入平面的量：

$$l_1=\frac{2\left(\frac{3}{8}PD_1C_{\mathrm{E}}\right)^{\frac{2}{3}}}{D_1} \tag{7-33}$$

此外，如果 $E_2 \to \infty$，平面变为刚体，l_1 转变为式(7-34)中的 l_2，代表球体 1 与刚体接触后的变形量：

$$l_2 = \frac{2\left(\frac{3}{8} P D_1 \frac{1-\nu_1^2}{E_1}\right)^{\frac{2}{3}}}{D_1} \tag{7-34}$$

合并式(7-33)和式(7-34)，球体 1 在平面中的嵌入量 δ_2 可按式(7-35)进行计算：

$$\delta_2 = l_1 - l_2 = \frac{2\left(\frac{3}{8} P D_1\right)^{\frac{2}{3}}}{D_1}\left[\left(\frac{1-\nu_1^2}{E_1}+\frac{1-\nu_2^2}{E_2}\right)^{\frac{2}{3}} - \left(\frac{1-\nu_1^2}{E_1}\right)^{\frac{2}{3}}\right] \tag{7-35}$$

施加在球体 1 上外力与闭合压力之间的关系式：

$$P = p\left(K D_1\right)^2 \tag{7-36}$$

合并式(7-35)和式(7-36)，将岩石和支撑剂的弹性参数代入公式，支撑剂的嵌入量 δ_2 满足以下方程：

$$\delta_2 = \frac{2\left(\frac{3}{8} p K^2 D_1^3\right)^{\frac{2}{3}}}{D_1}\left[\left(\frac{1-\nu_{pr}^2}{E_{pr}}+\frac{1-\nu_r^2}{E_r}\right)^{\frac{2}{3}} - \left(\frac{1-\nu_{pr}^2}{E_{pr}}\right)^{\frac{2}{3}}\right] \tag{7-37}$$

式中，δ_2 为支撑剂的嵌入量，mm；K 为距离系数，无量纲；D 为支撑柱之间的距离，mm；ν_{pr} 为支撑剂的泊松比，无量纲；E_{pr} 为支撑剂的弹性模量，MPa。

缝宽的变化受到支撑柱本身变形和支撑剂簇团嵌入的影响，裂缝中任一点的缝宽 w 可通过式(7-38)计算：

$$w = h_0 - \Delta h - \delta_1 - \delta_2 \tag{7-38}$$

式中，h_0 为支撑剂簇团的初始高度，mm；Δh 为支撑剂簇团高度变化，mm。

2. 通道压裂裂缝导流能力的解析模型

如图 7-34 所示，通道压裂时，裂缝内由支撑柱和相邻支撑柱间的开放通道组成，储层流体优先在流动阻力较小的通道内流动，同时也通过支撑柱内的空隙进行流动。因此通道压裂裂缝内流体的流动模型为双重介质模型，支撑柱内的流动可视为达西流动或类似的近似模型，而开放通道内的流动则采用更基本的流体力学概念来描述(Zhu et al., 2015b, 2016)。

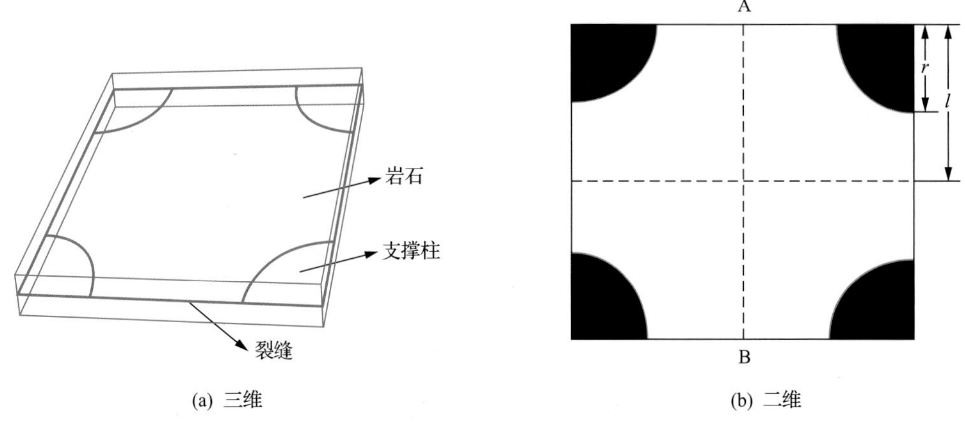

(a) 三维　　(b) 二维

图 7-34　支撑柱在裂缝中的铺置

支撑柱部分为多孔介质流动，其渗透率可以通过式(7-12)计算，其中的孔隙度在实验中不便测量，它可以通过式(7-39)进行预测：

$$\phi = \frac{V_{\mathrm{p}} - m_{\mathrm{p}} / \rho_{\mathrm{pr}}}{V_{\mathrm{p}}} \tag{7-39}$$

式中，V_{p} 为支撑柱的体积，m^3；ρ_{pr} 为支撑剂密度，$\mathrm{kg/m^3}$；m_{p} 为支撑剂的质量，kg。由于支撑剂簇团变形后的半径和高度可以通过理论模型计算得到，支撑剂质量和密度可以事先测量，因此式(7-39)中的孔隙度可以求得。

开放通道内流体的流动可以用一维线性纳维-斯托克斯方程来表征(王雷等，2016；Zheng et al., 2017；Bolintineanu et al., 2017)。通道部分的渗透率可以通过经典的立方定律得到(Gillard et al., 2010)：

$$k_{\mathrm{C}} = \frac{w^2}{12} \tag{7-40}$$

式中，k_{C} 为通道的有效渗透率，mm^2。

取导流能力计算单元如图 7-35 所示，下标 1、2、3 分别代表不同部分的渗透率。根据达西定律，开放通道内流体的流量可表示为

$$q = -\frac{kA}{\mu}\frac{\mathrm{d}p}{\mathrm{d}x} \tag{7-41}$$

式中，q 为通过横截面的流量，$\mathrm{m^3/s}$；μ 为流体黏度，Pa·s；A 为渗流面积，m^2。

根据区域 1 和 2 的压差叠加关系，可以得到区域 1 和 2 的等效渗透率：

$$\frac{1}{k_{\mathrm{eq}}^{1,2}} = \frac{1}{k_1}(1-\eta) + \frac{1}{k_2}\eta \tag{7-42}$$

式中，η 为支撑剂簇团半径与岩板半长的比值。

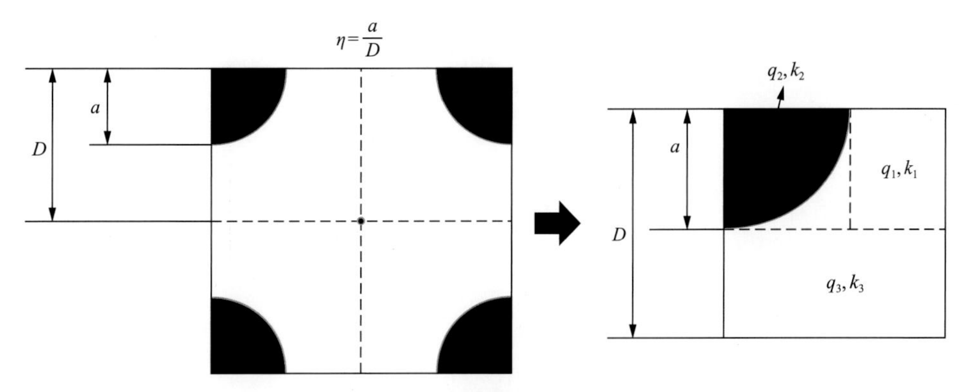

图 7-35　导流能力计算模型

根据区域 1 和 3 的流量叠加关系，可以得到区域 1、2 和 3 的等效渗透率：

$$k_{\mathrm{eq}}^{1,2,3} = k_{\mathrm{eq}}^{1,2}\eta + k_3(1-\eta) \tag{7-43}$$

最后，通道压裂裂缝导流能力可以通过式(7-44)计算：

$$F = k_{\mathrm{eq}}^{1,2,3} w \tag{7-44}$$

裂缝闭合过程中，由于裂缝壁面受力不均匀，因此缝宽分布不均匀，为了简化计算，将通道中最小宽度作为等效裂缝宽度(图 7-36)。

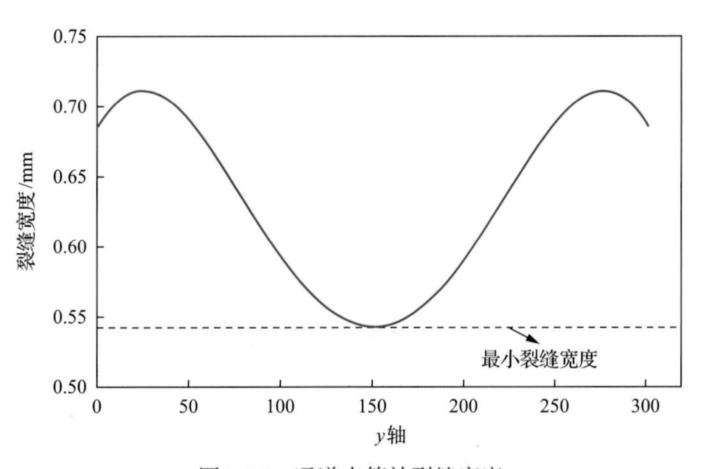

图 7-36　通道内等效裂缝宽度

Gillard 等(2010)通过理论和实验证明通道压裂裂缝导流能力比常规均匀铺砂高 1.5～2.5 个数量级，说明支撑柱之间通道的形态决定了通道压裂裂缝的导流能力。若相邻支撑柱的间距较小，裂缝闭合过程中，相邻支撑柱因径向变形而发生接触重叠时，支撑柱间的高导流通道将消失，裂缝导流能力变为传统均匀加砂压裂的情况。此时，裂缝导流能力就等于支撑裂缝缝宽与支撑剂充填层渗透率的乘积，渗透率可通过式(7-43)计算。因此，当通道成为死通道后，一部分裂缝变为常规铺砂裂缝，大大影响渗流作用，导致其导流能力远低于通道压裂裂缝。若支撑剂的间距较大时，支撑柱无法支撑裂缝，支撑柱之间的裂缝就会由于闭合压力的作用，发生闭合，裂缝无法得到有效支撑，压后效果差。为了使问题简单化，本章仅研究通道存在时的裂缝导流能力，下面所涉及的裂缝宽度均为通道的等效裂缝宽度。

3. 模型验证

裂缝缝宽的分布目前难以测量。因此，以裂缝导流能力为指标来验证模型的准确性。支撑柱为 10 个，其直径为 0.01m、高度为 0.01m，采用正方形排列在导流室内。取全直径岩心制作岩板长度为 0.14m，宽度为 0.038m。裂缝闭合压力分别设置为 0.5MPa、2MPa、10MPa、30MPa、50MPa。通过 FCES-100 裂缝导流能力测试系统测试不同压力下的裂缝导流能力(Zhang et al., 2017b)。

采用以上实验参数进行解析模型的建模后，计算通道压裂裂缝的导流能力，并与室内实验数据对比。如图 7-37 所示，解析模型结果略小于实验结果，但是解析模型结果与实验测试结果基本一致。因此，可以利用该解析模型对高导流裂缝的导流能力进行预测。

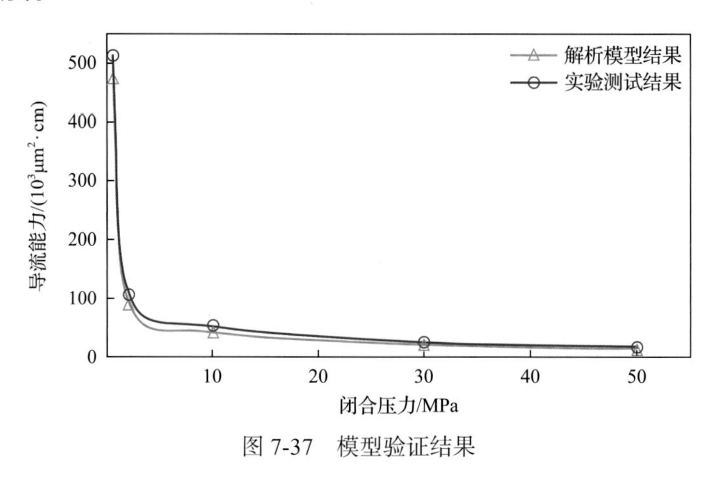

图 7-37　模型验证结果

7.3.2　通道压裂裂缝导流能力的影响因素分析

胜利油田 DB 20-X27 井沙二段致密油藏埋深 3050～3500m，储层裂缝闭合压力为 50MPa，岩石弹性模量为 30GPa，泊松比为 0.28。裂缝有效宽度通常为变化值，一般为 5～10mm，假设裂缝宽度为 5mm。DB20-X27 井通道压裂时，泵注总时间约为 75min，泵注排量为 5m^3/min，携砂液阶段时间为 1min，中顶液时间也为 1min，携砂液密度为500kg/m^3，支撑剂密度为2650kg/m^3，射孔数为72，有效孔占比0.8，由式(7-6)可推算出支撑剂簇团的直径约为1m。

由此可归纳出计算所需参数，如表7-5所示。

表7-5　模拟参数汇总

参数	取值
支撑剂簇团直径/m	1
支撑剂簇团高度/m	0.005
支撑剂簇团弹性模量/MPa	见表7-4
支撑剂簇团泊松比	见表7-4
闭合压力/MPa	50
储层岩石弹性模量/GPa	30
储层岩石泊松比	0.28

1. 裂缝闭合压力的影响

为了分析闭合压力对缝宽的影响，相邻支撑剂簇团间距取为2m。选取0.5MPa、2MPa、10MPa、30MPa、50MPa五个压力点进行分析。通过计算得到不同闭合压力下的缝宽分布云图，如图7-38所示。图7-38中黑色部分为支撑剂簇团区域，其宽度单独计算。从图中可以看出，距支撑剂簇团越远，缝宽越小，裂缝壁面受到支撑剂簇团的支撑作用越小，这说明支撑剂簇团的支撑作用与距支撑剂簇团的距离呈负相关。不同闭合压力下缝宽的变化较大，说明闭合压力对裂缝宽度影响程度较大，但随着闭合压力的增大，缝宽减小的幅度逐渐平缓。

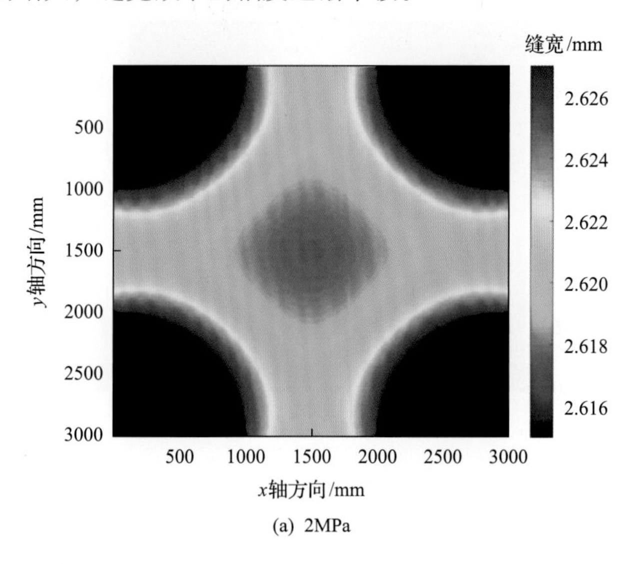

(a) 2MPa

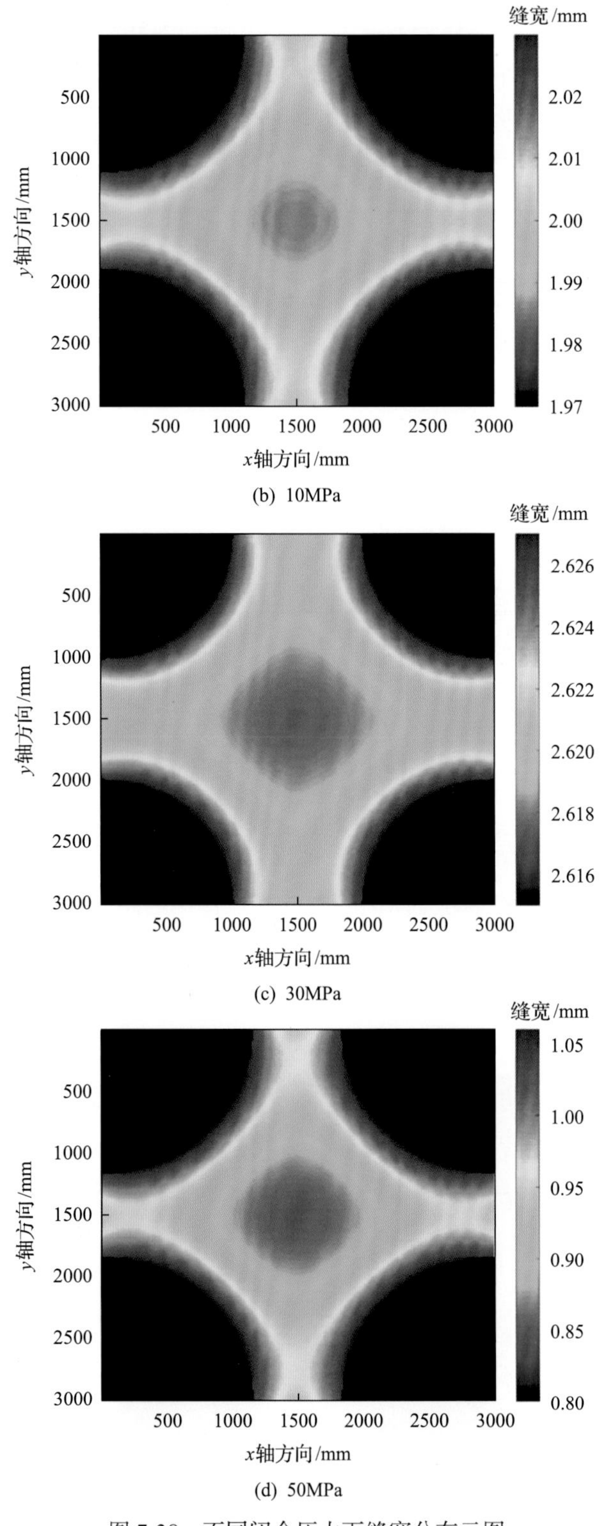

图 7-38　不同闭合压力下缝宽分布云图

选取岩板模型中线位置的缝宽，作出分析区域的缝宽分布曲线图，如图 7-39 所示。从图中可以看出，缝宽的大小与分析点的位置有一定关系，距支撑剂簇团越远，缝宽越小，而模型中心离四个支撑剂簇团最远，因此缝宽最小。裂缝平均缝宽随着闭合压力的增大而减小，当闭合压力较小时，如闭合压力从 0.4MPa 变化到 2MPa，缝宽减小了约 1.5mm，变化十分明显；而当闭合压力从 10MPa 变化到 50MPa，缝宽仅减小了约 1mm。当闭合压力达到 50MPa 时，仍具有 0.9mm 左右的缝宽，通过折算可知此时支撑剂簇团已承受极大的压力，但裂缝仍具有一定的渗流能力。

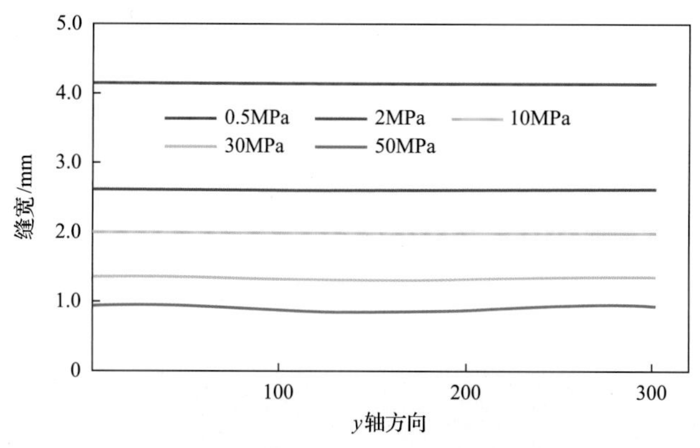

图 7-39　不同闭合压力下缝宽分布曲线图

不同裂缝闭合压力下裂缝体积和导流能力对比见图 7-40、图 7-41。从图中可以看出，裂缝体积和导流能力都随闭合压力的增大而减小，当应力较低时，裂缝表现出较强的应力敏感。当闭合压力达到 2MPa，导流能力随闭合压力的减小幅度逐渐放缓，50MPa 闭合压力下仍具有高于常规铺砂裂缝的导流能力。

2. *岩石弹性模量的影响*

为了分析岩石弹性模量对缝宽的影响，首先假设闭合压力为 50MPa，岩石泊松比为 0.28，相邻支撑剂簇团间距为 2m。设定岩石弹性模量分别为 20GPa、25GPa、30GPa、35GPa 和 40GPa。

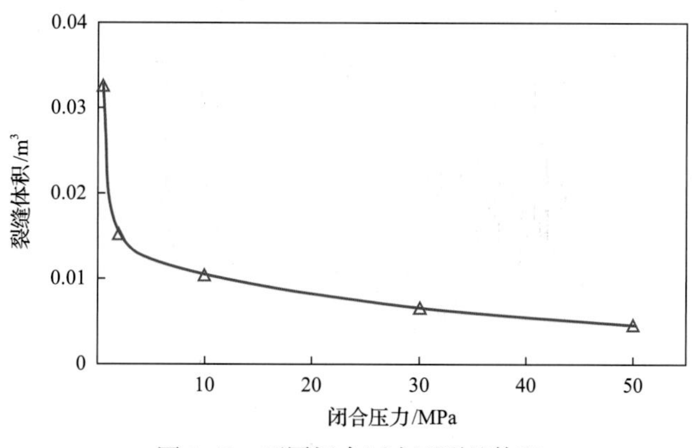

图 7-40　不同闭合压力下裂缝体积

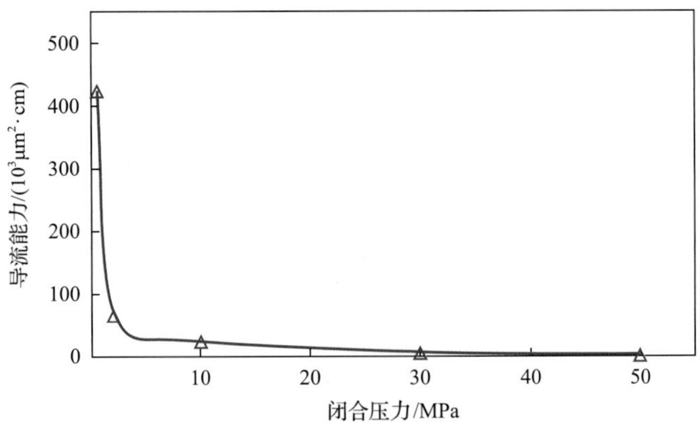

图 7-41　不同闭合压力下裂缝导流能力

通过计算得到不同弹性模量下的缝宽分布云图，如图 7-42 所示。结果表明，缝宽随着岩石弹性模量的增大而增大。岩石弹性模量越大，最大缝宽和最小缝宽的差值越小，这表明缝宽分布的不均匀程度降低了。

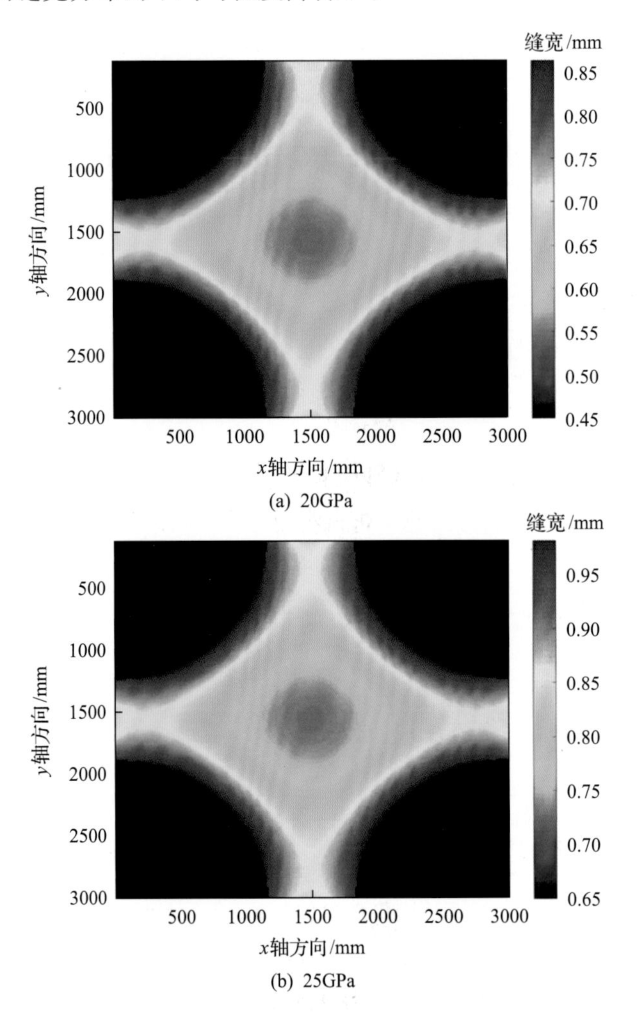

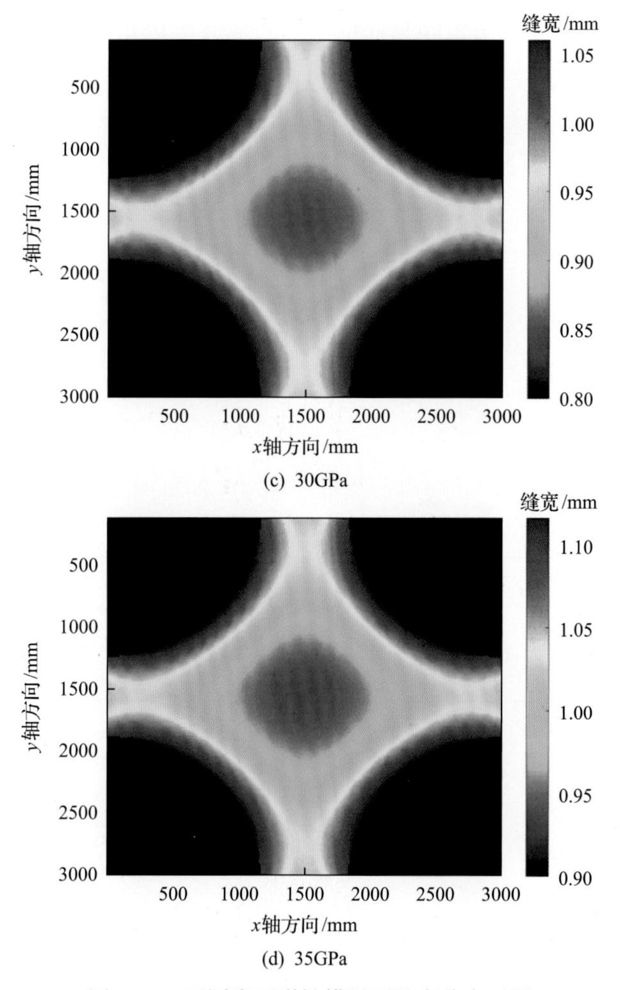

(c) 30GPa

(d) 35GPa

图 7-42　不同岩石弹性模量下缝宽分布云图

图 7-43 为不同弹性模量下缝宽分布曲线图，裂缝平均宽度随着岩石弹性模量的增大而增大，但增大幅度逐渐放缓。岩石弹性模量越低，缝宽分布不均匀程度越大。

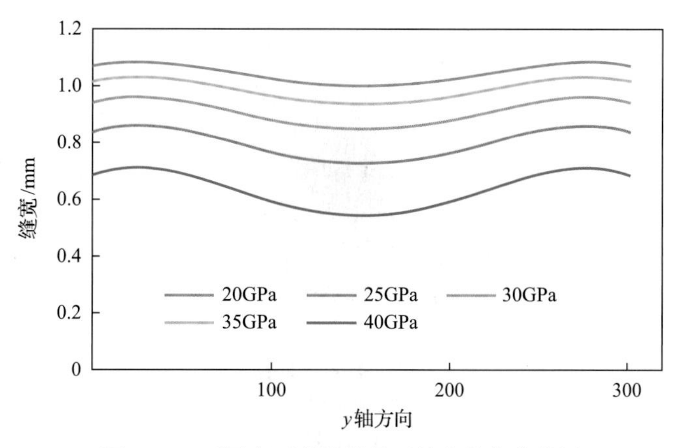

图 7-43　不同岩石弹性模量下缝宽分布曲线图

图 7-44、图 7-45 分别为不同弹性模量下的裂缝体积和导流能力，随着岩石弹性模量的增大，裂缝体积和导流能力都增大。不同岩石弹性模量下裂缝体积变化不大，但导流能力变化较大，这表明裂缝的导流能力不仅与裂缝体积有关，还与裂缝宽度分布特征有关。

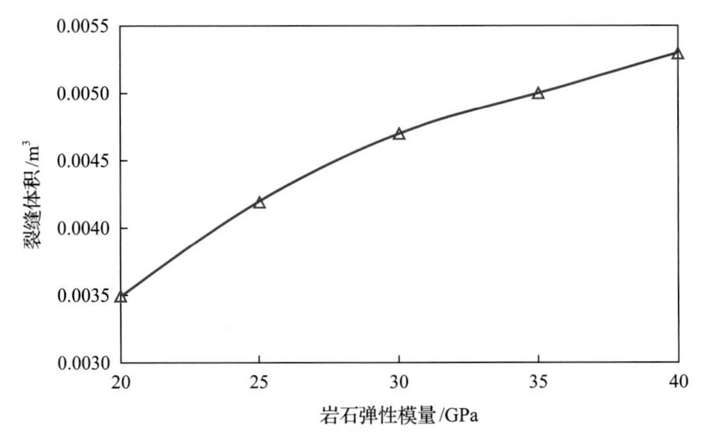

图 7-44　不同岩石弹性模量下裂缝体积

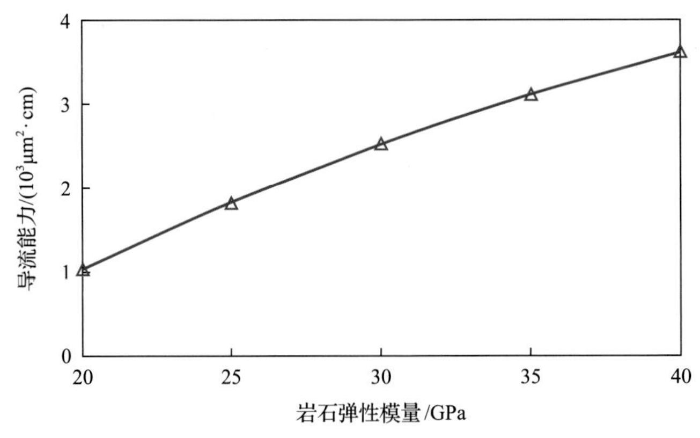

图 7-45　不同岩石弹性模量下裂缝导流能力

7.4　本章小结

本章通过开展支撑柱稳定性室内实验，建立了支撑剂簇团的非线性本构模型。通过离散元法，模拟支撑柱非线性变形条件下的缝宽非均匀变化和孔隙度非线性变化，构建通道压裂裂缝导流能力的离散元数值模拟模型，从微观尺度揭示了通道压裂裂缝导流能力的变化规律。首次综合考虑支撑剂簇团非线性变形、裂缝面非均匀变化和支撑剂颗粒嵌入等多种影响缝宽的因素，创建了簇式支撑高导流裂缝缝宽预测解析模型；采用达西定律描述流体在支撑剂簇内的流动，采用纳维-斯托克斯方程描述开放通道内流体的流动，建立了簇式支撑高导流裂缝导流能力的解析模型，形成了通道压裂裂缝导流能力的预测与优化设计方法。

从压裂施工参数和地质力学参数角度，系统开展了胜利油田 X23 井致密储层通道压裂裂缝导流能力的变化规律研究，发现：①支撑柱的轴向和径向变形呈现先快后慢的趋势，存在明显压实过程，表现大变形特征。②由于支撑柱之间存在通道空间，随着闭合压力增大，支撑柱孔隙度先因压力增大而降低，后由于支撑剂簇受压向两侧移动而增大。支撑剂颗粒越大、浓度越低、支撑柱直径与间距比值越小，支撑剂簇在储层裂缝闭合压力下的孔隙度越大。③支撑剂颗粒越大、浓度越高，通道压裂裂缝导流能力越高。裂缝导流能力随着 Ratio 的增大而增大，且岩石弹性模量越大时，Ratio 值增大对导流能力的影响越明显。④考虑支撑柱的非线性变形特征、裂缝壁面非均匀变化和支撑剂嵌入的缝宽模型，真实体现了裂缝闭合过程中支撑柱和裂缝壁面的变形，更符合通道压裂的物理实际。⑤当支撑柱性质和地层参数一定时，存在最优支撑柱间距，使裂缝导流能力最高；本章算例条件下，携砂液与中顶液脉冲时间之比为 0.5～1.2 时，通道压裂的裂缝导流能力最优。

第 8 章

压后返排过程中支撑柱宏微观变形及稳定机理

压裂结束后及返排过程中，储层流体自水力裂缝流向井筒，支撑柱内的支撑剂易被流体拖曳失去其原有稳定性，随流体向井筒流动，造成出砂。此时，支撑柱因支撑剂的流动而失去支撑裂缝的能力，造成裂缝导流能力显著下降。因此，如何避免支撑剂的回流一直是学者研究的热点问题。通道压裂技术在常规压裂液中加入纤维以改变支撑剂的流变特性。例如，在 Eagle Ford 等地的通道压裂实验中，出砂现象均得到改善，纤维表现出较好的防支撑剂回流性能（Kayumov et al., 2013; Sallis et al., 2014; Li et al., 2015）。

本章采用 DEM-CFD 耦合方法，将纤维与支撑剂颗粒之间的黏结力用支撑剂颗粒之间的法向黏结和切向黏结强度代替，建立支撑剂-纤维-流体相互作用的流固耦合模型（Zhu et al., 2018），揭示了支撑柱在裂缝闭合及返排过程中的宏-微观变形破坏机理，并从返排压力梯度、压裂液黏度、支撑柱高度等角度研究支撑柱颗粒返排数量及扩散面积，为通道压裂纤维优选、压裂施工和返排参数的设计提供理论指导。

8.1 压裂后返排支撑剂簇稳定性的 DEM-CFD 耦合模型

8.1.1 支撑剂颗粒与纤维的互作用模型

通道压裂所用压裂液添加了对支撑剂有包裹和约束作用的纤维，可增强压裂液携砂性能。支撑剂与纤维随压裂液被泵注入裂缝后，纤维与支撑剂间的接触压力与摩擦力使得支撑剂簇呈现整体的力学性质，并在裂缝的上下压力与纤维侧限压力的作用下达到平衡。压裂液返排时，支撑柱受流体作用力而发生剪切变形，诱发纤维轴向力分解为切向、法向两分力。由此可见，纤维的存在使得支撑柱表现出一定强度，相当于无纤维砂粒间具有一定黏聚力。

DEM 是模拟类似于支撑剂团簇的颗粒体力学行为的理想工具。无论是摩擦还是胶结，材料的宏观力学特征均是源于微观上颗粒之间接触产生的相互作用。本章中，由于纤维形状不规则，将纤维与支撑剂颗粒一起进行建模较为困难。因此，通过采用颗粒黏结模型在支撑剂颗粒间增加黏结强度，来间接地对纤维进行模拟。

利用 PFC3D 中的颗粒黏结模型（BPM），构建代表两种不同材料的两个 DEM 模型，模拟地层岩石与支撑剂在水力压裂过程中的力学相互作用。颗粒接触的微观作用力包括表观模量 E_c、颗粒接触的法向刚度与剪切刚度之比 k_n/k_s 以及摩擦系数 μ（Potyondy and Cundall, 2004）。支撑柱的微观输入包括表观模量 $\overline{E}_c$、支撑柱的法向刚度与剪切刚度之比 $\overline{k}_n/\overline{k}_s$、支撑柱的抗张强度 $\overline{\sigma}_c$ 和剪切强度 $\overline{\tau}_c$，以及使用半径乘数 $\overline{\lambda}$ 进行设置的平行接触点半径。对于颗粒接触，如果剪切力超过剪切强度，即 $F_s > \mu F_n$，则发生滑动。基于下面的两个方程，计算作用在平行键上的最大拉伸应力和剪切应力：

$$\sigma_{\max} = \frac{-\overline{F_n}}{A} + \frac{\left|\overline{M_s}\right|\overline{R}}{I}, \quad \tau_{\max} = \frac{-\overline{F_s}}{A} + \frac{\left|\overline{M_n}\right|\overline{R}}{J} \tag{8-1}$$

式中，$\overline{F_n}$ 为法向力；$\overline{F_s}$ 为剪切力；$\overline{M_s}$、$\overline{M_n}$ 为弯矩；$\overline{R}$ 为平行接触截面半径；A 为平行接触截面横截面积；I 为惯性力矩。

如果最大拉伸应力超过抗拉强度，接触点的拉伸将失败；如果最大剪切应力超过剪切强度，则接触点的剪切将失败。接触黏结失效后，它将连同所有力、力矩和刚度一起从模型中移除。然后，接触降级，只有摩擦纤维得以保持(平行接触点渐进破坏)。

接触点和支撑柱通过以下两个方程与法向刚度相关：

$$k_n = 2E_c\left(r_A + r_B\right), \quad \bar{k}_n = \bar{E}_c / \left(r_A + r_B\right) \tag{8-2}$$

式中，r_A、r_B 为两个接触点截面的半径。用粒子半径缩放刚度后，上述两个方程式保证了 DEM 模型的宏观弹性常数与纤维尺寸无关。

在 DEM 模型中，通过模拟样品的宏观力学行为与实验测量的宏观特性进行匹配，来校准模型中的微观力学参数。通过提供的微观力学参数，可以直接模拟典型的实验室尺度强度测试，如三轴实验、单轴压缩实验、巴西圆盘实验和直接剪切实验。然后将模拟得到的宏观特性与实验室的测量结果进行比较，以细化和校准模拟样品的微观参数。

支撑剂颗粒与流体互作用耦合模型，在 3.1.1 节中已有探讨，在此不再赘述。

8.1.2 支撑剂簇稳定性的 DEM-CFD 流固耦合模型

图 8-1 为所建立的数值模型，该模型由一个支撑剂簇团和两块岩板组成，支撑剂簇团位于两块岩板中间。岩石和支撑剂簇团分别由面心立方结构的蓝色颗粒和随机分布的黄色颗粒组成。以 6mm 高的支撑剂簇团为例，建模过程可概括为以下几个步骤：

(1) 生成具有面心立方结构的立方形岩石样品。初始模型尺寸为 20mm×20mm×30mm。将岩石的微观参数分配给所有接触面。

(2) 通过伺服控制程序，对样品施加 0.5MPa 的小围压应力。

(3) 删除样品中间 6mm 厚的岩石颗粒层，以产生垂直于 Z 方向的裂缝。

(4) 在裂缝中部形成一个高度为 6mm、直径为 10mm 的圆柱形支撑剂簇团。

(5) 当两块岩板逐渐加载至 41.4MPa 的压缩应力时，支撑剂簇团逐渐变形。

(6) 加载后，裂缝内(包括支撑剂簇团)设置流体网格，将裂缝沿两个水平方向设置 10 个流体网格单元，沿支撑剂簇团高度垂直方向设置 1 个流体网格单元。

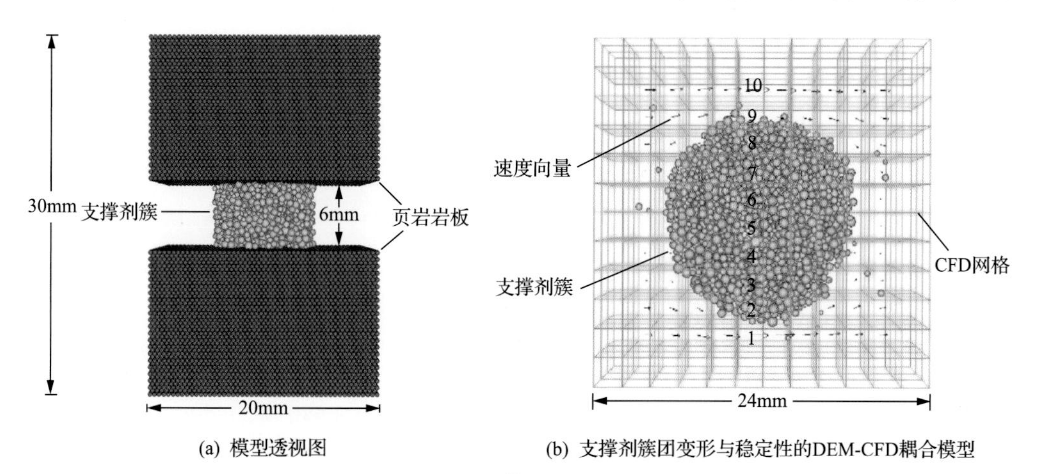

(a) 模型透视图　　(b) 支撑剂簇团变形与稳定性的DEM-CFD耦合模型

图 8-1　模型示意图

(7) 为了施加流体边界条件，需要在计算域的 6 个面中的每一个面上增加一层流体单元。这意味着在 3 个方向 (x, y, z) 中的每一个方向，都有两个附加的流体边界层。初始单元数量为 10×10×1，则最终单元数量为 (10+2)×(10+2)×(1+2)=12×12×3。因此，共有 12×12×3=432 个流体网格单元。附加的两个边界层，x 和 y 方向的最终模型尺寸均为 (10+2)×2mm=24mm (图 8-2)。图 8-3 中红线外的单元格是边界单元格。只有这个“边界”内的单元才运行流体与颗粒相互作用的流固耦合计算。

(8) 在模型入口左侧边界施加正流体压力，在出口右侧边界施加零流体压力，最终建立了支撑剂簇稳定性的 DEM-CFD 流固耦合模型。模型岩石与支撑柱的微观参数参见 7.2.2 节，此处不再赘述。

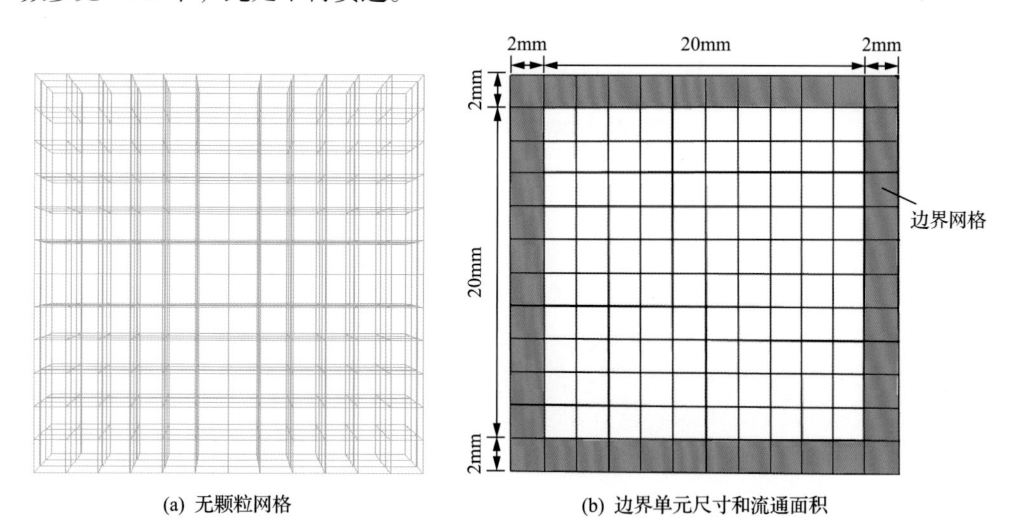

(a) 无颗粒网格　　(b) 边界单元尺寸和流通面积

图 8-2　模型尺寸说明

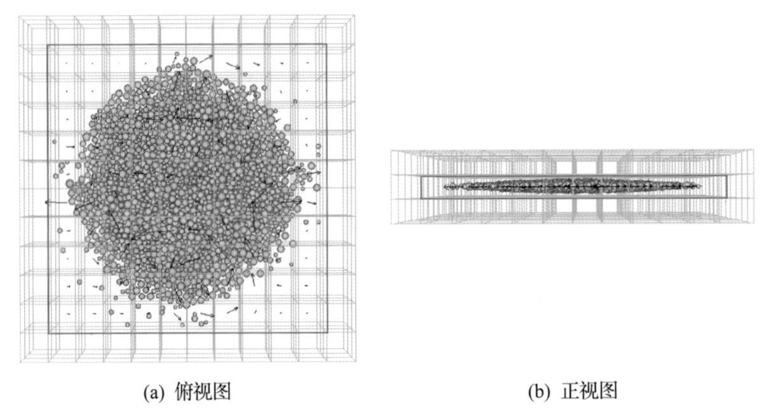

(a) 俯视图　　(b) 正视图

图 8-3　耦合 DEM-CFD 模型

8.2　压后支撑剂簇的宏微观变形破坏规律

8.2.1　裂缝闭合过程中支撑剂簇的宏微观变形破坏规律

图 8-4、图 8-5 分别为高度为 6mm、直径为 10mm 的支撑柱在闭合压力为 20.7MPa 及 41.4MPa 下的变形模拟结果。随着闭合压力的增大，支撑柱高度逐渐减小、直径逐渐增大，由原来的圆柱形被压扁为饼状。上下岩板加载过程中，支撑柱内部颗粒间的受力状态不断改变，支撑柱外侧颗粒的黏结失效数量逐渐增多，柱身周围不断有颗粒剥落。

8.2.2　返排支撑剂簇团稳定性预测及规律研究

图 8-6 为高度为 6mm、直径为 10mm 的支撑柱在裂缝闭合后、压裂液返排过程中的变形破坏情况，流体黏度为 0.001Pa·s、压差为 64kPa 下，在不同流动时间后支

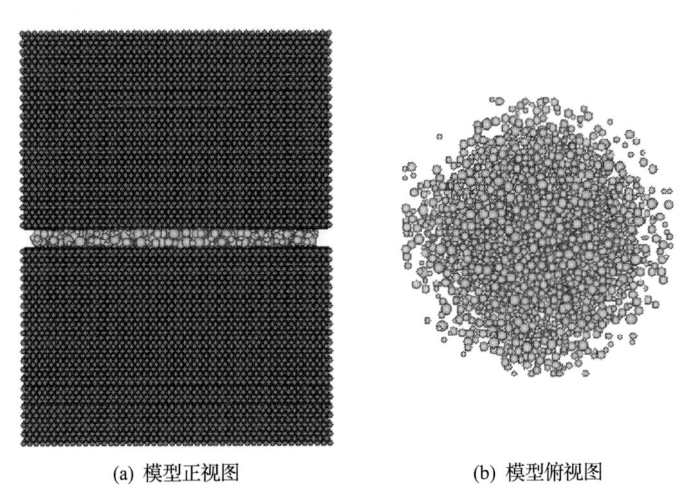

(a) 模型正视图　　(b) 模型俯视图

图 8-4　闭合压力 20.7MPa 时支撑柱变形状态

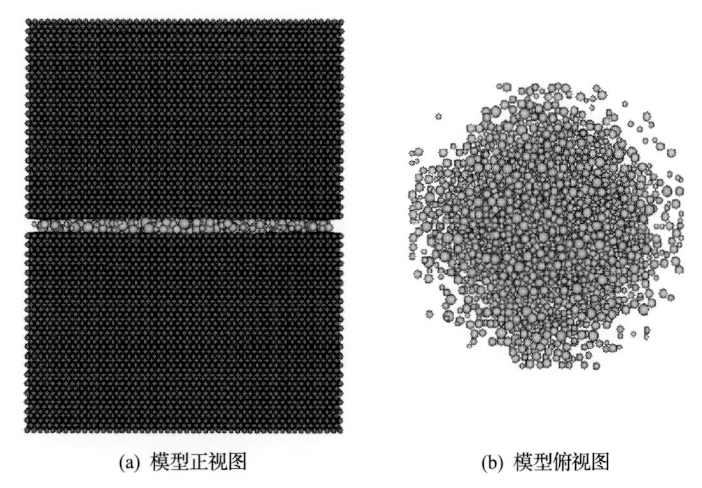

(a) 模型正视图　　(b) 模型俯视图

图 8-5　闭合压力 41.4MPa 时支撑柱变形状态

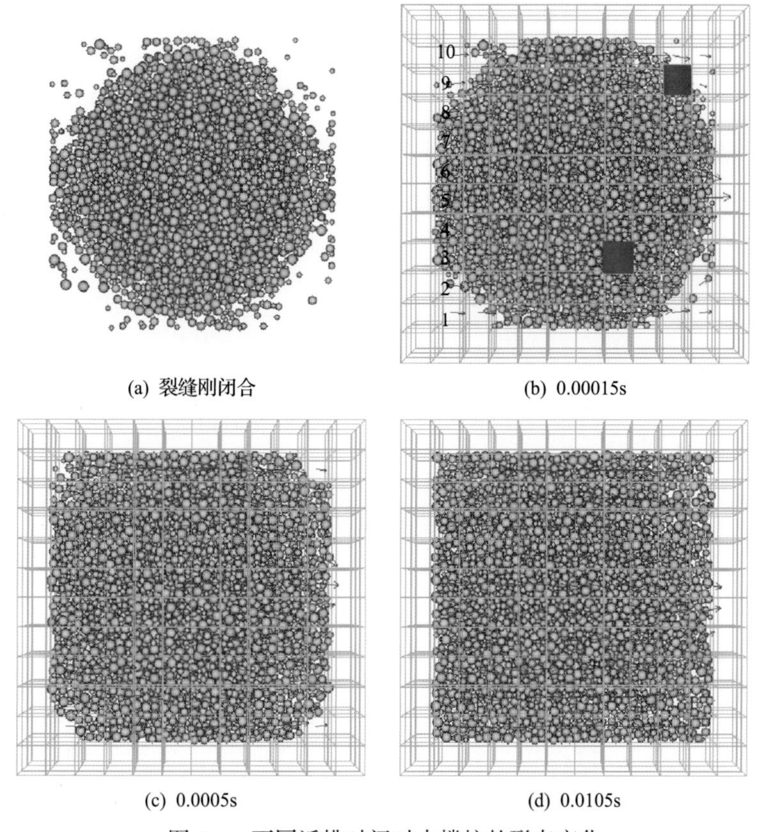

(a) 裂缝刚闭合　　(b) 0.00015s

(c) 0.0005s　　(d) 0.0105s

图 8-6　不同返排时间时支撑柱的形态变化

撑柱的剖面图，图中隐藏了岩板。网格内箭头代表流速矢量，其方向为流速方向，其长度表示流速的大小。其中，图 8-6(b) 中右上侧的红色方块为示踪流体单元格的位置。由图可知，随流动时间的增长，支撑柱颗粒开始剥落，支撑柱外侧颗粒向外扩散。在 0.0105s 后，支撑柱颗粒逐渐从流场右侧逃逸并开始回流。本章中，将返排颗粒数量定义为从流域内逃逸的颗粒数量。

如图 8-7 所示，利用流体网格入口的第 1 列追踪流速的变化。结果显示，流速在流动时间为 0.04s 时达到稳定值。在 0.005s 之前，流速呈现波动性，说明由于颗粒的扩散，流体流动受到支撑柱前缘颗粒失稳的影响。在 0.025s 和 0.035s 之间，由于大量支撑剂的快速返排，流速出现的波动更大。上述结果表明，较大的支撑柱直径容易导致支撑柱颗粒扩散和流体流动的不稳定。另外，支撑柱直径越小，流体通道越宽，流体流动越稳定；但支撑柱的直径过小，其承压能力可能无法满足抵抗闭合压力的要求。这就要求支撑柱尺寸，既能满足支撑柱稳定性的要求，又能满足较高裂缝导流能力的要求。

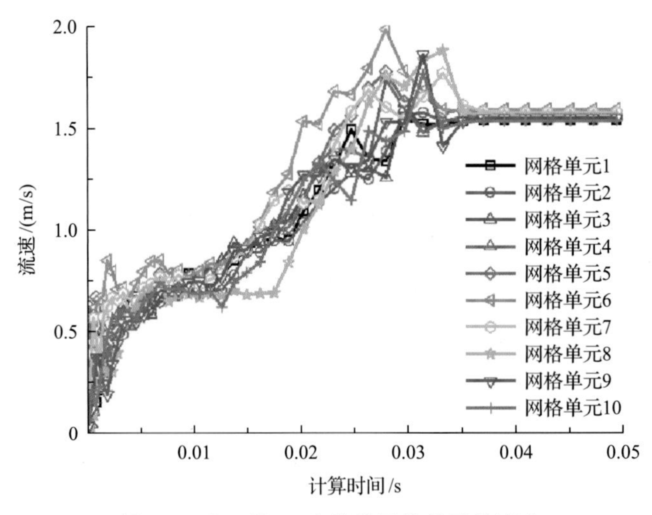

图 8-7　入口处 10 个流体网格单元的流速

8.3　支撑剂簇稳定性的影响因素分析

8.3.1　返排压力梯度

为研究返排压力梯度对支撑剂簇稳定性的影响，保持支撑柱高度为 6mm、直径为 10mm，流体黏度为 0.001Pa·s 不变，通过逐步提高两端返排压差自 64kPa 至 512kPa，进行一系列数值模拟。图 8-8 为不同压力梯度下的返排颗粒数量和颗粒扩散面积。支撑剂颗粒回流过程可分为两个阶段：第一阶段，返排颗粒数量在初期有所增加，但增长速度逐渐减缓，且 4 种不同流体压力梯度之间返排颗粒数的差异较小；第二阶段，4 种不同流体压力梯度的返排颗粒数差异越来越大。但值得注意的是，颗粒扩散面积的差距始终较小，原因是扩散面积的计算是以区域内最远颗粒为准。

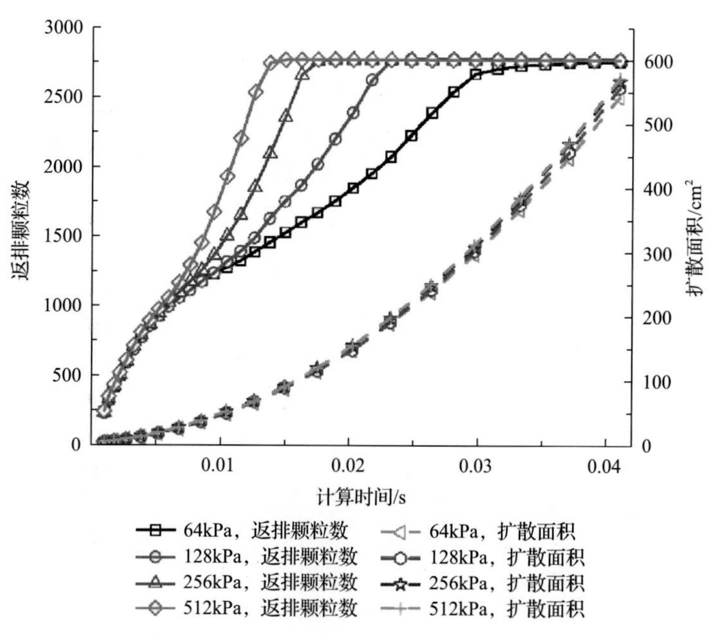

图 8-8　不同压力梯度下支撑柱的返排颗粒数和颗粒扩散面积

图 8-9 为不同压力梯度下示踪流体单元格[图 8-6(b)中的右上侧红色方块]内流速的变化。随着计算的开始，流体流速逐渐增大，并达到与压差成正比的平台值。返排第一阶段的流体速度差异较小，这就解释了图 8-8 中所示返排颗粒数差异较小的原因。

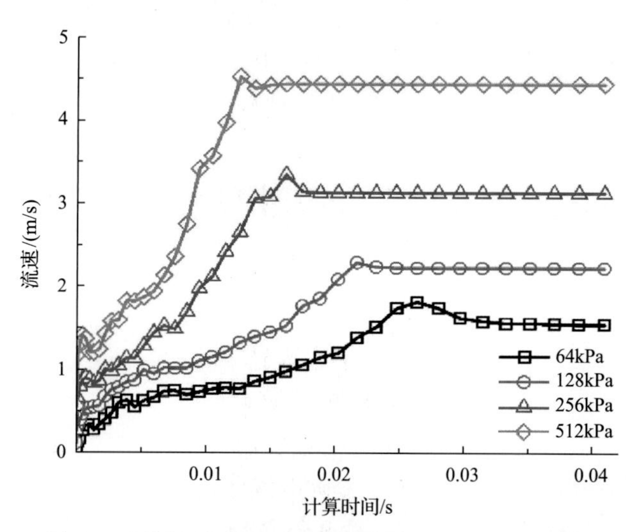

图 8-9　不同压力梯度下示踪流体单元格内流速的变化

图 8-10 给出了不同压力梯度下支撑柱形态的演变。为了对支撑柱形态进行较好地比较，图中不显示运动到流场之外的支撑剂，并对类似图形做了同样处理。对于不同的压力梯度下，支撑柱在第一阶段的形态形状是相似的。在第二阶段，高压力梯度下的支撑剂返排颗粒比低压力梯度下的多。

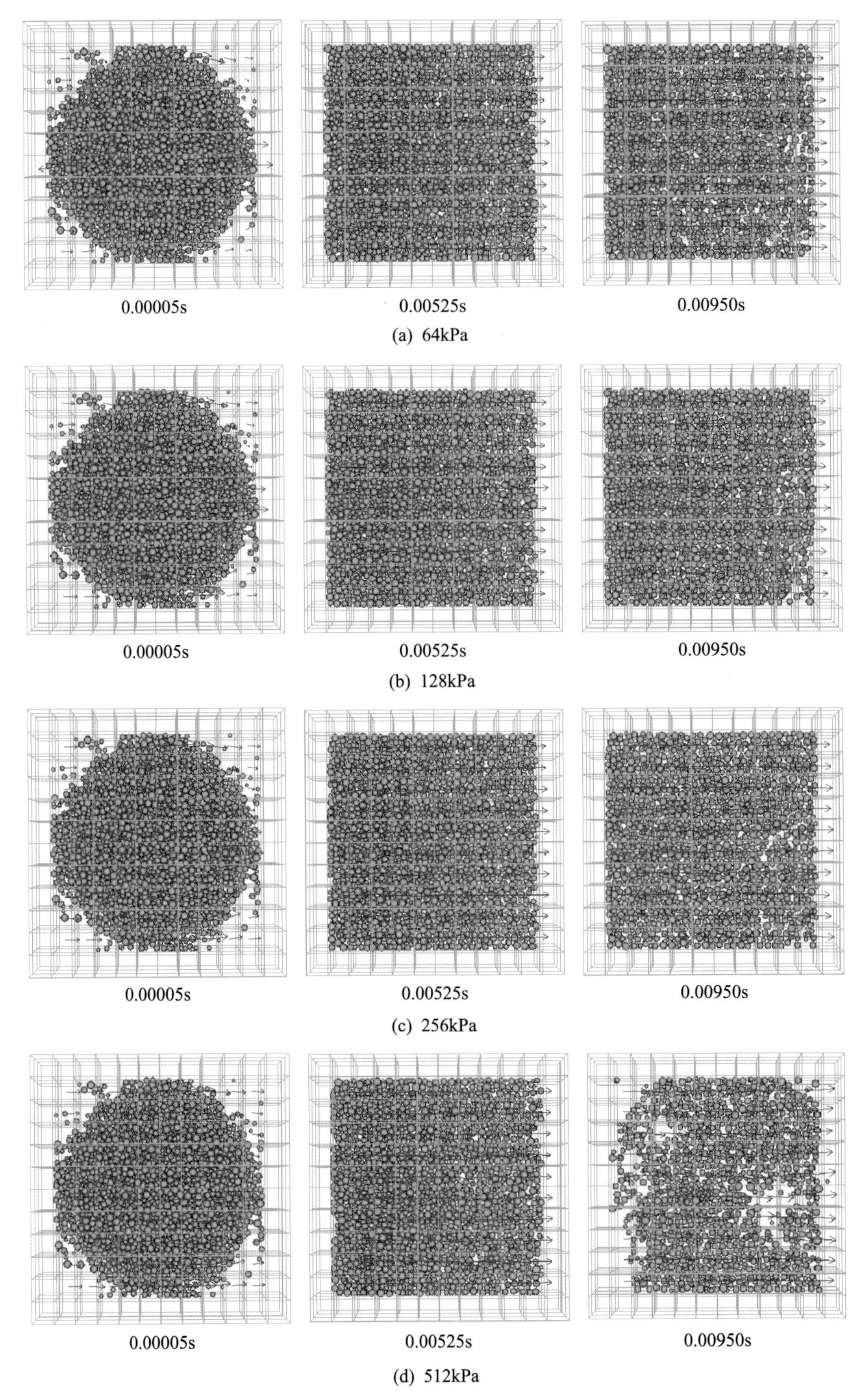

图 8-10　不同压力梯度下支撑柱形态的演变

8.3.2　压裂液黏度

为了研究压裂液黏度对支撑剂颗粒返排的影响，在不同黏度下进行模拟计算，同时保持支撑柱高度为 6mm、直径为 10mm 不变，流场入口与出口的压差固定为 64kPa。图 8-11 给出了不同黏度下，返排颗粒数量、扩散面积的变化。结果显示，当采用压力边界条件时，返排颗粒的数量和扩散面积均随着流体黏度的增加而减小。

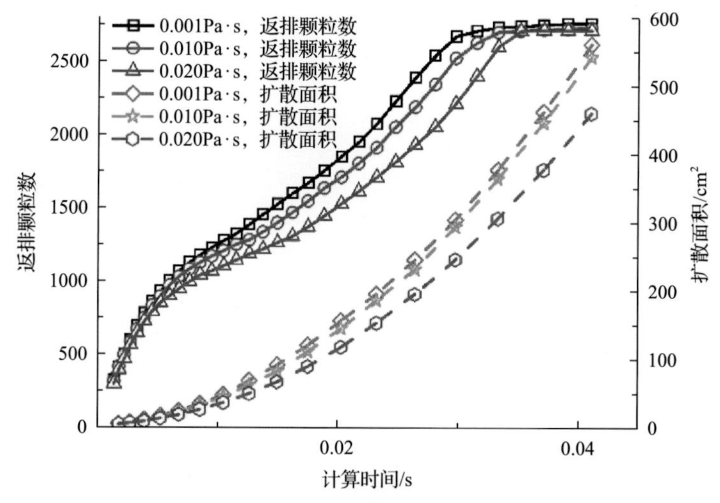

图 8-11　不同黏度下，返排颗粒数、扩散面积的变化

图 8-12 给出了不同流体黏度下，示踪流体单元格内流体流速的变化。结果显示，当流体黏度较大时，流域内总体流速较小，这间接解释了黏度较大时，返排支撑剂颗粒数量和扩散面积较小的现象。图 8-13 给出了不同流体黏度下支撑柱剖面的演变。黏度较低时，支撑柱破碎成互相独立的小团块；而黏度较高时，支撑柱能够在返排过程中保持完整。

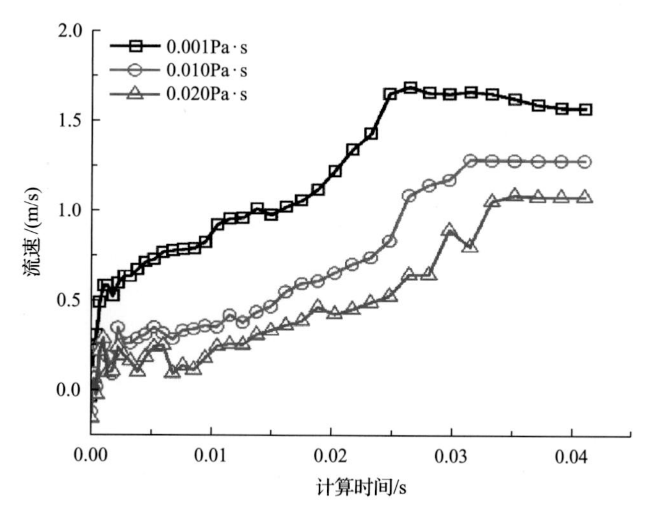

图 8-12　不同流体黏度下，示踪流体单元格内流体流速的变化

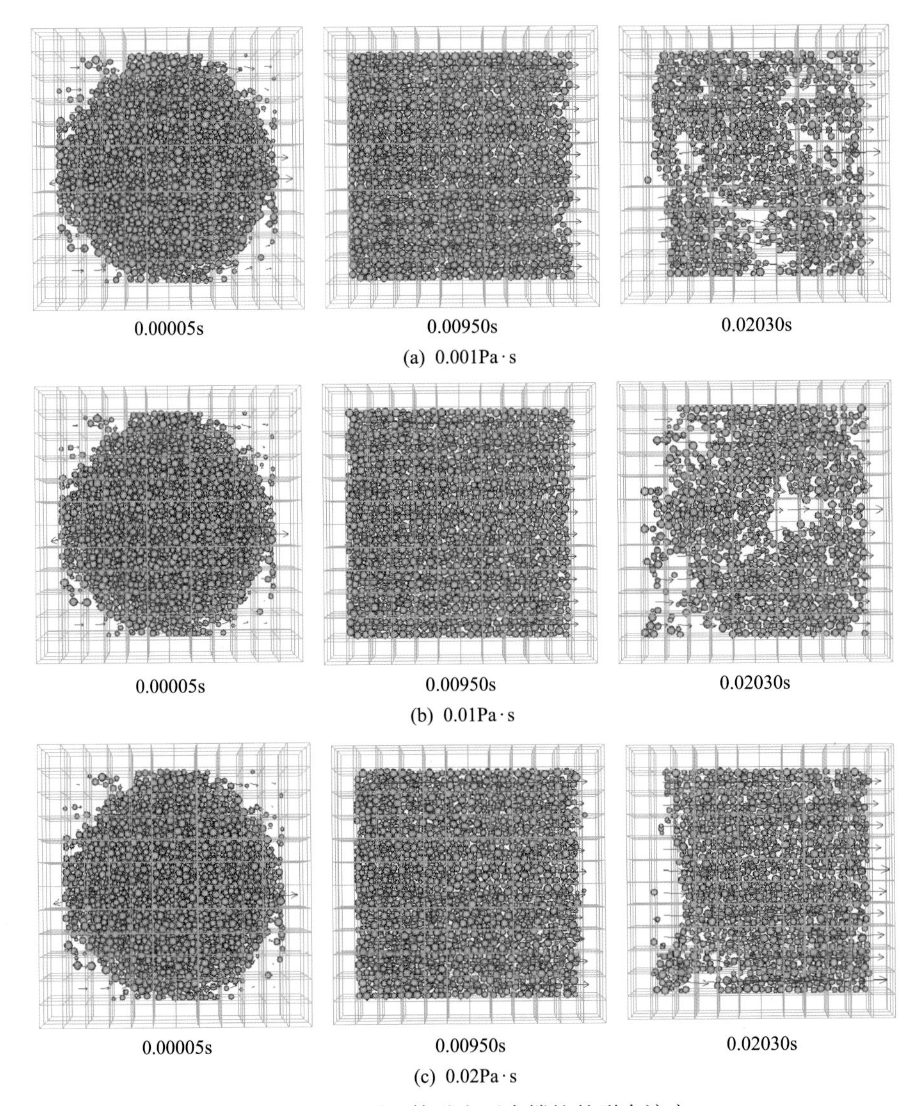

图 8-13 不同流体黏度下支撑柱的形态演变

需要注意的是，如果在流场入口处采用速度边界，图 8-11 中的趋势将发生反转。图 8-14 为不同流体黏度下，在流场入口处施加固定流体速度为 3.64m/s 时，返排支撑剂颗粒数和支撑剂扩散面积的变化情况。与图 8-11 相反，图 8-14 中的结果显示流体黏度越大，返排颗粒数越多，扩散面积越大。在计算初始，流体对颗粒施加的力因颗粒大小不同而改变。颗粒的碰撞使其运动更加复杂，导致其平均速度可能发生剧烈变化。

图 8-15 给出了在流场入口处采用速度边界时，不同流体黏度下支撑柱形态的变化。采用速度边界条件时，流体黏度越高，支撑剂颗粒受到的流体黏滞力越大，支撑柱更容易破碎，颗粒更易分散，这与速度边界条件下完全相反。

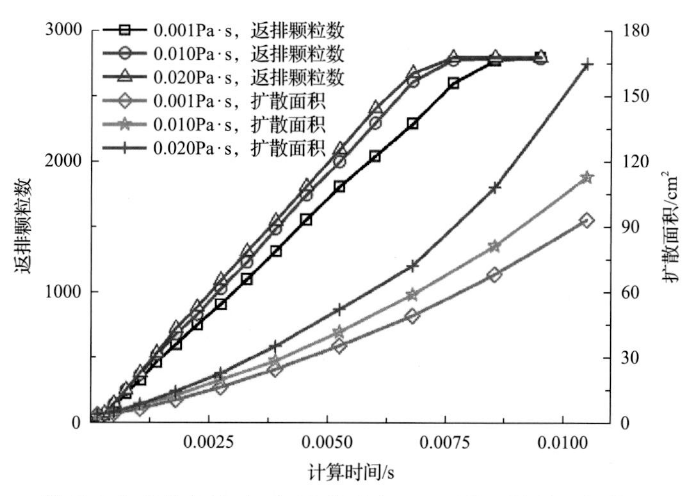

图 8-14　设置速度边界条件时不同流体黏度下，返排颗粒数、扩散面积的变化

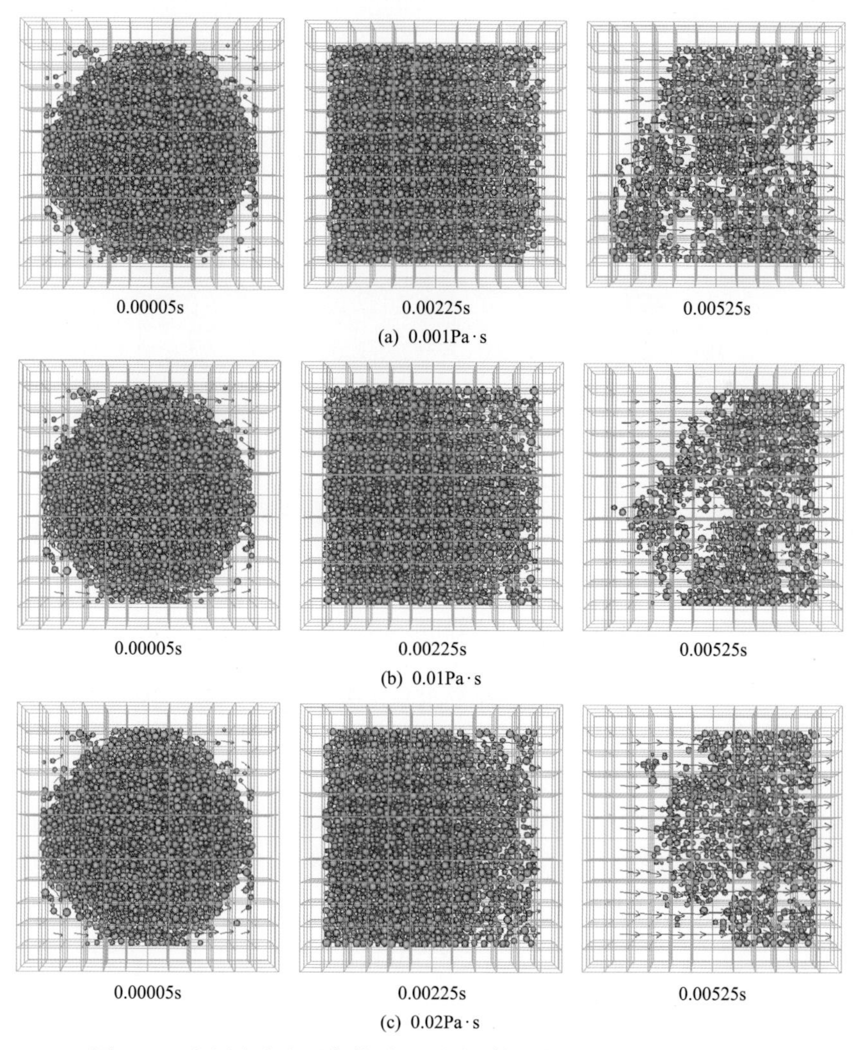

图 8-15　应用速度边界条件时，不同流体黏度下支撑柱形态的变化

8.3.3 支撑柱高度

在给定支撑柱直径的情况下，与最初较短的支撑柱相比，较高的支撑柱本应为压裂后流体的流动提供更大的闭合缝宽和更有效的导流通道。然而，较高的支撑柱也可能遭受更多的支撑剂颗粒返排，原因是裂缝闭合过程中其边缘的颗粒更容易被剥离。图 8-16 给出了支撑柱高度分别为 6mm 和 8mm 时，返排后支撑柱的形态(支撑柱的直径为 10mm，压差为 64kPa，流体黏度为 0.001Pa·s)。结果显示，高度为 8mm 的支撑柱比 6mm 的扩散面积更大、返排支撑剂颗粒更多。

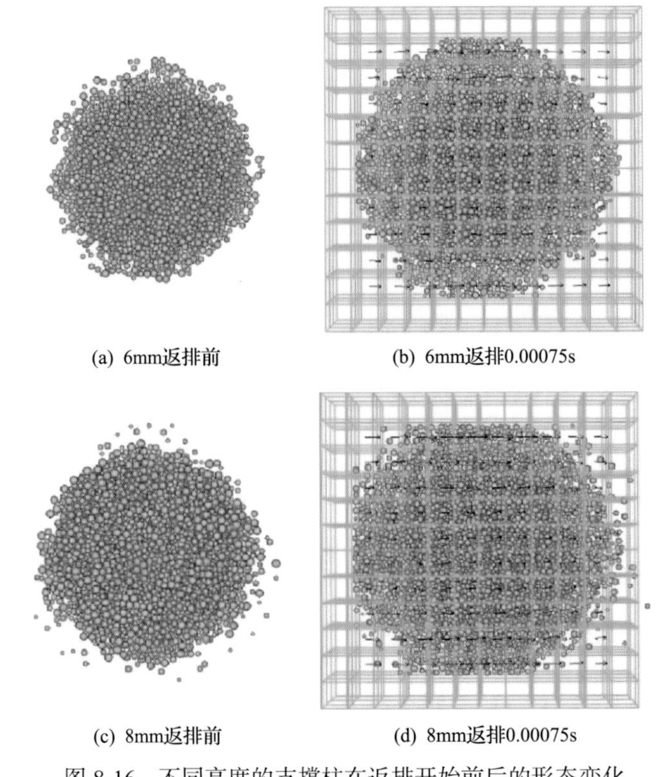

图 8-16 不同高度的支撑柱在返排开始前后的形态变化

Gillard 等(2010)和 Nguyen 等(2014)进行了通道压裂裂缝导流能力的室内实验，结果表明分散的支撑柱可比传统均匀铺砂的裂缝导流能力高两个数量级。在裂缝导流能力实验过程中，支撑剂颗粒之间始终保持黏结状态，且并未发生明显的颗粒返排(图 8-17)。然而，本章模拟结果表明，在支撑柱高度较大或流体压力梯度较大的情况下，会发生支撑剂颗粒返排现象。因此，当颗粒占据流体通道，数值模拟中得到的裂缝导流能力可能会大大降低。通道压裂的现场实验表明，与传统的支撑剂充填方式相比，该方案虽然提高了油气产量(Burukhin et al., 2012)，但增产效果并不如 Gillard 等(2010)和 Nguyen 等(2014)得到的实验结果显著。

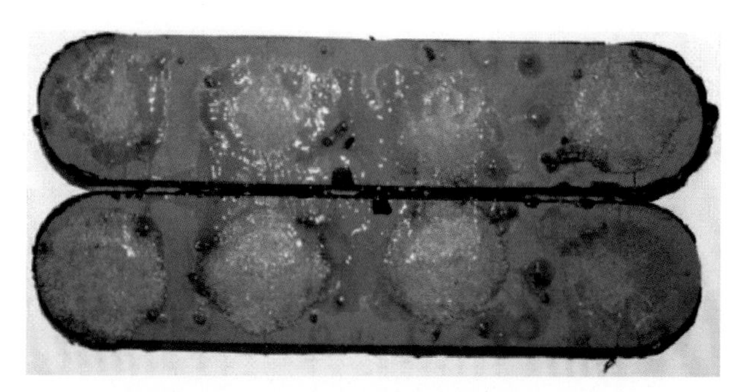

图 8-17 裂缝导流能力实验后支撑柱的形态(Nguyen et al., 2014)

由于返排的支撑剂颗粒进入支撑柱间的开放通道，形成单层或少量多层支撑剂颗粒(图 8-16)。Fredd 等(2000)的研究表明，在裂缝中加入单层支撑剂可以显著提高裂缝的导流能力。因此，支撑柱间流体通道虽然充填了单层或少量多层支撑剂，但仍能有效提高裂缝导流能力，使通道压裂优于常规压裂。

8.3.4 支撑柱直径与间距之比

通道压裂以脉冲加砂方式，将含支撑剂与不含支撑剂的压裂液脉冲段(加砂液柱、中顶液柱)交替泵入裂缝，在裂缝中形成松散的、不连续的支撑柱簇团，两脉冲液柱长度与支撑柱直径、间距有以下关系：

$$D / L = d / x \tag{8-3}$$

式中，d 为支撑柱直径；x 为支撑柱间距；L 为中顶液柱长度；D 为加砂液柱长度，各参数间关系如图 8-18 所示。

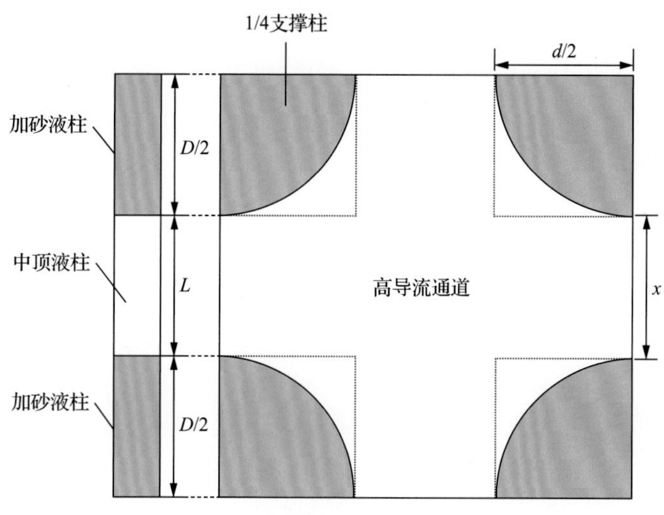

图 8-18 高导流通道的二维示意图

支撑柱直径与间距的比值 d/x 是通道压裂设计的关键参数。如果 d/x 较小，则支撑柱直径相对岩板边长较小，支撑柱不稳定，产生较小闭合缝宽，降低裂缝导流能力；相反，若 d/x 较大，则高导流通道狭窄，颗粒易被流体携带造成大量出砂。模拟时保持支撑柱间距不变，改变支撑柱直径，研究不同 d/x 下颗粒返排数量与扩散面积，以找到支撑剂回流的 d/x 最优值，并根据式(8-3)确定合适的加砂液柱、中顶液柱比例。

图 8-19 为采用高度为 6mm、直径为 10mm 的支撑柱，流体黏度为 0.001Pa·s、压差为 64Pa 时，返排颗粒百分比与 d/x 的关系。d/x 小于 0.43 时，支撑剂颗粒几乎不发生返排。当 d/x 增加到 0.70 时，返排颗粒百分比达到了 57%。当 d/x 超过 0.70 时，返排颗粒百分比接近 100%。说明，对于本章所采用的参数来说，d/x 的最优值为 0.43～0.70。需要注意的是，以上分析是基于支撑柱是有序排列的假设，而真正的现场应用中，支撑柱的分布是无规则的，但类似这些可能的复杂情况在数值模拟中并不能全部考虑到。

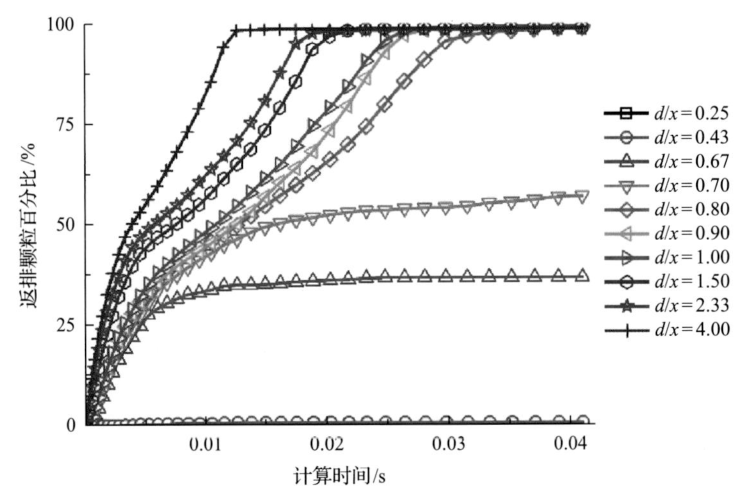

图 8-19 不同 d/x 下，返排颗粒百分比的变化

图 8-20 描绘了支撑柱形态随 d/x 的变化。随着支撑柱直径的增大，支撑柱在流动早期即发生破碎，从而填满整个裂缝。当 d/x 小于 0.43 时，几乎没有返排的支撑剂[图 8-20(a)、(b)]，可认为是较好地控制了返排情况。随着 d/x 的增加，支撑剂返排开始成为一个严重的问题。

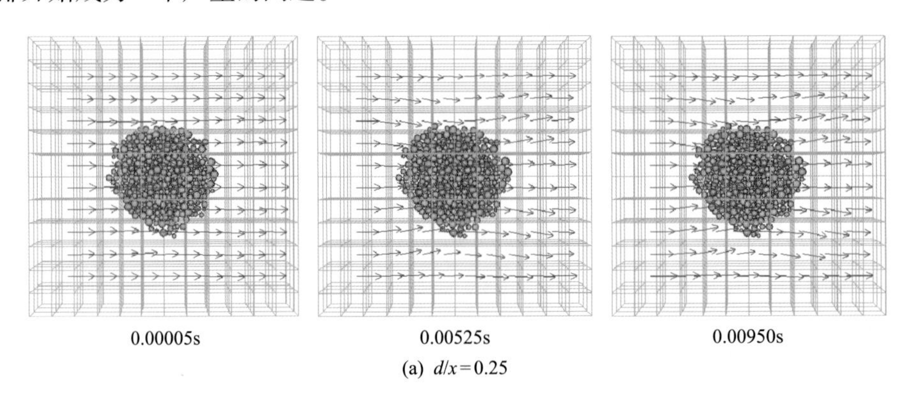

(a) $d/x=0.25$

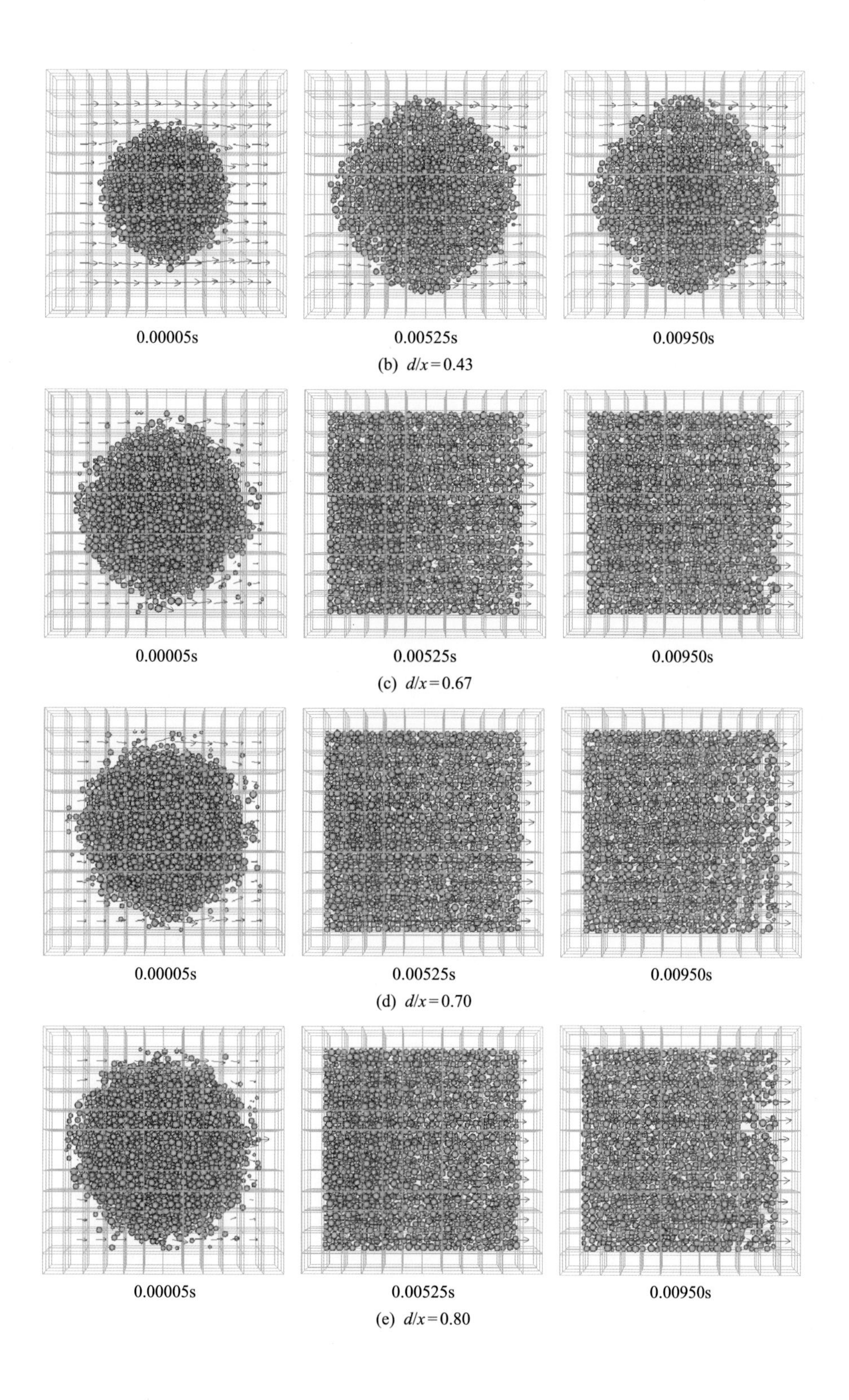

(b) $d/x=0.43$

(c) $d/x=0.67$

(d) $d/x=0.70$

(e) $d/x=0.80$

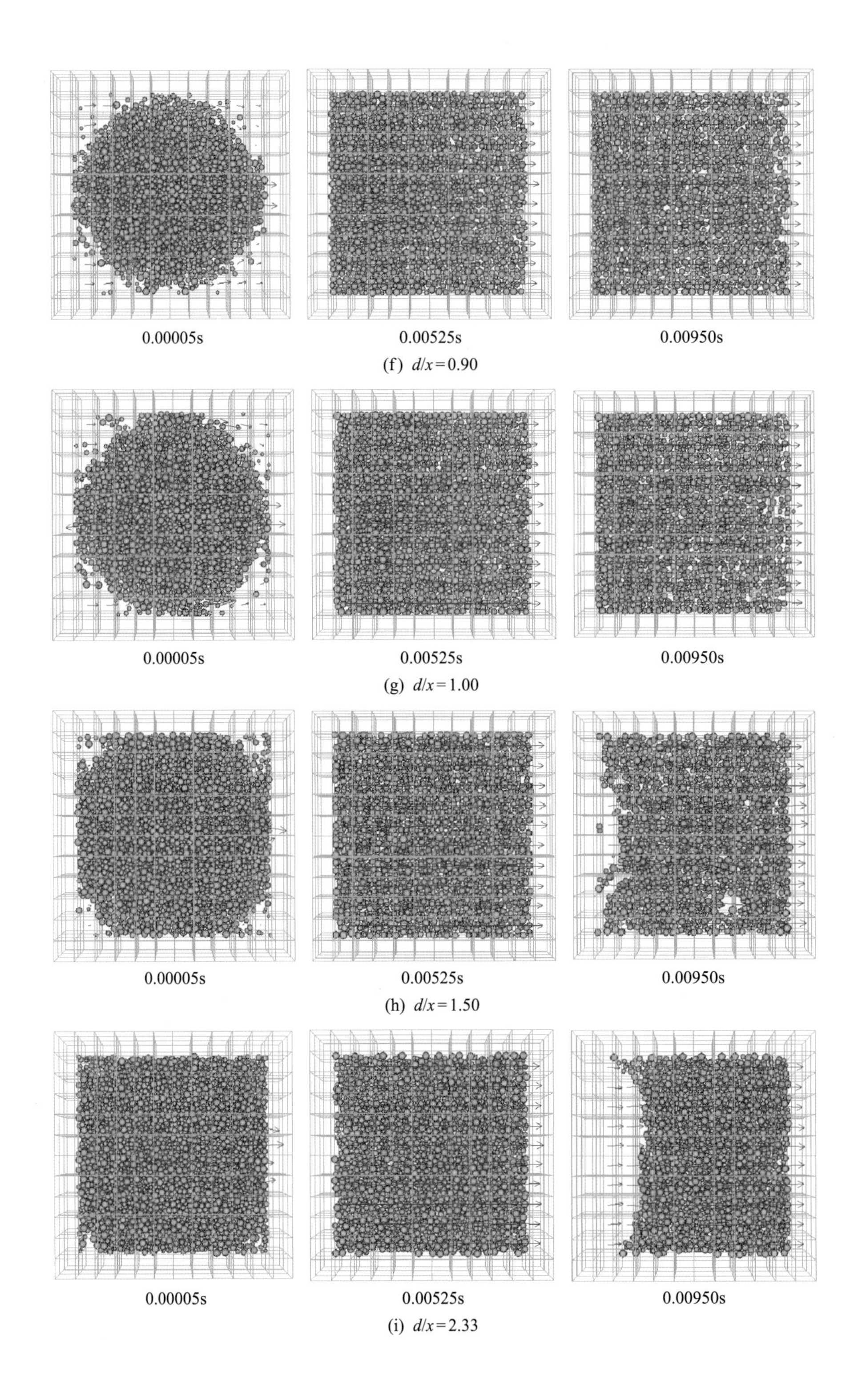

(f) $d/x=0.90$

(g) $d/x=1.00$

(h) $d/x=1.50$

(i) $d/x=2.33$

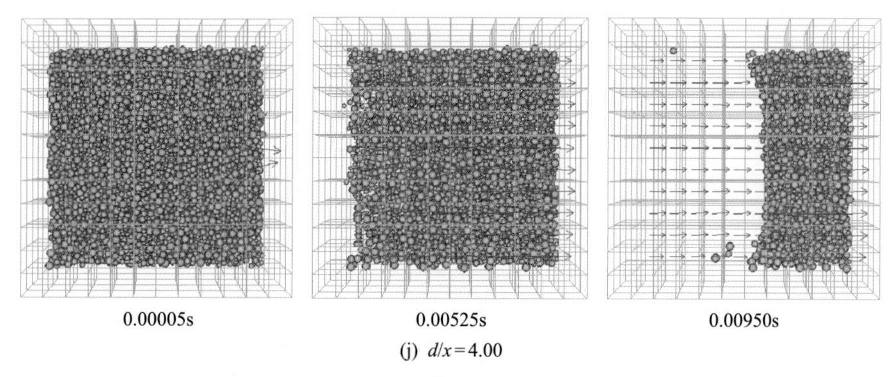

(j) $d/x=4.00$

图 8-20　不同 d/x 值下支撑柱的形态变化

8.3.5　纤维黏结强度

通过改变颗粒间的黏结强度以研究纤维黏聚作用的强弱对支撑柱稳定性的影响。图 8-21 为采用高度为 6mm、直径为 10mm 的支撑柱，流体黏度为 0.001Pa·s、压差为 64Pa 时，返排支撑剂数量及扩散面积与纤维黏结强度的关系。黏结强度越大，模拟的纤维对支撑剂颗粒的黏聚作用也越强。随着黏聚作用的增强，支撑柱的返排颗粒数量显著减少，扩散面积也明显减小。图 8-22 给出了不同纤维黏结强度下支撑柱的形态变化。与黏结强度为 3×10^3Pa 和 3×10^6Pa 相比，黏结强度为 3×10^7Pa 时，支撑柱在返排过程中保持了较好的稳定性。可见合理调整纤维的物理化学性能，增大支撑剂颗粒之间的黏聚力，有助于增强支撑柱在高渗裂缝内的稳定性。

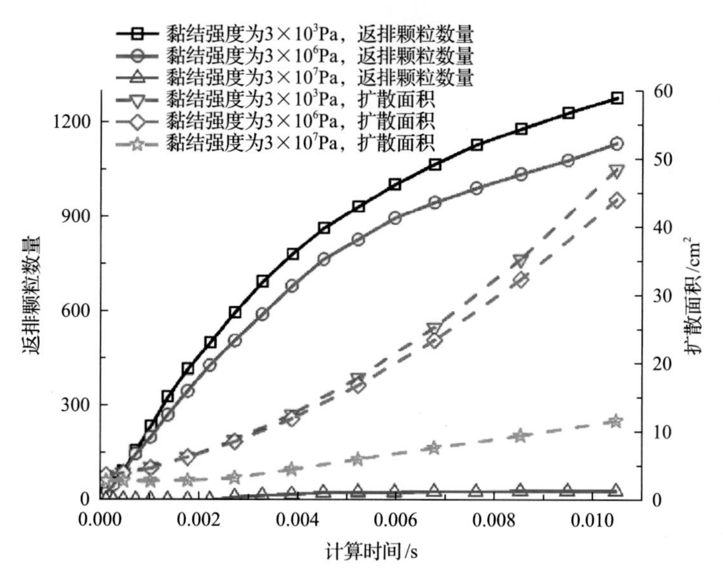

图 8-21　不同纤维黏结强度下支撑剂返排数及扩散面积的变化

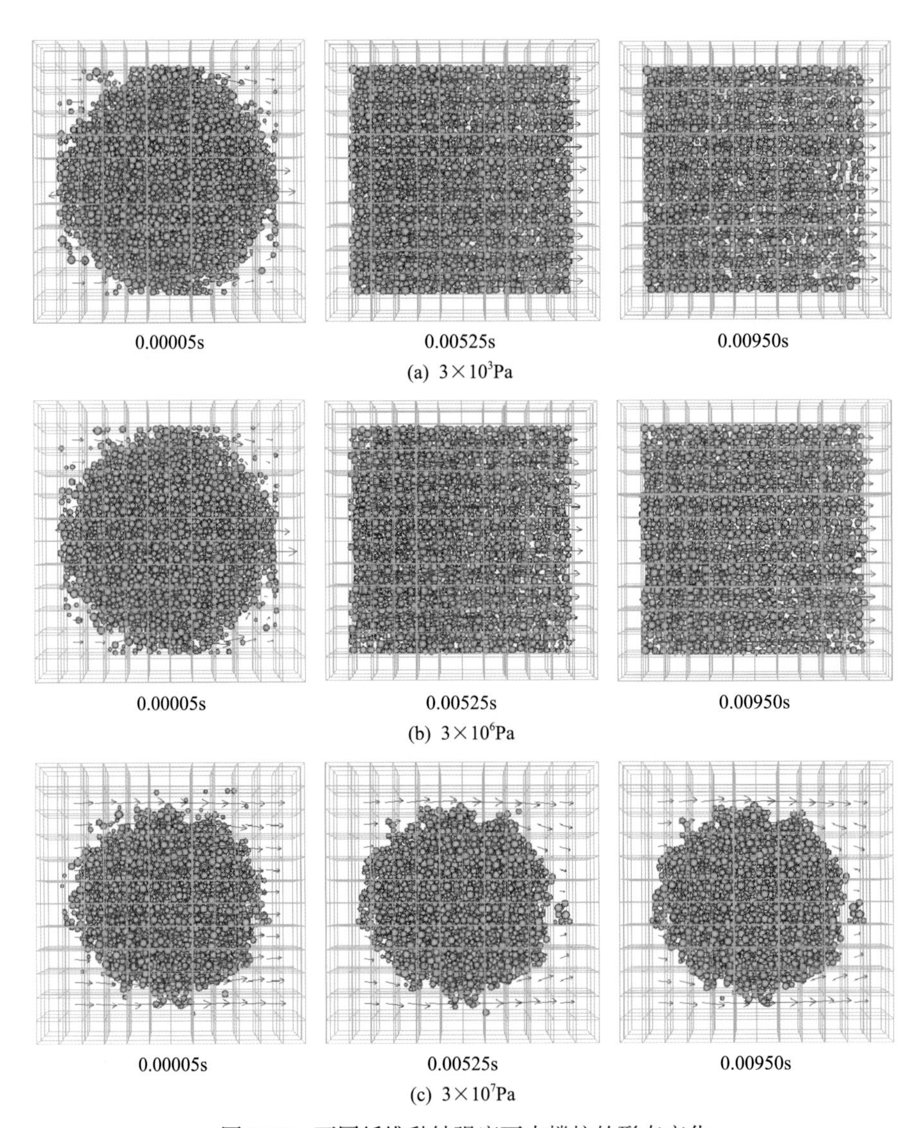

图 8-22 不同纤维黏结强度下支撑柱的形态变化

8.4 本 章 小 结

本章将纤维与支撑剂颗粒之间的黏结力用支撑剂颗粒之间的法向黏结和切向黏结强度代替，综合考虑支撑剂颗粒之间的摩擦-碰撞-黏结力学行为，建立了压裂液返排过程中支撑剂簇团稳定性的 DEM-CFD 耦合数值模型，开展了压裂返排过程中支撑柱颗粒返排数量及扩散面积的变化规律研究，揭示了压后返排过程中支撑柱宏微观变形及稳定机理。

裂缝闭合阶段，随闭合压力的增大支撑柱高度逐渐减小，直径逐渐增大。在压裂液返排阶段，压裂液可使支撑柱边缘的颗粒剥落，从而导致支撑柱失稳。随着压力梯度上升、压裂液黏度增大，流体流速将增大，对颗粒的拖曳力也将增大，返排颗粒数量不断增加。在增大支撑柱高度或返排压力梯度时，支撑剂颗粒易发生返排现象。支撑柱直径与间距之比 d/x 是设计通道压裂的关键参数，若 d/x 较小，支撑柱不稳定，产生较小闭合缝宽，降低裂缝导流能力；若 d/x 较大，则高导流通道狭窄，颗粒易被流体携带造成大量出砂。

支撑剂在裂缝内的实际铺置形态应介于通道压裂和常规均匀铺砂压裂方式之间。合理调整纤维的物理化学性能，增大支撑剂颗粒之间的黏聚力，有助于增强支撑柱在高渗裂缝内的稳定性。通道压裂压后需控制放喷速度，全程破胶降液体黏度以保证支撑柱的稳定性。

第 9 章

簇式支撑裂缝导流能力预测技术的应用

胜利油田低渗致密油藏资源丰富，已探明石油地质储量达 11.8 亿 t，占总已探明储量的 22%，且新增探明储量大多为低渗储量，是资源接替的主阵地。未动储量 3.5 亿 t，以特低渗、致密油藏为主，是油田低渗油藏下步增产的潜力点。

针对低渗储层埋藏深、丰度低、物性差的特点，国内外通过前期的技术攻关，形成了笼统压裂、直井分层压裂、水平井多级分段压裂等技术，提高了低渗油藏开发效果。然而，胜利油田未动储量以滩坝砂、砂砾岩等致密储层为主，储量品味逐渐变差，具有跨度大、埋藏深、丰度低、岩性复杂等特点，该部分储量不压裂没有产能，采用常规连续加砂压裂技术压后产量低、递减快，区块开发综合成本高，经济效益差。

本章介绍了胜利油田致密油藏的分布及特征，以簇式支撑裂缝导流能力和支撑剂簇稳定性为优化目标，给出了胜利油田最优化的通道压裂参数，修正了斯伦贝谢通道压裂适应性评价标准，并介绍了该技术在胜利油田区块的工业化应用情况，可为我国其他致密油气储层的高导流压裂提供理论指导和借鉴。

9.1 胜利油田高导流通道压裂参数优化

9.1.1 支撑柱间距优化

根据理论分析可知，当支撑柱参数和地层参数固定后，支撑柱间距较小时，支撑柱间无法形成开放通道；支撑柱间距过大，则裂缝容易在闭合压力的作用下因变形而闭合。因此，势必存在一个最优的支撑柱间距，使得裂缝导流能力最大。以 DB20-X27 井为例，闭合压力为 50MPa，储层岩石弹性模量为 30GPa，泊松比为 0.28。为了寻找支撑柱最优间距，设置支撑柱间距为 1m、1.5m、2m、2.5m、3m、3.5m，计算不同支撑柱间距时的通道压裂裂缝导流能力。

图 9-1 为不同支撑柱间距下的缝宽分布云图，缝宽随着支撑柱间距的增大而减

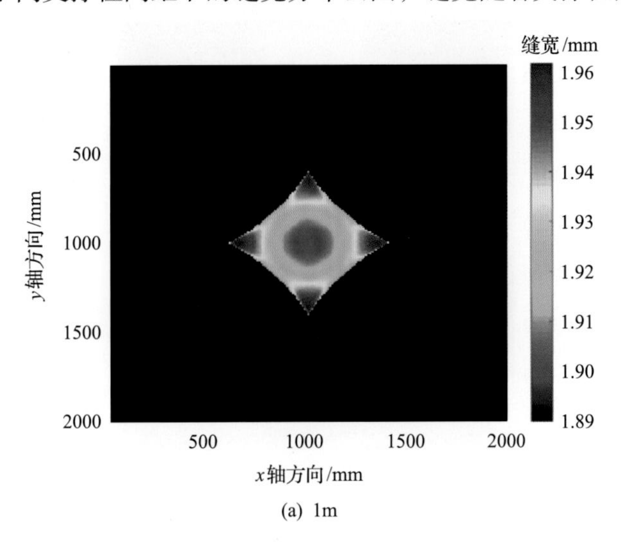

(a) 1m

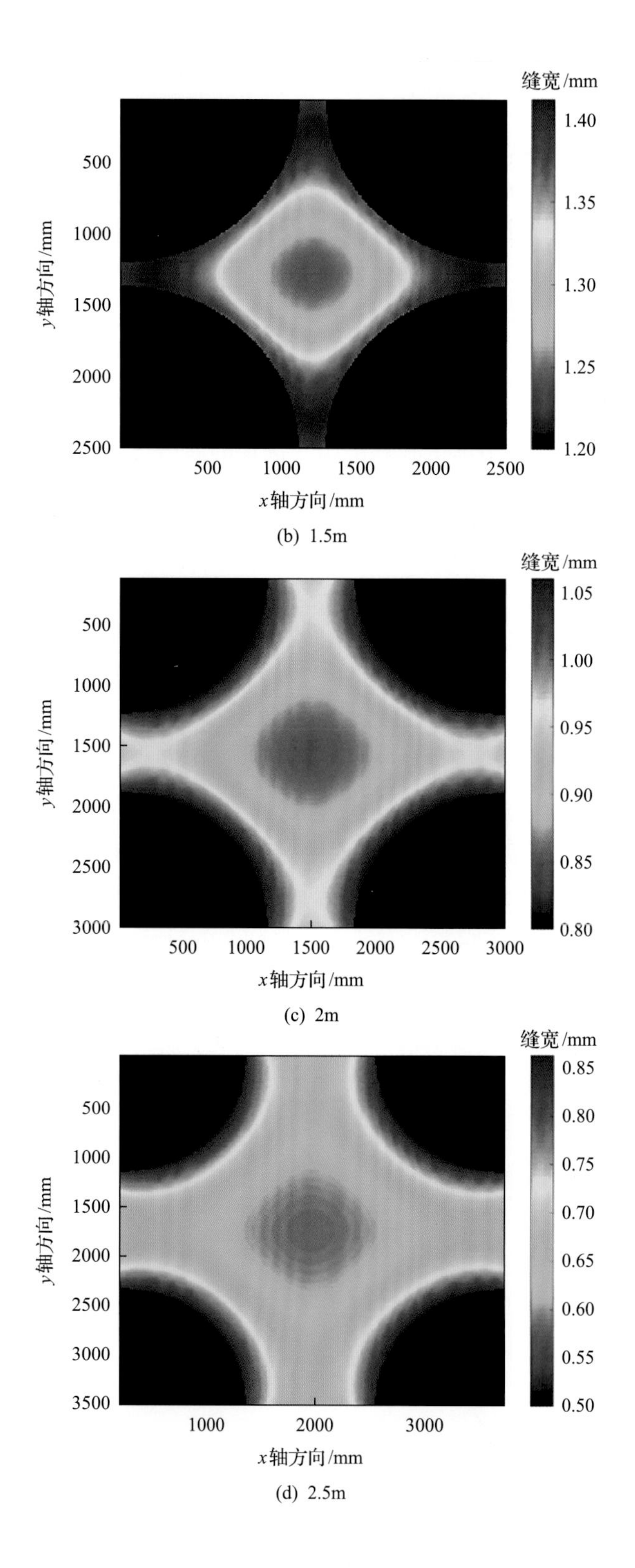

(b) 1.5m

(c) 2m

(d) 2.5m

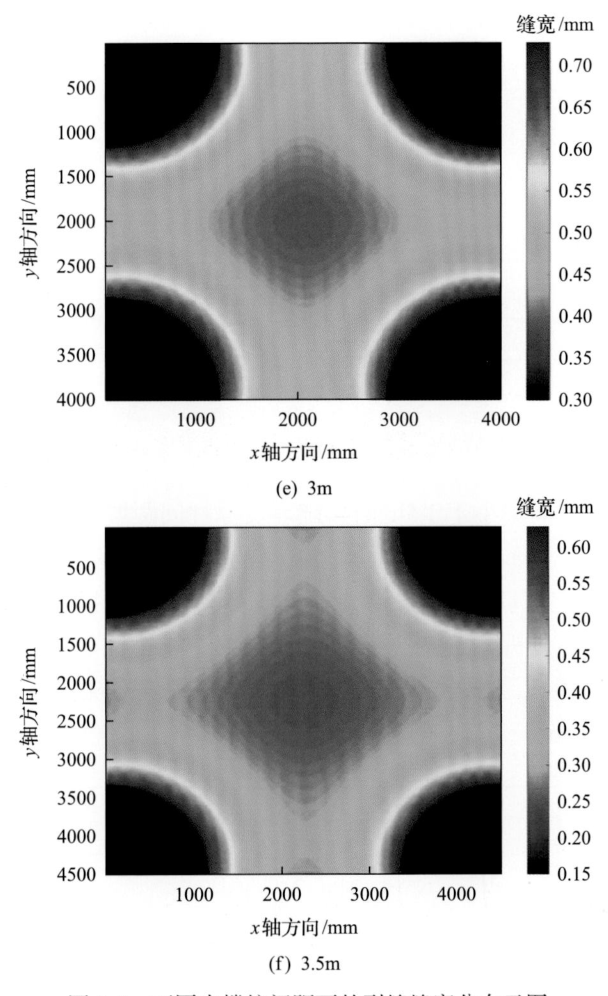

(e) 3m

(f) 3.5m

图 9-1　不同支撑柱间距下的裂缝缝宽分布云图

小，这表示距支撑柱越近，裂缝壁面受到支撑作用的影响越明显，缝宽越大。当间距为 1m 时[图 9-1(a)]，相邻支撑柱因径向变形而发生接触重叠，这种情况下支撑柱间的流道变成死通道，变为传统均匀加砂压裂的情况。支撑柱间距为 3.5m 时，裂缝宽度约为支撑柱间距为 1.5m 时的 3 倍。可见支撑柱间距对裂缝导流能力的影响不能忽略。

支撑柱间距不同，单个支撑柱受到的应力也不同，因此支撑柱变形也是影响缝宽的一大因素。为了验证此结论，模拟计算了以上情况下支撑柱的变形量，发现支撑柱变形后高度和半径有明显差异。作出不同支撑柱间距下通道缝宽分布曲线图，如图 9-2 所示。从图中可以看出，间距越小，通道缝宽分布不均匀化程度越大。

由于不同支撑柱间距下模型尺寸不同，其裂缝体积差距也比较大，因此，以裂缝导流能力作为评价指标更加合理。当支撑柱直径为 1m 时：①当支撑柱间距为 1m 时，由于相邻支撑柱边缘发生接触，裂缝导流能力变为传统均匀加砂压裂的裂缝导

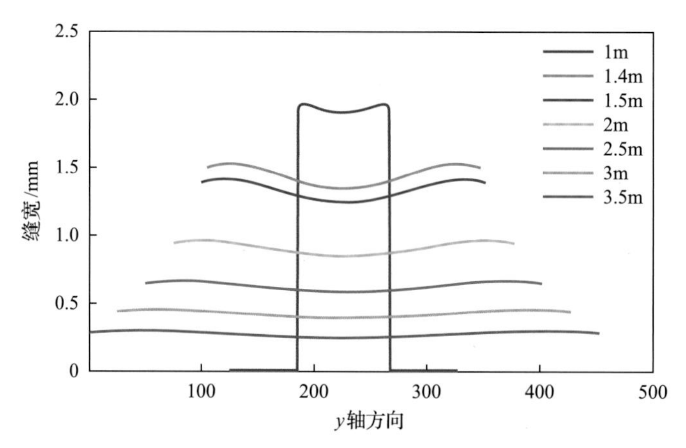

图 9-2　支撑柱直径为 1m，不同支撑柱间距下通道缝宽分布曲线图

流能力；②当支撑柱间距小于 1.5m 时，随着支撑柱间距增加，导流能力逐渐增加；③当间距大于 2m 时，随着支撑柱间距增加，导流能力逐渐降低；④追加计算间距为 1.4m 时的导流能力，可以推测此种情况下，支撑柱最优间距处于 1.5～2m(图 9-3)。采用同样的方法进行分析，支撑柱直径为 0.5m 时，支撑柱最优间距为 0.7～1.4m；支撑柱直径为 1.5m 时，支撑柱最优间距为 2～2.5m；支撑柱直径为 2m 时，支撑柱最优间距为 2.8～3.5m；支撑柱直径为 2.5m 时，支撑柱最优间距为 3.5～4.0m。

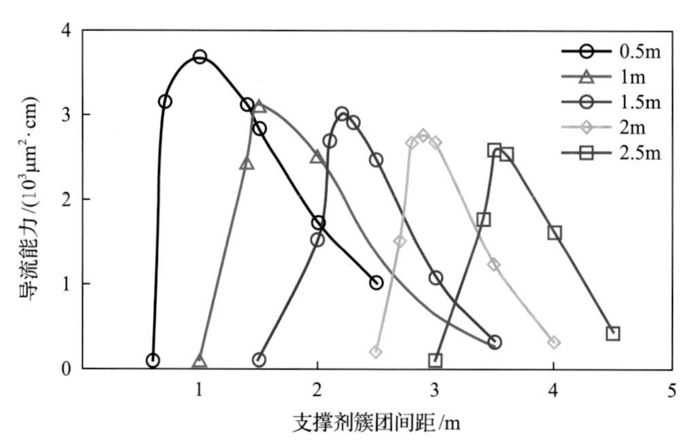

图 9-3　不同支撑柱间距时的裂缝导流能力

9.1.2　脉冲时间优化

从以上分析得知，当地层条件一定时，支撑柱直径和间距是控制导流能力的两大因素，而这两个因素对应的施工参数分别是携砂液脉冲时间和中顶液脉冲时间。在实际压裂中，通常支撑柱高度(裂缝初始宽度)无法控制。支撑柱直径与携砂液脉冲时间的换算公式如下：

$$t=\frac{\pi a^2\rho_s N\eta h}{Q\rho_c} \tag{9-1}$$

式中，Q 为携砂液泵注流量，m^3/min；t 为携砂液脉冲时间，min；ρ_c 为携砂液密度，kg/m^3；ρ_s 为支撑剂充填层密度，kg/m^3；N 为孔眼数，个；η 为有效孔眼占比，%；h 为缝宽，m。

现在推导支撑柱直径与中顶液脉冲时间的换算公式，一个支撑柱间距换算单元示意图如图 9-4 所示。中顶液脉冲时间决定了支撑柱间距，中顶液脉冲时间与支撑柱间距的换算公式如下：

$$\frac{2Q_R T}{N\eta h} = (2D + 4a)^2 - 4\pi a^2 \tag{9-2}$$

式中，Q_R 为中顶液泵注流量，m^3/min；T 为中顶液脉冲时间，min；D 为支撑柱间距，m^3/kg；a 为支撑柱半径，m^3/kg；N 为孔眼数，个；η 为有效孔眼占比，%；h 为缝宽，m。

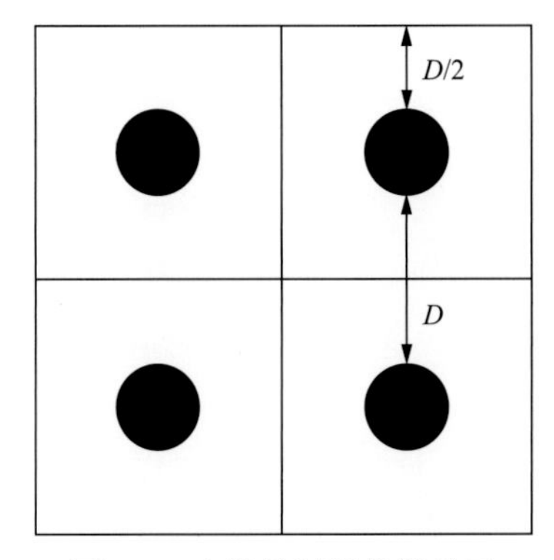

图 9-4　支撑柱间距换算单元

通过脉冲时间换算公式，即可计算出支撑柱间距对应的中顶液脉冲时间，进一步计算出不同携砂液脉冲时间对应的最优中顶液脉冲时间(表 9-1)。

表 9-1　携砂液时间与中顶液时间优化参照表

直径/m	最优间距/m	最优携砂时间/min	最优中顶时间/min
0.5	1.2	0.84(50.4s)	0.41(25s)
1	1.9	0.97(58.2s)	1.02(61.2s)
1.5	2.5	1.06(63.6s)	1.19(71.4s)
2	3.2	1.12(67.2s)	1.3(78s)

9.1.3 胜利油田致密油藏通道压裂适应性评价

斯伦贝谢公司为了评价通道压裂的可行性，定义指数 Ratio=弹性模量/地应力，但该评价标准只考虑了储层力学参数，未考虑支撑剂力学参数。斯伦贝谢公司给出，当 Ratio＞275 时，通道压裂即适用。图 9-5 为裂缝闭合应力分别为 40MPa、50MPa 和 60MPa，且支撑柱直径为 1m 时，通道压裂裂缝有效支撑的临界弹性模量和临界比值 Ratio。支撑柱直径为 1m，支撑柱最优间距处于 1.5～2m。但是，在支撑柱间距为 1.5～2m 时，保持通道有效被支撑的临界弹性模量与应力比值绝大多数均小于 275。由此可见，斯伦贝谢公司的通道压裂可行性评价标准，有点偏保守，除了考虑储层弹性模量和地应力外，仍需考虑支撑柱的变形特征。

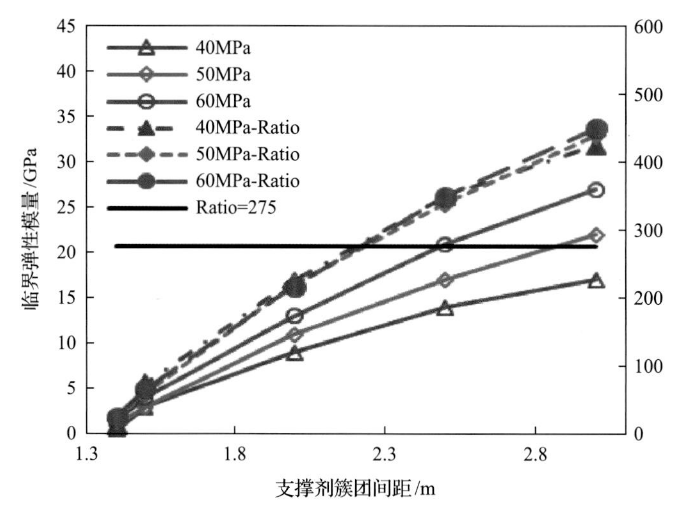

图 9-5　通道压裂裂缝有效支撑的临界储层弹性模量和 Ratio（支撑柱直径为 1m）

为此，将支撑柱的变形特征，引入评价标准中，修正储层弹性模量 E^*如下：

$$\frac{1}{E^*}=\frac{1-\nu_1^2}{E_1}+\frac{1-\nu_g^2}{E_g} \tag{9-3}$$

式中，E^*为等效弹性模量，MPa；ν_1 为岩石泊松比，无量纲；E_1 为岩石弹性模量，MPa；ν_g 为支撑剂充填层泊松比（可等同于支撑剂颗粒泊松比），无量纲；E_g 为支撑剂充填层的宏观弹性模量，MPa。

支撑柱充填层弹性模量 E_g 可表示为

$$E_g=\left(\frac{2E_2}{3(1-\nu_2)}\right)^{\frac{2}{3}}\left(\frac{R}{2}\right)^{\frac{1}{3}}k_t\sigma^{\frac{1}{3}} \tag{9-4}$$

式中，ν_2 为支撑剂泊松比，无量纲；E_2 为支撑剂弹性模量，MPa；R 为支撑剂颗粒粒径，m；k_t 为排列模式因子，无量纲；σ 为地应力，MPa。

可知，修正后的通道压裂适用准则。

Ratio*＞320：地质力学性质好，较为适合通道压裂；

200≤Ratio*≤320：地质力学性质一般，可以进行通道压裂；

Ratio*＜200：地质力学性质差，不能进行通道压裂。

将胜利油田低渗致密储层地质资料及支撑剂参数等代入经修正的通道压裂适用

性评价标准，计算目标储层的通道压裂可行性系数。所得各目标井的通道压裂可行性系数范围如表9-2所示。

表 9-2　原通道压裂可行性系数与修正的通道压裂可行性系数

参数	DB20-X27井	KX125井	Y171-1井	Y171-X3VF	Y171-X4VF	YG-271井	Z601-X6井
原 Ratio	632	1174	703	680	653	938	666
修正 Ratio	189～234	261～334	194～243	196～244	189～235	249～314	192～239

根据修正后的通道压裂适用准则对胜利油田大部分地区进行评价，显示80%以上的低渗油藏适应性指数大于200，地质力学性质良好，能够覆盖未动储量近3亿t，因此高导流通道压裂技术具有较大的应用空间。

9.2　胜利油田通道压裂技术的应用情况

截至2018年底，通道压裂技术在胜利油田河口采油厂、东辛采油厂、滨南采油厂、临盘采油厂、石油开发中心等11家单位应用255口井(382井次)，累计增油52.27万t，累气2419万m^3，与同区块常规连续加砂压裂工艺相比，平均单井产能提高21.3%(表9-3)，节约压裂成本20%。该技术的成功应用也为永559、盐222、义184、利567等难动用开发区块的经济高效开发提供了技术支撑，在我国低渗透油田开发领域，甚至是致密油气藏和页岩油气藏等非常规领域也具有广阔的应用前景。

表 9-3　部分区块高导流通道压裂与常规压裂对比

区块	加砂量/m^3	1年累油/t	压裂工艺	产量提高百分比/%
CC103块	18	1828	通道压裂	30
	36	1406	常规压裂	—
YY177块	50	4550	通道压裂	125
	63	2020	常规压裂	—
DB200块	32	1080	通道压裂	27
	36	850	常规压裂	—
YY920块	50	3066	通道压裂	53
	40	1999	常规压裂	—
BB644块	14	1033	通道压裂	211
	21.1	332	常规压裂	—
YY22块	64	4700	通道压裂	134
	67	2001	常规压裂	—

9.3 本章小结

胜利油田未动储量以滩坝砂、砂砾岩等致密储层为主，储量品味逐渐变差，具有跨度大、埋藏深、丰度低、岩性复杂等特点，该部分储量不压裂没有产能，采用常规连续加砂压裂技术压后产量低、递减快，区块开发综合成本高，经济效益差。

本章以簇式支撑裂缝导流能力和支撑剂簇稳定性为优化目标，得到了胜利油田最优支撑柱直径与间距的比值。综合考虑储层弹性模量、闭合压力、支撑剂簇力学参数，创新了基于储层地质力学性质和支撑剂力学性质的通道压裂适应性评价标准，发现胜利油田 80%以上的低渗致密油藏适用于通道压裂技术。

截至 2018 年底，通道压裂技术已在胜利油田下属 11 家单位应用 255 口井(382 井次)，与同区块常规连续加砂压裂工艺相比，平均单井产能提高 21.3%，节约压裂成本 20%。该技术也为难动用开发区块的经济高效开发提供了技术支撑，在我国低渗油田开发领域，甚至致密油气藏和页岩油气藏等非常规领域也具有广阔的应用前景。

参考文献

艾池, 张永晖, 赵万春, 等. 2012. 压裂液返排过程中支撑剂回流规律研究[J]. 石油钻采工艺, 34(2): 70-73.

董光, 邓金根, 朱海燕, 等. 2013. 煤层水力压裂裂缝导流能力实验评价[J]. 科学技术与工程, 13(8): 2049-2052.

浮历沛, 张贵才, 葛际江, 等. 2016. 自聚剂控制支撑剂回流技术研究[J]. 中国石油大学学报(自然科学版), 40(4): 176-182.

管保山, 梁利, 程芳, 等. 2017. 压裂返排液取水应用技术[J]. 石油学报, 38(1): 99-104.

郭建春, 赵志红, 路千里, 等. 2021. 深层页岩缝网压裂关键力学理论研究进展[J]. 天然气工业, 41(1): 102-117.

黄波, 朱海燕, 张潦源, 等. 2018. 通道压裂选井选层及动态参数优化设计方法: ZL201710269209. 1[P]. 2018-04-27.

李海涛, 卢宇, 谢斌, 等. 2016. 水平井多段分簇射孔优化设计[J]. 特种油气藏, 23(3): 133-135.

刘奎, 王宴滨, 高德利, 等. 2016. 页岩气水平井压裂对井筒完整性的影响[J]. 石油学报, 37(3): 406-414.

曲占庆, 周丽萍, 曲冠政, 等. 2015. 高速通道压裂支撑裂缝导流能力实验评价[J]. 油气地质与采收率, 22(1): 122-126.

舒逸, 陆永潮, 刘占红, 等. 2017. 海相页岩中斑脱岩发育特征及对页岩储层品质的影响——以涪陵地区五峰组—龙马溪组一段为例[J]. 石油学报, 38(12): 1371-1380.

汪浩威. 2018. 通道压裂有效支撑性及导流能力预测模型研究[D]. 成都: 西南石油大学.

王雷, 邵俊杰, 韩晶玉, 等. 2016. 通道压裂裂缝导流能力影响因素研究[J]. 西安石油大学学报(自然科学版), 31(3): 52-56.

温庆志, 高金剑, 黄波, 等. 2014. 通道压裂砂堤分布规律研究[J]. 特种油气藏, 21(4): 89-92, 155.

许国庆, 张士诚, 王雷, 等. 2015. 通道压裂支撑裂缝影响因素分析[J]. 断块油气田, 22(4): 534-537.

严侠, 黄朝琴, 辛艳萍, 等. 2015. 高速通道压裂裂缝的高导流能力分析及其影响因素研究[J]. 物理学报, 64(13): 251-261.

杨峰. 2017. 胜利西部火成岩储层改造技术探讨[J]. 石化技术, (2): 168.

杨若愚. 2017. 脉冲纤维加砂压裂裂缝导流能力研究[D]. 成都: 西南石油大学.

张科芬, 张升, 滕继东, 等. 2017. 颗粒破碎的三维离散元模拟研究[J]. 岩土力学, 38(7): 2119-2127.

朱海燕, 邓金根, 刘书杰, 等. 2013. 定向射孔水力压裂起裂压力的预测模型[J]. 石油学报, 34(3): 556-562.

朱海燕, 唐旭海, 郭建春. 2015. 油气开发过程中颗粒运移-沉降模拟软件[P]. 2016SR036287, 2015-12-01.

朱海燕, 汪浩威, 郭建春, 等. 2017. 通道压裂缝宽预测模型[C]. 北京: 中国力学大会——2017 暨庆祝中国力学学会成立 60 周年大会.

朱海燕, 沈佳栋, 周汉国. 2018. 支撑裂缝导流能力的数值模拟[J]. 石油学报, 39(12): 1410-1420.

朱海燕, 沈佳栋, 高庆庆, 等. 2019a. 一种支撑剂嵌入和裂缝导流能力定量预测的数值模拟方法: ZL201710248830. X[P]. 2019-10-14.

朱海燕, 沈佳栋, 唐煊赫, 等. 2019b. 一种水力压裂支撑剂参数优化方法: ZL201710248817. 4[P]. 2019-09-19.

朱海燕, 宋宇家, 唐煊赫, 等. 2021. 页岩气藏加密井压裂时机优化 ——以四川盆地涪陵页岩气田 X1 井组为例[J]. 天然气工业, 41(1): 154-168.

Adachi J, Siebrits E, Peirce A, et al. 2007. Computer simulation of hydraulic fractures[J]. International Journal of Rock Mechanics And Mining Sciences, 44: 739-757.

Advani S H, Torok J S, Lee J K, et al. 1987. Explicit time-dependent solutions and numerical evaluations for penny-shaped hydraulic fracture models[J]. Journal of Geophysical Research, 92: 8049-8055.

Advani S H, Lee T S, Lee J K. 1990. Three-dimensional modeling of hydraulic fractures in layered media: Part I—finite element formulations[J]. Journal of Energy Resources Technology, 112: 1-9.

Ahmed M, Shar A H, Khidri M A. 2011. Optimizing production of tight gas wells by revolutionizing hydraulic fracturing[C]. Doha: Doha SPE Projects and Facilities Challenges Conference.

Akbarzadeh V, Hrymak A N. 2016. Coupled CFD-DEM of particle-laden flows in a turning flow with a moving wall[J]. Computers and Chemical Engineering, 86: 184-191.

Andrews J S, Kjorholt H. 1998. Rock mechanical principles help to predict proppant flowback from hydraulic fractures[C]. Trondheim:SPE/ISRM Rock Mechanics in Petroleum Engineering.

Asgian M I, Cundall P A, Brady B H G. 1995. The mechanical stability of propped hydraulic fractures: A numerical study[J]. Journal of Petroleum Technology, 47(3): 203-208.

Aven N K, Weaver J, Loghry R, et al. 2013. Long-term dynamic flow testing of proppants and effect of coatings[C]. Netherlands: SPE European Formation Damage Conference and Exhibition.

Barenblatt G I. 1962. The mathematical theory of equilibrium cracks in brittle fracture[J]. Advance in Applied Mechanics, 7: 55-129.

Barree R D, Conway M W. 1995. Experimental and numerical modeling of convective proppant transport[J]. Journal of Petroleum Technology, 47(3): 216-222.

Batchelor G K. 1967. An Introduction to Fluid Dynamics[M]. Cambridge: Cambridge University Press.

Bear J. 1972. Dynamics of Fluids in Porous Media[M]. New York: Elsevier.

Bear J. 1975. Dynamics of Fluids in Porous Media[J]. Soil Science, 120: 162-163.

Blanton T L. 1982. An experimental study of interaction between hydraulically induced and pre-existing fractures[C]. Pennsylvania: SPE Unconventional Gas Recovery Symposium.

Bolintineanu D S, Rao R R, Lechman J B, et al. 2017. Simulations of the effects of proppant placement on the conductivity and mechanical stability of hydraulic fractures [J]. International Journal of Rock Mechanics and Mining Sciences, 100: 188-198.

Burukhin A A, Kalinin S, Abbott J, et al. 2012. Novel interconnected bonded structure enhances proppant flowback control[C]. Louisiana: SPE International Symposium and Exhibition on Formation Damage Control.

Carter B J, Desroches J, Ingraffea A R, et al. 2000. Simulating Fully 3D Hydraulic Fracturing[M]. New York: Wiley.

Chen S Y, Doolen G D. 1998. Lattice Boltzmann method for fluid flows[J]. Annual Review of Fluid Mechanics, 30: 329-364.

Clifton R J, Abou-Sayed A S. 1981. A variational approach to the prediction of the three-dimensional geometry of hydraulic Fractures[C]. Denver: SPE Low Permeability Gas Reserve Symptom.

Cundall P A. 1971. A computer model for simulating progressive, large-scale movements in blocky rock systems[C]. Nancy: Proceedings of the Symposium of International Society of Rock Mechanics.

Cundall P A. 1988. Formulation of a three-dimensional distinct element model-Part Ⅰ. A scheme to detect and represent contacts in a system composed of many polyhedral blocks[J]. International Journal of Rock Mechanics and Mining Sciences and Geomechanics Abstracts, 25: 107-116.

Cundall P A, Strack O D L. 1979. A discrete numerical model for granular assemblies[J]. Géotechnique, 29(1): 47-65.

Dahi-Taleghani A, Olson J E. 2011. Numerical modeling of multistranded-hydraulic-fracture propagation: Accounting for the interaction between induced and natural fractures[J]. SPE Journal, 16(3): 575-581.

Damjanac B, Cundall P. 2016. Application of distinct element methods to simulation of hydraulic fracturing in naturally fractured reservoirs[J]. Computers and Geotechnics, 71: 283-294.

Daneshy A A. 2005. Proppant distribution and flowback in off-balance hydraulic fractures[J]. SPE Production and Facilities, 20(1): 41-47.

Dayan A, Stracener S M, Clark P E. 2009. Proppant transport in slickwater fracturing of shale gas formations[C]. Louisiana: SPE Annual Technical Conference and Exhibition.

de Bono J P, Mcdowell G R. 2014. DEM of triaxial tests on crushable sand[J]. Granular Matter, 16(4): 551-562.

Deng S, Li H, Ma G, et al. 2014. Simulation of shale-proppant interaction in hydraulic fracturing by the discrete element method[J]. International Journal of Rock Mechanics and Mining Sciences, 70: 219-228.

Desroches J, Detournay E, Lenoach B, et al. 1994. The crack tip region in hydraulic fracturing[J]. Proceedings of the Royal Society of London, 447: 39-48.

Detournay E. 2016. Mechanics of hydraulic fractures[J]. Annual Review of Fluid Mechannics, 48: 311-339.

Detournay E, Cheng A H D. 1993. Fundamentals of Poroelasticity[M]. Oxford: Pergamon Press.

Dontsov E V. 2016. An approximate solution for a penny-shaped hydraulic fracture that accounts for fracture toughness, fluid viscosity and leak-off[J]. Royal Society Open Science, 3: 160-737.

Dontsov E V, Zhang F. 2018. Calibration of tensile strength to model fracture toughness with distinct element method[J]. International Jouranl Solids and Structures, 144-145: 180-191.

Economides M, Nolte K. 2000. Reservoir Stimulation[M]. 3rd ed. New York: Wiley.

Fang Y, den Hartog S A M, Elsworth D, et al. 2014. Anomalous distribution of microearthquakes in the Newberry Geothermal Reservoir: Mechanisms and implications[J]. Geothermics, 63: 62-73.

Fang Y, Elsworth D, Wang C, et al. 2017. Frictional stability-permeability relationships for fractures in shales[J]. Journal of Geophysical Research: Solid Earth, 122: 1760-1776.

Fernández M E, Sánchez M, Pugnaloni L A. 2019. Proppant transport in a scaled vertical planar fracture: Vorticity and dune placement[J]. Journal of Petroleum Science and Engineering, 173: 1382-1389.

Fisher M, Warpinski N. 2012. Hydraulic-fracture-height growth: Real data[J]. SPE Production and Operations, 27(1): 8-19.

Fredd C N, McConnell S B, Boney C L, et al. 2000. Experimental study of hydraulic fracture conductivity demonstrates the benefits of using proppants[C]. Colorado: SPE Rocky Mountain Regional/Low-Permeability Reservoirs Symposium and Exhibition.

Fries L, Antonyuk S, Heinrich S, et al. 2011. DEM-CFD modeling of a fluidized bed spray granulator[J]. Chemical Engineering Science, 66(11): 2340-2355.

Fu P, Johnson S M, Carrigan C R. 2013. An explicitly coupled hydro-geomechanical model for simulating hydraulic fracturing in arbitrary discrete fracture networks[J]. International Journal for Numerical and Analytical Methods in Geomechanics, 37: 2278-2300.

Gao Y P, Lv Y C, Wang M, et al. 2012. New mathematical models for calculating the proppant embedment and fracture conductivity[R]. Fexas: SPE Annual Technical Conference and Exhibition.

Gawad A A, Long J, El-Khalek T, et al. 2013. Novel combination of channel fracturing with rod-shaped proppant increases production in the Egyptian western desert[C]. Noordwijk: SPE European Formation Damage Conference and Exhibition.

Geertsma J, Haafkens R. 1979. A comparison of the theories for predicting width and extent of vertical hydraulically induced fractures[J]. Journal of Energy Resources Technology, 101: 1571-1581.

Gillard M R, Medvedev O O, Hosein P R, et al. 2010. A new approach to generating fracture conductivity[R]. Florence: SPE Annual Technical Conference and Exhibition.

Gu H, Weng X, Lund J B, et al. 2012. Hydraulic fracture crossing natural fracture at non-orthogonal angles: A criterion and its validation[R]. Woodlands: SPE Hydraulic Fracturing Technology Conference and Exhibition.

Guo J C, Liu Y X. 2012. Modeling of proppant embedment: Elastic deformation and creep deformation[R]. Doha: SPE International Production and Operations Conference and Exhibition.

Guo J C, Wang J D, Liu Y X, et al. 2017. Analytical analysis of fracture conductivity for sparse distribution of proppant packs[J]. Journal of Geophysics and Engineering, (14): 599-610.

Guo X, Wu K, Killough J. 2018. Investigation of production-induced stress changes for infill well stimulation in Eagle Ford Shale[J]. SPE Journal, 23(4): 1372-1388.

Hammond P S. 1995. Settling and slumping in a Newtonian slurry, and implications for proppant placement during hydraulic fracturing of gas wells[J]. Chemical Engineering Science, 50(20): 3247-3260.

Hart R, Cundall P A, Lemos J. 1988. Formulation of a three-dimensional distinct element model-Part Ⅱ. Mechanical calculations for motion and interaction of a system composed of many polyhedral blocks[J]. International of Journal Rock Mechanism Mining Science Geomechanism Abstract, 25: 117-125.

Hou B, Zheng X J, Chen M, et al. 2016. Parameter simulation and optimization in channel fracturing [J]. Journal of Natural Gas Science and Engineering, 35: 122-130.

Howard G, Fast C R. 1957. Optimum fluid characteristics for fracture extension[J]. Procedure America Petroleum of Institution, 24: 261-270.

Hu J, Zhao J, Li Y. 2014. A proppant mechanical model in postfrac flowback treatment [J]. Journal of Natural Gas Science and Engineering, 20: 23-26.

Hubbert M K, Willis D G. 1957. Mechanics of hydraulic fracturing[J]. Trans AIME, 210: 153-168.

Jaeger J. 1967. Failure of rocks under tensile conditions[J]. Pergamon, 4(2): 219-227.

Johnson K L. 1985. Contact Mechanics[M]. Cambridge: Cambridge University Press.

Karner S L, Marone C. 2001. Frictional restrengthening in simulated fault gouge: Effect of shear load perturbations[J]. Journal of Geophysical Research: Solid Earth, 106: 19319-19337.

Kassis S, Sondergeld C H. 2010. Fracture permeability of gas shale: Effects of roughness, fracture offset, proppant, and effective stress[R]. Beijing: International Oil and Gas Conference and Exhibition.

Kayumov R, Klyubin A, Yudin A, et al. 2012. First channel fracturing applied in mature wells increases production from talinskoe oilfield in Western Siberia[R]. Moscow: SPE Russian Oil and Gas Exploration and Production Technical Conference and Exhibition.

Kayumov R, Borisenko A, Levanyuk O, et al. 2013. Successful implementation of fiber-laden fluid for hydraulic fracturing of jurassic formations in Western Siberia[R]. Beijing: International Petroleum Technology Conference.

Khanna A, Kotousov A. 2016. Controlling the height of multiple hydraulic fractures in layered media[J]. SPE Journal, 21(1): 256-263.

King G E. 2010. Thirty years of gas shale fracturing: What have we learned[R]. Florence: SPE Annual Technical Conference Exhibition.

Lecampion B, Desroches J, Weng X, et al. 2015. Can we engineer better multistage horizontal completions? Evidence of the importance of near-wellbore fracture geometry from theory, lab and field experiments[R]. Texas: SPE Hydraulic Fracturing Technology Conference.

Li H T, Mcdowell G, Lowndes L. 2014. Discrete element modelling of a rock cone crusher[J]. Powder Technology, 263: 151-158.

Li H T, Wang K, Xie J, et al. 2016. A new mathematical model to calculate sand-packed fracture conductivity[J]. Journal of Natural Gas Science and Engineering, (35): 567-582.

Li K, Gao Y, Lyu Y, et al. 2015. New mathematical models for calculating proppant embedment and fracture conductivity[J]. SPE Journal, 20(3): 496-507.

Lisjak A, Grasselli G. 2014. A review of discrete modeling techniques for fracturing processes in discontinuous rock masses[J]. Journal of Rock Mechanics and Geotechnical Engineering, 6(4): 301-314.

Luo K, Wu F, Yang S, et al. 2015. CFD-DEM study of mixing and dispersion behaviors of solid phase in a bubbling fluidized bed[J]. Powder Technology, 274: 482-493.

Ma Y, Huang H. 2018. DEM analysis of failure mechanisms in the intact Brazilian test [J]. International Journal of Rock Mechanics and Mining Sciences, 102: 109-119.

Martin C D, Chandler N A. 1993. Stress heterogeneity and geological structures[J]. International Journal of Rock Mechanics and Mining Science, 30: 993-999.

Maxwell S. 2014. Microseismic imaging of hydraulic fracturing: Improved engineering of unconventional shale reservoirs[C]. Society of Exploration Geophysicists: 31-52.

Maxwell S C, Cipolla C L. 2011. What does microseismicity tell us about hydraulic fracturing[R]. Colorado: SPE Annual Technical Conference and Exhibition.

McDaniel R R, Holmes D V, Borges J, et al. 2009. Determining propped fracture width from a new tracer technology[R]. Texas: SPE Hydraulic Fracturing Technology Conference.

Medvedev A V, Kraemer C C, Pena A A, et al. 2013. On the mechanisms of channel fracturing[R]. Texas: SPE Hydraulic Fracturing Technology Conference.

Meyer B R, Bazan L W, Walls D E, et al. 2014. Theoretical foundation and design formulae for channel and pillar type propped fractures-A method to increase fracture conductivity[R]. Amsterdam: SPE Annual Technical Conference and Exhibition.

Mollanouri Shamsi M M, Farhadi Nia S, Jessen K. 2015. Conductivity of proppant-packs under variable stress conditions: An integrated 3D discrete element and lattice boltzman method approach[R]. California: SPE Western Regional Meeting.

Nagel N B, Sanchez-Nagel M A, Zhang F, et al. 2013. Coupled numerical evaluations of the geomechanical interactions between a hydraulic fracture stimulation and a natural fracture system in shale formations[J]. Rock Mechanism and Rock Engineering, 46: 581-609.

Neto L B, Kotousov A. 2013. Residual opening of hydraulic fractures filled with compressible proppant[J]. International Journal of Rock Mechanics and Mining Sciences, (61): 223-230.

Nguyen P D, Vo L K, Parton C, et al. 2014. Evaluation of low-quality sand for proppant-free channel fracturing method[R]. Kuala Lumpur: International Petroleum Technology Conference.

Nordgren R P. 1972. Propagation of a vertical hydraulic fracture[J]. Society of Petroleum Engineers Journal, 12: 306-314.

Peirce A. 2015. Modeling multi-scale processes in hydraulic fracture propagation using the implicit level set algorithm[J]. Computer Methods in Applied Mechanics and Engineering, 283: 881-908.

Perkins T, Kern L. 2013. Widths of Hydraulic Fractures[J]. Journal of Petroleum Technology, 13: 937-949.

Potyondy D O, Cundall P A. 2004. A bonded-particle model for rock[J]. International Journal of Rock Mechanics and Mining Sciences, 41 (8): 1329-1364.

Ramones M, Rachid R, Milne A, et al. 2014. Innovative fiber-based proppant flowback control technique unlocks reservoir potential[R]. Maracaibo: SPE Latin American and Caribbean Petroleum Engineering Conference.

Rayson N, Weaver J. 2012a. Long-term proppant performance[R]. Louisiana: SPE International Symposium and Exhibition on Formation Damage Control.

Rayson N, Weaver J. 2012b. Improved understanding of proppant-formation interactions for sustaining fracture conductivity[R]. Al-Khobar: SPE Saudi Arabia Section Technical Symposium and Exhibition.

Renkes I, Anschutz D, Sutter K, et al. 2017. Long term conductivity vs. point specific conductivity[R]. Texas: SPE Hydraulic Fracturing Technology Conference and Exhibition.

Renshaw C E, Pollard D D. 1995. An experimentally verified criterion for propagation across unbounded frictional interfaces in brittle, linear elastic materials[J]. International Journal of Rock Mechanics and Mining Sciences and Geomechanics Abstracts, 32: 237-249.

Richardson J F, Zaki W N. 1997. Sedimentation and fluidisation: Part Ⅰ [J]. Chemical Engineering Research and Design, 75: 82-100.

Romero J, Mack M, Elbel J. 1995. Theoretical model and numerical investigation of near-wellbore effects in hydraulic fracturing[R]. Texas: SPE Annual Technical Conference and Exhibition.

Roostaei M, Nouri A, Fattahpour V, et al. 2018. Numerical simulation of proppant transport in hydraulic fractures[J]. Journal of Petroleum Science and Engineering, 163: 119-138.

Safari R, Lewis R, Ma X, et al. 2017. Infill-well fracturing optimization in tightly spaced horizontal wells[J]. SPE Journal, 22: 582-595.

Salah M, Abdel-Meguid A, Abdel-Baky A, et al. 2016. A newly developed aqueous-based consolidation resin controls proppant flowback and aids in maintaining production rates in fracture-stimulated wells[R]. Dubai: SPE Annual Technical Conference and Exhibition.

Sallis J N, Agee D M, Artola P D, et al. 2014. Proppant flowback prevention with next generation fiber technology: Implementation of an innovative solution for hpht hydraulic fracturing in indonesia[R]. Kuala Lumpur: International Petroleum Technology Conference.

Sarnak P. 2011. Integral apollonian packings [J]. The American Mathematical Monthly, 118(4): 291-306.

Siebrits E, Peirce A P. 2002. A efficient multi-layer planar 3D fracture growth algorithm using a fixed mesh approach[J]. International Journal Numerical Methods in Engineering, 53: 691-717.

Simonson E R, Abou-Sayed A S, Clifton R J. 1978. Containment of massive hydraulic fractures[J]. Society of Petroleum Engineers Journal, 18: 27-32.

Smith M B, Bale A, Britt L K, et al. 2001. Enhanced 2D proppant-transport simulation: The key to understanding proppant flowback and post-frac productivity[J]. SPE Production and Facilities, 16(1): 50-57.

Stesky R M, Brace W F, Riley D K, et al. 1974. Friction in faulted rock at high temperature and pressure[J]. Tectonophysics, 23: 177-203.

Sun R, Xiao H. 2016. SediFoam: A general-purpose, open-source CFD-DEM solver for particle-laden flow with emphasis on sediment transport [J]. Computers and Geosciences, 89: 207-219.

Teufel L, Clark J. 1984. Hydraulic fracture propagation in layered rock: Experimental studies of fracture containment[J]. Society of Petroleum Engineers Journal, 24: 19-32.

Thiercelin M J, Roegiers J C, Boone T J, et al. 1987. An investigation of the material parameters that govern the behavior of fractures approaching rock interfaces[R]. Montreal: 6th ISRM Congress.

Tong S, Mohanty K K. 2016. Proppant transport study in fractures with intersections [J]. Fuel, 181: 463-477.

Vahab M, Khalili N. 2018. An X-FEM formulation for the optimized graded proppant injection into hydro-fractures within saturated porous media[J]. Transport in Porous Media, 121: 289-314.

Valenzuela A, Guzmán J, Chávez S, et al. 2012. Field development study: Channel fracturing increases gas production and improves polymer recovery in Burgos Basin, Mexico North[R]. Texas: SPE Hydraulic Fracturing Technology Conference.

Valiullin A, Vladimir M, Yudin A, et al. 2015. Channel fracturing technique helps to revitalize brown fields in langepas area[R]. India: SPE Oil and Gas India Conference and Exhibition.

van-Batenburg D, Biezen E, Weaver J. 1999. Towards Proppant Back-Production Prediction[R]. Hague: SPE European Formation Damage Conference.

van-Eekelen H A M. 1982. Hydraulic fracture geometry: Fracture containment in layered formations[J]. Society of Petroleum Engineers Journal, 22: 341-349.

Wang F, Li B, Chen Q, et al. 2019. Simulation of proppant distribution in hydraulically fractured shale network during shut-in periods[J]. Journal of Petroleum Science and Engineering, 178: 467-474.

Warpinski N R. 2009. Microseismic monitoring: Inside and out[J]. Journal of Petroleum Technology, 61: 80-85.

Warpinski N R, Teufel L W. 1987. Influence of geologic discontinuities on hydraulic fracture propagation[J] Journal of Petroleum Technology, 39(2): 209-220.

Weaver J, Rickman R, Luo H, et al. 2009. A study of proppant formation reactions[R]. Texas: SPE International Symposium on Oilfield Chemistry.

Weibull W. 1939. A statistical theory of the strength of materials[J]. Proceedings of the American Mathematical Society, 151(5): 1034.

Weibull W. 1951. A statistical distribution function of wide applicability[J]. Journal of Applied Mechanics, 18(3): 293-297.

Wen C, Yu Y. 1966. Mechanics of Fluidization[J]. Chemical Engineering Progress Symposium Series, 62: 100-111.

Wen Q, Zhang S, Wang L, et al. 2007. The effect of proppant embedment upon the long-term conductivity of fractures[J]. Journal of Petroleum Science and Engineering, 55 (3-4) : 221-227.

Wen Q, Wang S, Duan X, et al. 2016. Experimental investigation of proppant settling in complex hydraulic-natural fracture system in shale reservoirs[J]. Journal of Natural Gas Science and Engineering, 33: 70-80.

Wileveau Y, Cornet F H, Desroches J, et al. 2007. Complete in situ stress determination in an argillite sedimentary formation[J]. Physics and Chemistry of the Earth, 32: 866-878.

Witherspoon P A, Wang J S Y, Iwai K, et al. 1980. Validity of cubic law for fluid flow in a deformable rock fracture[J]. Water Resources Research, 16: 1016-1024.

Xu Z, Song X, Li G, et al. 2017. Predicting fiber drag coefficient and settling velocity of sphere in fiber containing Newtonian fluids[J]. Journal of Petroleum Science and Engineering, 159: 409-418.

Yan X, Huang Z Q, Yao J, et al. 2016. Theoretical analysis of fracture conductivity created by the channel fracturing technique[J]. Journal of Natural Gas Science and Engineering, 31: 320-330.

Yildirim L T O. 2014. Evaluation of Petrophysical Properties of Gas Shale and Their Change Due to Interaction with Water[D]. Pennsylvania: Pennsylvania State University.

Zeng J, Li H, Zhang D. 2016. Numerical simulation of proppant transport in hydraulic fracture with the upscaling CFD-DEM method[J]. Journal of Natural Gas Science and Engineering, 33: 264-277.

Zeng J, Li H, Zhang D. 2019. Numerical simulation of proppant transport in propagating fractures with the multi-phase particle-in-cell method[J]. Fuel, 245: 316-335.

Zhang F S, Dontsov E, Mack M. 2017a. Fully coupled simulation of a hydraulic fracture interacting with natural fractures with a hybrid discrete-continuum method[J]. International Journal for Numerical and Analytical Methods in Geomechanics, 41 (13) : 1430-1452.

Zhang F S, Zhu H Y, Zhou H G, et al. 2017b. Discrete-element-method /computational-fluid-dynamics coupling simulation of proppant embedment and fracture conductivity after hydraulic fracturing[J]. SPE Journal, 22 (2) : 632-644.

Zhang J C. 2014. Theoretical conductivity analysis of surface modification agent treated proppant [J]. Fuel, 134: 166-170.

Zhang J C, Hou J R. 2016. Theoretical conductivity analysis of surface modification agent treated proppant Ⅱ - Channel fracturing application [J]. Fuel, 165: 28-32.

Zhang J J, Ouyang L C, Zhu D, et al. 2015. A new theoretical method to calculate shale fracture conductivity based on the population balance equation[J]. Journal of Petroleum Science and Engineering, 130: 37-45.

Zhang X, Jeffrey R G, Thiercelin M. 2007. Deflection and propagation of fluid-driven fractures at frictional bedding interfaces: A numerical investigation[J] Journal of Structural Geology, 29: 396-410.

Zhao J, Shan T. 2013. Coupled CFD-DEM simulation of fluid-particle interaction in geomechanics [J]. Powder Technology, 239: 248-258.

Zheng X J, Chen M, Hou B, et al. 2017. Effect of proppant distribution pattern on fracture conductivity and permeability in channel fracturing [J]. Journal of Petroleum Science and Engineering, 149: 98-106.

Zhou H, Yang Y, Wang L. 2015. Numerical investigation of gas-particle flow in the primary air pipe of a low NOx swirl burner - The DEM-CFD method [J]. Particuology, 19: 133-140.

Zhou J, Chen M, Jin Y, et al. 2008. Analysis of fracture propagation behavior and fracture geometry using a tri-axial fracturing system in naturally fractured reservoirs[J]. International Journal of Rock Mechanics and Mining Sciences, 45: 1143-1152.

Zhu H Y, Shen J D. 2017. Recent Advances in Proppant Embedment and Fracture Conductivity after Hydraulic Fracturing [J]. Petroleum and Petrochemical Engineering Journal, 1 (6) : 1-4.

Zhu H Y, Deng J, Jin X, et al. 2015a. Hydraulic fracture initiation and propagation from wellbore with oriented perforation [J]. Rock Mechanics and Rock Engineering, 48 (2) : 585-601.

Zhu H Y, Zhao X, Guo J C, et al. 2015b. Coupled flow-stress-damage simulation of deviated-wellbore fracturing in hard-rock [J]. Journal of Natural Gas Science and Engineering, 26: 711-724.

Zhu H Y, Jin X C, Guo J C, et al. 2016. Coupled flow, stress and damage modelling of interactions between hydraulic fractures and natural fractures in shale gas reservoirs[J]. International Journal of Oil, Gas and Coal Technology, 13(4): 359-390.

Zhu H Y, Shen J D, Zhang F S, et al. 2018. Nonlinear constitutive model and discrete-element-method modeling of synthetic methane hydrate sand[R]. Seattle: 52nd US Rock Mechanics / Geomechanics Symposium.

Zhu H Y, Zhang M H, Liu Q Y, et al. 2019a. Investigation for channel fracturing based on coupled implementation of lattice boltzmann method and constitutive model of proppant pillar[R]. New York: 53rd US Rock Mechanics/ Geomechanics Symposium.

Zhu H Y, Shen J D, Zhang F S. 2019b. A fracture conductivity model for channel fracturing and its implementation with Discrete Element Method[J]. Journal of Petroleum Science and Engineering, 172: 149-161.

Zhu H Y, Zhao Y P, Feng Y, et al. 2019c. Modeling of fracture width and conductivity in channel fracturing with nonlinear proppant-pillar deformation[J]. SPE Journal, 24(3): 1288-1308.

Zhu H Y, Tang X H, Song Y J, et al. 2021. An infill well fracturing model and its microseismic events barrier effect: A case in fuling shale gas reservoir [J]. SPE Journal, 26(1): 113-134.